[코딩 드론 '코드론'을 SW로 제어해 보자!]

코딩 드론 제어 응용

남상엽 · 이현종 · 오창연 · 홍한솔 공저

< 로보링크의 코딩드론 '코드론'과 로킷 인벤터 보드 >

L E A R N C O D E S ! F L Y !

도서출판 상학당

欲爲大者 當爲人役

크고자 하거든 남을 섬기라

학습 모듈코드	2001020324_16v4

대분류	중분류	소분류	세분류	능력단위
정보통신/20	정보기술/01	정보기술개발/02	임베디드SW엔지니어링/03	임베디드 애플리케이션 구현 /24

코딩 드론 '코드론'을 SW로 제어해 보자!

코딩 드론 제어 응용

머리말

과학 기술의 시대에 머릿속 무언가를 세상에 보여주는 단계에서 SW 코딩 교육은 가장 기본적인 수단이 되며 이것은 생각하며 일을 처리하는 컴퓨팅적 사고능력을 함양 할 수 가 있어서 매우 중요하다. 이러한 소프트웨어 코딩과 창의적인 컴퓨팅적 사고능력 함양을 위하여 드론을 선택하였다.

드론은 주로 통신, 제어, 센서 기술 등 다양한 기술들이 융합하여 구동된다. 위치를 인지하고 날 수 있는 자동항법장치, 모터제어기술, 카메라 영상 장치 및 SW분야까지 드론은 다양한 기술의 융합체라고 할 수 있다. 그 중에서도 가장 중요시 평가되는 부분이 바로 SW부분이다. 자율이동, 패턴 이동 등 단순한 조종을 뛰어넘어 로봇의 기술이 융합된 모든 것들이 SW를 활용하여 제어한다. 현재까지도 꾸준히 발전하고 지능화 되어 가는 드론분야에서 소프트웨어는 가장 핵심적인 분야로 정부와 기업, 교육계에서 큰 관심을 가지고 있다.

그래서 SW 드론제어는 SW 코딩을 통한 알고리즘 능력을 차곡 차곡 천천히 이론과 실습을 통하여 전전후 서비스 로봇인 드론을 제어 가능하게 함으로써 드론을 활용한 다양한 아이디어 및 하드웨어 제어 능력을 배양하고자 한다.

이 교재의 학습목표는 드론의 하드웨어 플랫폼에 대한 이해를 바탕으로 드론의 플랫폼별로 드론의 알고리즘, 드론의 디바이스 드라이버, 드론의 애플리케이션 등 드론 관련 임베디드 소프트웨어 코딩학습과, 드론을 자유롭게 제어하는 능력개발 향상하는 데 목표를 두고 있다. 특히 전체적으로 SW 개념과 이해, 코딩의 시작인 스크래치(Scratch)의 이해, 코딩의 제어인 아두이노(Arduino)의 개념을 습득을 통하여 제어의 이해, 드론 제어 소프트웨어인 드론 시뮬레이터의 활용을 통한 이해, 하드웨어 제어 소프트웨어인 로킷 시뮬레이터의 이해를 통하여 본 학습목표를 달성할 수 있다.

드론 시뮬레이터는 드론을 제어하는 소프트웨어로써 항상 스크래치(로킷 브릭)나 아두이노를 이용하여 드론 제어를 할 때에도 마찬가지로 우선 드론 시뮬레이터를 이용하여 드론 비행점검, 드론 기체의 점검을 모두 거치고 미세조정인 트림(Trim)등의 상태를 확인한 후 드론의 비행을 할 수 있는 드론 소프트웨어 시뮬레이터이다. 이 드론 시뮬레이터를 통하여 페어링, 조종 프로그래밍등 기초에서 응용까지 드론을 제어할 수 있다.

로킷 브릭은 아두이노를 위한 스냅을 기반으로 기존 스크래치 프로그램에 로봇, 드론 등 다양한 제어기능이 합쳐져 개발된 스크래치 방식의 소프트웨어이며 사용방법도 스크래치와 동일하다.

특히 로킷 브릭으로 드론의 대명사인 코드론을 제어하기 위하여 다양한 코드론의 블록을 실습을 기초에서 응용까지 구현함으로써 드론 제어 관련 창의적인 프로그램을 이해할 수 있다.

이 교재는 컴퓨터, 정보통신, 임베디드 엔지니어링, 창의공학설계 등 임베디드 애플리케이션 구현 및 창의공학 관련 공학 및 인문 사회, 자연과학 분야의 입문자를 대상으로 드론의 이해와 응용에 대한 기본적인 지식이 없어도 단계별 필요지식 및 수행과정을 꾸준히 따라오면 드론의 이해와 응용 관련 지식을 얻어 이해하는 단계로 발전하여 능력향상이라는 숲을 볼 수 있도록 눈높이를 맞추는데 1차적인 목표를 두었다.

이 교재의 주요 구성은 다음과 같다.

학습 1. 드론의 이해, 학습 2. 드론 시뮬레이터의 기초제어, 학습 3. 드론 시뮬레이터의 응용제어, 학습 4. 로킷 브릭의 기초, 학습 5. 로킷 브릭의 응용 학습 6. 로킷 브릭의 프로그램제어(1), 학습7. 로킷 브릭의 프로그램제어(2), 학습 8. 로킷 시뮬레이터의 구성 및 응용, 학습 9. 코드론을 위한 아두이노 설정, 학습 10. 코드론을 위한 아두이노 이해, 학습 11. 코드론을 위한 아두이노 기초 프로그래밍(1), 학습 12. 코드론을 위한 아두이노 기초 프로그래밍(2), 학습 13. 코드론을 위한 아두이노 응용 프로그래밍(1), 학습 14. 코드론을 위한 아두이노 응용 프로그래밍(2), 부록. H/W유지 보수와 S/W 유지보수로 구성되어 있다.

특히 각 장에서는 수행 순서에 따른 실습을 통하여 창의적인 프로그램을 작성하고 동작을 확인할 수 있다.

이 교재가 출간되기까지 가장 많은 지원과 아낌없는 격려를 보내주신 도서출판 상학당 남승우 사장님 및 로보링크의 최태호 차장, 이도렬 선임, 원은별 주임, 이한나님, 이정환님 등 출판 관련 여러분에게 감사를 전한다.

또한 코드론과 로킷 브릭을 위한 드론의 이해와 응용 관련 자문 및 자료제공을 해주신 참고문헌에 제시한 관련 기업 및 단체에 대하여 지면을 빌려 깊은 감사의 말씀을 전하고, 특히 관련 자료를 인터넷 블로그 및 관련 연구소 자료집에 올려주신 저자들 등 관련 관계자 여러분에게 감사의 마음을 전한다.

이 책에서 부족했던 점이나 기타 문의사항과 관련한 자료 제공 및 지원은 로보링크(www.robolink.co.kr)를 통해 지속적으로 지원할 계획이며, 수행에 필요한 자료 등 기타 보충자료 또한 지속적으로 업데이트할 예정이므로 독자 여러분의 따뜻한 질책과 조언을 부탁드린다.

저자 씀

차 례

코딩 드론 제어 응용 학습 모듈의 위치

대분류	20. 정보통신
중분류	01. 정보기술
소분류	02. 정보기술개발

세분류	능력단위
03. 임베디드SW 엔지니어링	01. 하드웨어 분석
	09. 임베디드 시스템 테스트
	10. 기술문서 개발
	11. 펌웨어 분석
	12. 펌웨어 설계
	13. 펌웨어 구현환경 구축
	14. 펌웨어 구현
	15. 운영체제 커널분석
	16. 운영체제 이식
	17. 디바이스 드라이버 분석
	18. 디바이스 드라이버 설계
	19. 디바이스 드라이버 구현환경 구축
	20. 디바이스 드라이버 구현
	21. 임베디드 애플리케이션 분석
	22. 임베디드 애플리케이션 설계
	23. 임베디드 애플리케이션 구현환경구축
	24. 임베디드 애플레케이션 구현
	25. 오픈플랫폼 활용

코딩 드론 제어 응용 학습 모듈의 개요

1. 학습 모듈의 목표

임베디드 SW 엔지니어링은 드론의 하드웨어 플랫폼에 대한 이해를 바탕으로 드론의 플랫폼별로 드론의 운영체제 이식과 펌웨어, 드론의 디바이스 드라이버, 드론의 애플리케이션 등 드론 관련 임베디드 소프트웨어를 개발하고, 드론 관련 하드웨어 플랫폼에 최적화를 수행하는 능력을 습득하는 데 목표를 두고 있다.

2. 선행 학습

임베디드 리눅스, 소프트웨어 공학, C, C++, 자료 구조, 컴퓨터 아키텍처, 스크래치, 아두이노

3. 핵심 용어

임베디드 운영 체제, 교차 개발 환경, 오픈소스, 소스코드 버전 관리, GUI 프로그래밍, 툴 체인, 디버깅, 코드론, 아두이노, 로킷 브릭, 드론 시뮬레이터, 로킷 시뮬레이터, 스마트 인벤터 보드, BLE 보드, 코딩, 디바이스드라이버

4. 교육과정 학점 및 이수시간

학 습	교육과정 학점 및 이수시간	
	학점	이수시간
1. 드론의 이해	3	3
2. 드론 시뮬레이터의 기초제어	3	3
3. 드론 시뮬레이터의 응용제어	3	3
4. 로킷 브릭의 기초	3	3
5. 로킷 브릭의 응용	3	3
6. 로킷 브릭의 프로그램 제어(1)	3	3
7. 로킷 브릭의 프로그램 제어(2)	3	3
8. 로킷 시뮬레이터의 구성 및 응용	3	3
9. 코드론을 위한 아두이노 설정	3	3
10. 코드론을 위한 아두이노 이해	3	3
11. 코드론을 위한 아두이노 기초 프로그래밍(1)	3	3
12. 코드론을 위한 아두이노 기초 프로그래밍(2)	3	3
13. 코드론을 위한 아두이노 응용 프로그래밍(1)	3	3
14. 코드론을 위한 아두이노 응용 프로그래밍(2)	3	3
부록. H/W, S/W 유지보수	3	3

코딩 드론 제어 응용 학습 모듈의 명세서

학습명	학습내용명
1. 드론의 개요 및 정의	1-1. 드론의 개요 및 정의 1-2. 드론의 기술 1-3. 드론의 구동원리 1-4. 드론의 활용
2. 드론 시뮬레이터의 기초제어	2-1. 드론 시뮬레이터의 구성 2-2. 드론 시뮬레이터의 드론 PC 조종법
3. 드론 시뮬레이터의 응용제어	3-1. 드론 시뮬레이터의 동작
4. 로킷 브릭의 기초	4-1. 로킷 브릭 SW의 개요 4-2. 로킷 브릭의 화면구성
5. 로킷 브릭의 응용	5-1. 로킷 브릭의 기본블록
6. 로킷 브릭의 프로그램 제어(1)	6-1. 호버링 제어 연습 6-2. 호버링과 미세 조종 6-3. 드론의 패턴 비행과 목표 지점 도착하기 6-4. 드론 상태 모니터링
7. 로킷 브릭의 프로그램 제어(2)	7-1. 고도 센서 응용 제어 7-2. PC 인터페이스(키보드, 마우스) 응용 제어
8. 로킷 시뮬레이터의 구성 및 응용	8-1. 로킷 시뮬레이터의 개요 8-2. 인벤터 보드 8-3. 소프트웨어와 하드웨어의 연결 8-4. 로킷 시뮬레이터의 응용
9. 코드론을 위한 아두이노 설정	9-1. 아두이노의 이해 9-2. 인벤터 보드를 활용한 아두이노
10. 코드론을 위한 아두이노 이해	10-1. 아두이노 기초
11. 코드론을 위한 아두이노 기초 프로그래밍(1)	11-1. 스마트 인벤터 보드의 구성 11-2. 아두이노 기초 프로그래밍
12. 코드론을 위한 아두이노 기초 프로그래밍(2)	12-1. 코드론 페어링 12-2. 코드론 컨트롤 12-3. 드론 리모트 컨트롤을 사용한 코드론 컨트롤
13. 코드론을 위한 아두이노 응용 프로그래밍(1)	13-1. 코드론 LED 컨트롤하기(LED) 13-2. 코드론 상태보기(Receive)
14. 코드론을 위한 아두이노 응용 프로그래밍(2)	14-1. 코드론의 동작 제어 응용(Application) 14-2. 인벤터 보드을 이용한 응용
부록 H/W, S/W 유지보수	부록 1. 하드웨어의 유지 보수 부록 2. 소프트웨어의 유지 보수

학습 1	드론의 이해
학습 2	드론 시뮬레이터의 기초제어
학습 3	드론 시뮬레이터의 응용제어
학습 4	로킷 브릭의 기초
학습 5	로킷 브릭의 응용
학습 6	로킷 브릭의 프로그램 제어(1)
학습 7	로킷 브릭의 프로그램 제어(2)
학습 8	로킷 시뮬레이터의 구성 및 응용
학습 9	코드론을 위한 아두이노 설정
학습 10	코드론을 위한 아두이노 이해
학습 11	코드론을 위한 아두이노 기초 프로그래밍(1)
학습 12	코드론을 위한 아두이노 기초 프로그래밍(2)
학습 13	코드론을 위한 아두이노 응용 프로그래밍(1)
학습 14	코드론을 위한 아두이노 응용 프로그래밍(2)
부 록	H/W, S/W 유지보수

학습 목표	1. 드론의 이해를 이해할 수 있다.

1-1 드론의 개요 및 정의

1. 드론의 개요

'드론(Drone)'이란 단어의 어원은 '벌 떼가 윙윙거리는 소리나 숫벌 등'에서 유래되었다. 즉, 드론이란 뜻은 꿀과 꽃가루를 모으는 일을 하는 일벌과는 달리 벌의 번식을 위한 여왕벌과의 교미를 준비하며 많은 시간을 보내는 게으른 수컷 벌을 드론으로 칭한다.

[그림 1-1]은 드론을 상징하는 숫 벌과 드론의 외형이다.

드론은 4차 산업혁명 시대를 맞아 대표적인 융합 신산업으로 주목받고 있다. 항공, 조선, 자동차, 로봇, ICT가 융합하고 네트워크와 센서, AI 등 차세대 기술이 접목된다. 항공산업은 기술의 주기가 길어 신규 사업자 진입이 까다롭지만 이와 달리 드

[그림 1-1] 숫벌과 드론의 모형

론산업은 신속하게 新시장을 창출하는 대안이 될 수 있다. 영상인식, 인공지능, 가상실현(VR), 빅테이터 등과 접목되어 새로운 가치를 창출하는 파급효과도 클 것으로 예상된다. 드론이 다양한 기술융합으로 새로운 서비스가 가능한 플랫폼으로 작용하면서 드론 활용 서비스시장이 성장할 것으로 보인다.

드론산업은 비행제어, 자율비행, 영상분석 SW, 배터리, 경량 복합소재 등 융복합 기술이 필요한 분야로, 다양한 연관 산업 발달의 기회라고 볼 수 있다. 경쟁력 있는 드론산업을 발전시키는 위해서는 드론산업과 관련 기업에게 시스템 및 서비스 성능과 주요 부품에 대한 기술수준을 제시하는 기술표준의 역할이 중요하다.

2. 드론의 정의

드론(Drone)이란 윙윙거리는 소리, 수벌이란 사전적 의미에서 비행 시스템이 탑재된 무인비행기인 UAV[(Unmanned Aereial Vehicles 또는 Plane without people) RPA : Remotely Piloted Aircraft]라고 하고, 통제체제 및 지원장비를 합쳐서는 무인항공기시스템(UAS : Unmanned Aircraft System 또는 RPAS : Remotely Piloted Aircraft System)이라고 한다. 편의상 지상통제 체계를 포함하든 안하든 무인항공기(UAL)라고 부르는 경향이 있다. 즉 원격 조작기구, 무선으로 조종되는 무인 비행 물체라는 뜻으로까지 정의된다.

그래서 드론이란 단어는 거의 군사용 무인 비행 물체용으로 쓰여 왔다. 특히 조종사가 없이 움직이는 장치들을 주로 지칭하였고, 원격이나 자율으로 조종 가능하도록 되었다.

점차 드론의 쓰임이 서비스 및 다양한 응용분야로 확대되면서 드론이란 단어가 일반화되었고 현재는 상업용, 개인용 등 각 분야에서 다양하게 활용되고 있다.

날아다니는 모든 물체를 드론이라고 할 수는 없다. 드론에는 로봇기술이 포함된 하드웨어와 소프트웨어가 탑재되고, 구현하는 기능에 따라 촬영용, 인명구조, 화재

예방, 군용, 정보수집용 등으로 다양하다. 현재는 땅 위를 벗어나 자유롭게 이동하고 볼 수 있는 장점들이 드론을 통해 실현되고 있다고 할 수 있다.

[그림 1-2] 드론의 종류(군시용과 민간서비스용)

1-2 드론의 기술

드론 시스템은 주로 통신, 제어, 센서기술 등 다양한 기술들이 융합되어 구동된다. 위치를 인지하고 날 수 있는 자동항법장치, 모터제어기술, 카메라 영상 장치 및 SW 분야까지 드론은 다양한 기술의 융합체라고 할 수 있다.

그 중에서도 가장 중요시 평가되는 부분이 바로 SW 부분이다.

자율 이동, 패턴 이동 등 단순한 조종을 뛰어넘어 로봇의 기술이 융합된 모든 것들이 SW를 활용하여 제어된다. 현재까지도 꾸준히 발전하고 지능화 되어가는 드론 분야에서 SW는 가장 핵심적인 분야로, 정부와 기업, 교육계에서 큰 관심을 가지고 있다.

[그림 1-3] 드론의 기술

1-3 드론의 구동원리

드론의 종류는 프로펠러의 개수에 따라서 3(트라이), 4(쿼드), 6(헥사), 8(옥타)콥터 등 다양한 종류가 있지만 원리는 거의 유사하다. 우리가 구동할 4개의 프로펠러 드론이 가장 기본적인 형태로 쿼드 콥터라고 부른다.

드론의 모터 구동법은 생각보다 단순하다. 다른 로봇 같은 경우는 모터를 정 · 역방향으로 움직이지만, 쿼드콥터는 4개의 프로펠러가 정해진 한쪽 방향으로만 움직인다.

드론의 뾰족한 부분을 정면으로 본 상태에서 [그림 1-4]처럼 같은 방향으로 모터가 회전하며, 이때 주의해야 할 부분은 서로 다른 2가지 종류의 프로펠러가 있어서 모터가 회전하였을 때 공기를 모아서 하강으로 뿌려주는 효과를 통해 드론이 날아오르게 된다는 것이다(드론의 상승). 이렇게 드론이 상승한 상태에서 1번과 3번은 앞쪽 모터 속도가 감소하면 전진하고 2번과 4번은 뒤쪽 모터 속도가 감소하면 후진한다. 1번과 2번의 날개가 왼쪽 모터 속도가 감소하면 좌측으로 이동하고 3번과 4번의 날개가 오른쪽 모터 속도가 감소하면 우측으로 이동한다. 모터의 회전방향에 무관하게 속도의 차이로 안정적으로 비행할 수 있는 것이다.

[그림 1-4] 드론의 구동원리

드론의 구동원리는 [그림 1-5]처럼 일정한 모터회전으로 프로펠러가 바깥에서 공기를 모아온 다음에 모아온 공기를 밑으로 내려 보내는 원리인 **호버링의 원리**에 따라서 구동한다.

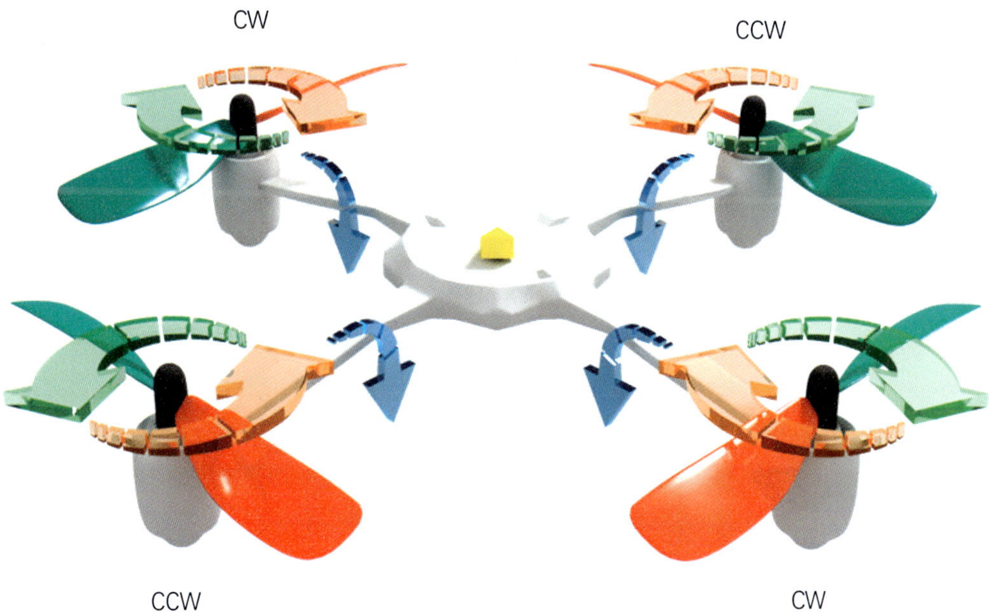

[그림 1-5] 호버링의 원리

드론에서 그림처럼 적색은 고속으로 청색은 저속으로 회전하면 상/하 수직으로 이동하는Throttle, 좌/우회전으로 이동하는 Yaw, 전/후진으로 이동하는 Pitch, 좌/우측으로 이동하는 Roll의 4가지 동작으로 한다.

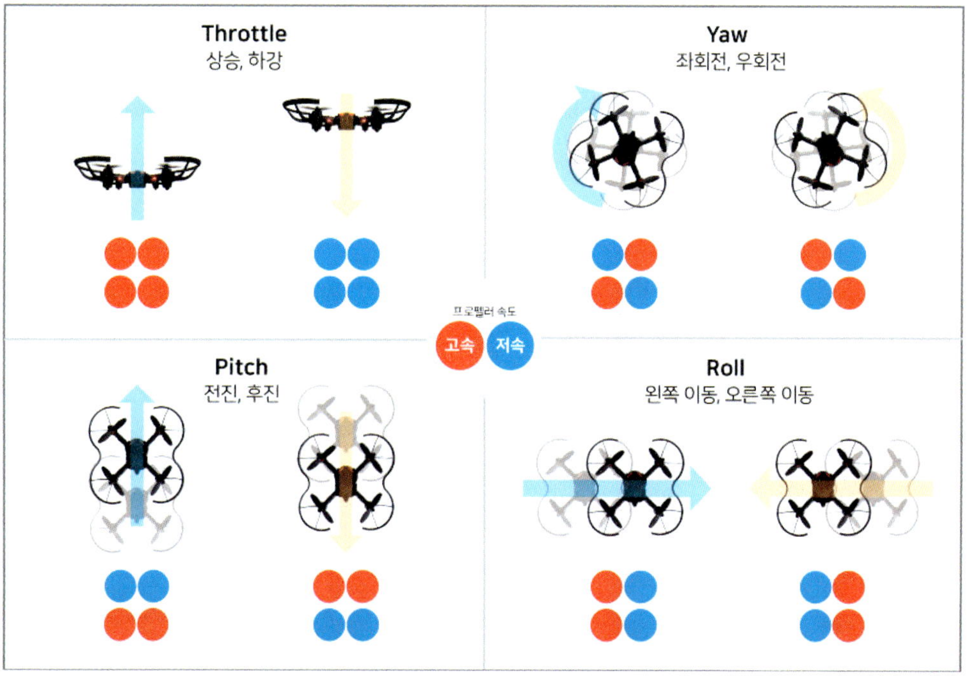

[그림 1-6] 드론의 기본동작

드론의 셋팅은 [그림 1-4]처럼 기체 정면을 기준으로 하고 드론이 조종 의지와 무관하게 흘러갈 때 흘러가는 반대방향으로 값을 입력하여 제자리에서 균형을 잡을 수 있도록 미세조종 하는 것이다. 이를 트림(Trim)이라고 하는데 트림은 전진, 후진, 오른쪽 이동, 왼쪽 이동, 좌회전, 우회전, 상승, 하강 총 8가지의 동작으로 설정되어 있고 오른쪽으로 흐를 시에는 왼쪽방향으로 트림하고 왼쪽으로 흐를 시에는 오른쪽 방향으로 트림한다.

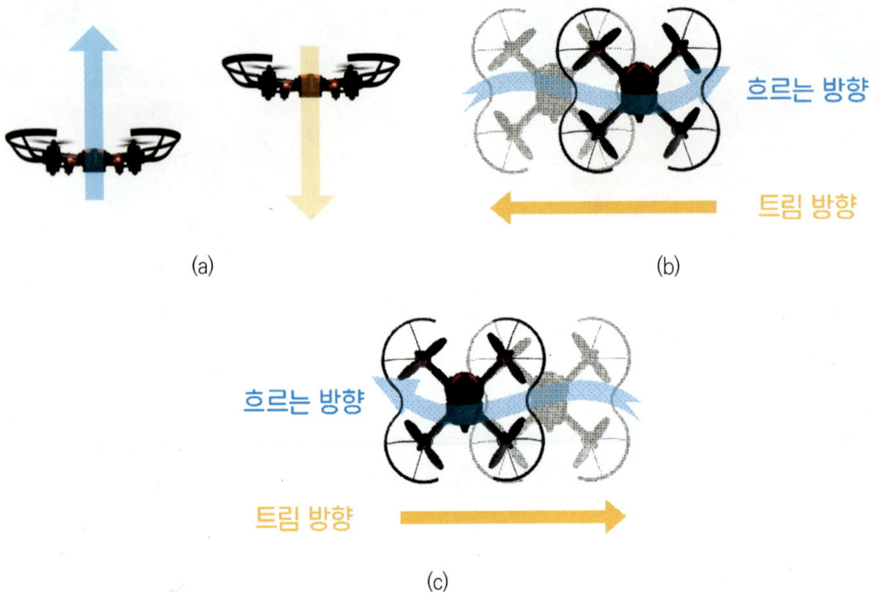

[그림 1-7] 드론의 셋팅

드론이 착륙을 위해서 하강하는 중에 멈추거나 혹은 비상시에 비행을 멈추게 하는 명령은 Stop이다.

1-4 드론의 활용

드론의 활용은 군사용, 상업용, 서비스용으로 구분한다.

Criminal

Transit

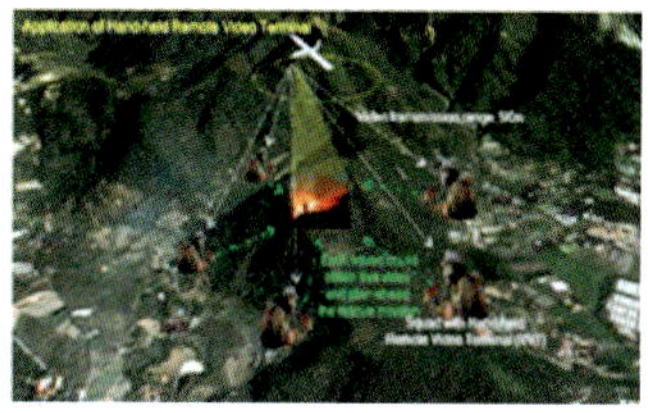

Disaster

Military

Film

[그림 1-8] 서비스 드론의 활용

수행 내용

재료 · 자료

- 드론의 제어 및 코딩 관련 자료

기기(장비 · 공구)

- 컴퓨터

안전 · 유의사항

- 컴퓨터, 코드론, BLE/스마트 인벤터 보드의 전원을 관리한다.

수행 순서

01 드론 어원의 역사를 분석하라.

16세기 영국에서는 나태에 빠져있는 남성을 지칭하는데 드론을 사용했다. 또한 벌이 날아가며 일으키는 '윙윙' 소리를 표현할 때 동사 드론이 이용되었다. 이렇게 게으른 남성과 윙윙 소리를 내는 데에 쓰였던 드론이라는 단어는 1935년 군사용어로 이용되었다.

미국 해군제독 윌리언 스탠리(William Standley)은 1935년 영국 해군의 훈련에 참관했다. 그 때 영국 해군은 "DH 82B 여왕벌"이라는 이름의 원거리 조종 무인 비행기를 띄워 날려 놓고 이를 맞추는 사격 훈련을 선보였다. 이에 깊은 인상을 받은 스탠리 제독은 델머 파니(Delmer Fahrney) 사령관에게 유사한 모델을 제작할 것을 주문하였고, 파니는 영국 '여왕벌'에 대한 경의를 표현하기 위해 미국 해군 유사 모델에 '게으른 수컷 벌'의 뜻을 가진 '드론'이라는 이름을 붙였다. 이후 미군은 전통 비행기를 연습용으로 개조한 무인비행기를 드론이라 불렀다.

드론이 미군에 의해 본격적으로 개발된 시점은 1960년 미국 정찰기 U2가 구소련 땅에서 추락된 사건 이후이다. 자국 군인을 보호하기 위해 정찰기능 중심의 무인비행기 개발에 착수했고 1980년대에 들어서면서 공격 기능을 가진 무인전투기 개발로 무게 중심이 옮겨간다.

미국 공군은 2025년까지 공군전투기의 1/3을 무인비행기를 대체하겠다는 계획이다. 다시 말해 역사적으로 볼 때 드론 개발을 주도한 주체는 미국 국방성이었고 미국 드론 산업은 지금까지 군사산업의 한 분야로 인식되고 있다. 그러다 보니 미국에서 민간영역의 드론 산업은 상대적으로 발전하지 못한 상태다.

02 드론의 종류에서 고정익, 회전익 및 틸트로터형 드론을 분석하라.

날개가 고정되어 있고 프로펠러 혹은 엔진의 힘으로 양력을 얻고 비행하는 드론을 고정익 드론이고 고정익 드론은 이 · 착륙을 하기 위하여 큰 장소가 필요하고, 일정 속도 이상이 되어야 하며, 속도가 0인 상태에서 공중에 정지할 수 없도록 되어있다. 이런 단점을 없애기 위해 날개를 동체에 고정시키지 않고 회전시켜 양력을 발생시키는 회전익 드론이다.

[그림 1-9] 고정익 드론(오른쪽)과 회전익 드론(왼쪽)

회전익드론은 날개를 빠른 속도로 회전시켜 양력을 얻고 공중에서 정지가 가능하며, 수직으로 이착륙하기 때문에 효율적이지만 그만큼 동력낭비가 심하고, 끊임없이 날개를 회전시켜서 공기의 흐름에 민감하다. 고정익과 회전익의 단점을 보완하기 위해 만들어 진 것이 틸트로터형 드론이다. 이 · 착륙, 정지비행은 회전날개를 이용하고, 수평으로 이동시에는 고정날개를 사용하여 이동할 수 있다.

[그림 1-10] 틸트로터형 드론

하지만 역시 두 가지의 혼합으로 공기흐름의 불안정성으로 비행이 불안한 상태로 추락할 수 있다. 이러한 발전 상태에서 마지막으로 만들어 진 것이 멀티 로터형 드론이다. 세 개 이상의 회전날개를 갖추어 양력과 추력을 얻어 내는 드론으로 공기 역학적 안정성도 뛰어나고, 회전익의 장점과 여러 가지 동력원을 이용하여 추락위험도 감소된다.

03 유인항공기와 무인항공기인 드론을 비교분석하라.

무인항공기는 조종사가 탑승하지 않고 원격 또는 자동으로 통제되는 항공기를 말한다. 무인항공기는 유인항공기 공역을 함께 사용하기 때문에 항공법에 영향을 받는다. 항공법에서 유인항공기의 범위를 최대이륙중량으로 구분하였고, 이에 대응하는 무인항공기는 아래 〈표 1-1〉와 같다.

〈표 1-1〉 유인항공기와 무인항공기의 비교

<table>
<tr><th>구분(항공법 기준)</th><th>유인항공기</th><th colspan="2">무인항공기(UAL)</th></tr>
<tr><td>최대이륙중량 600kg 초과</td><td>항공기</td><td colspan="2">대형 무인항공기</td></tr>
<tr><td>최대이륙중량 600kg 이하</td><td>경량 항공기</td><td colspan="2">중형 무인항공기</td></tr>
<tr><td rowspan="3">자체중량 150kg 이하</td><td rowspan="3">초경량비행장치</td><td rowspan="3">무인동력
비행장치</td><td>중소형(25kg 초과 150kg 이하)</td></tr>
<tr><td>소형(2kg 초과 25kg 이하)</td></tr>
<tr><td>초소형(2kg 이하)</td></tr>
</table>

출처 : KS W 9000 무인항공기시스템 분류와 용어(2016)

04 해외 드론기술 동향에 대하여 분석하라.

무인항공기(드론)의 상업적 활용은 주로 대기업을 중심으로 인터넷 통신, 물류, 방송, 서비스 등에서 이루어지고 있다. 민간주도 R&D는 구글, 애플, 페이스북 등 해외 IT기업, 노스롭그루먼, 록히드마틴, 보잉 등 기존 제조기업과 DJI 등의 혁신벤처기업들에서 활발하게 전개하고 있다.

1. 통신/항법/교통관리기술

무인수송기술은 운용비용이 저렴하고 데이터를 신속하게 취득할 수 있으며, 편의성을 증대시킬 것으로 예상되어 기술 안정화와 기술 적용을 위해 다양하게 진행되고 있다.

DHL은 2013년 무인기를 통해 긴급 의료품을 북해 연안 위스트 섬에 수송한 바 있으며, 최근에는 유럽 최초 무인기 배송서비스를 실시하였고, 미국의 스타트업 기업 매터넷(Matternst)은 도로가 부족한 신흥국 오지에 의약품과 구호물품을 전달하는 무인기를 개발하고 있다.

2. 탐지/회피기술

이파이 웍스(CyPhy Works)의 헬렌그라이너가 '상황판단'이 2017~18년 무인기의 중심 기능이 될 것이라 예측한 것과 관련해 탐지 및 회피기술에 대한 연구 개발도 중점적으로 진행되고 있다.

사이파이 웍스가 개발 중인 무인 항공기 EASE와 PARC는 지상과 미세섬유로 연결되어 전기를 공급받는 방식으로 상공에 머물면서 실시간 모니터링과 건물내부 탐사 작업이 가능한 것이 특징이다(주요 회피기술 업체 : DJI, SMD, 유닉, 스탠포드 대학 등).

3. 센서기술

인기의 안전한 운항 지원과 임무 수행을 위한 센서기술의 고도화와 무인기의 용도 다양화에 따른 다양한 센서기술을 접목하고 있다. 특히, 중국기업의 약진이 두드러지는 가운데 최대 상업용 드론기업인 DJI는 전방 광학센서를 이용해 안전운항을 지원하고, SMD는 초음파센서를 탑재해 장애물을 회피할 수 있는 드론 미라지(Mirage)를 출시하였다.

4. S/W 및 응용기술

무인기가 상업용과 아웃도어, 개인별 취미용도로 응용되어 활용될 가능성이 확대됨에 따라 각종 S/W와 응용기술의 발전이 가시화되고 있다. 이미 널리 보급된 스마트폰과 연동을 통한 개인 취미용 드론도 세계 각국의 스타트업에서 개발하는 추세다.

5. 플랫폼기술

무인기는 기존 헬기와 같이 로터를 회전시켜 비행하는 방식도 적용되고 있으며, 작은 프로펠러 여러 개를 활용하는 멀티콥터 형태로 발전하고 있다. 멀티콥터 무인기는 기체의 상승과 하강, 전후진, 좌우진, 회전이 자유로워 정밀 조작이 가능하다는 장점이 있으며, 이러한 자유로운 이동성은 길 안내나 실시간 정보 제공 등에 활용되고 있다(플라이트컨트롤러 기술의 주요 업체 : 에어웨어, DJI, 3DR, 오픈파일럿, 퀄컴 등).

6. 동력원기술

친환경 트렌트에 부합하는 친환경적 고성능·고효율의 에너지원 기술개발과 적용이 활발히 진행되고 있다. 드론 개발업체 '타이탄 에오로스페이스'는 몸체에 태양전지 패널을 탑재하여 작동하며, 길게는 5년간 착륙 없이 연속비행이 가능하다.

05 국내 무인항공기(드론) 기술동향에 대하여 분석하라.

현재 국내의 무인항공기 개발은 대한항공, LIG 넥스원, 한국항공우주연구원, KAI, 유콘시스템, 한국카본, 한화테크윈, 휴인스, 화인코왁, 에이알웍스 등의 기업에서 중고도 무인항공기, 사단급 무인항공기, 소형 무인항공기 등 다양한 종류, 크기의 무인기가 개발되어 상용화되고 있다. 국내 민간용은 농업용 무인항공기가 선도하고 있으며, 성우 엔지니어링은 국내 최초, 세계 2번째로 120kg급 농업용 무인헬리콥터 개발과 양산에 성공하여 전국 농협에 공급하였다.

국내 무인항공기 기술은 대기업과 출연(연)·대학을 중심으로 중대형 무인기 분야 세계 7위 수준의 선진 기술력을 보유하고 있어 무인기 핵심부품을 개발할 기술역량은 있으나 현재 국내 시장규모가 영세하야 기술개발과 산업화가 부진한 상황이다.

〈표 1-2〉

주요 기업		주요 전략 및 제품
중소기업	BYROBOT	• 국내 최초로 초소형 드론 파이터 개발 • 장난감 시장을 개척하여 미국·일본·러시아 등으로 성공적 진출 • CES에서 신제품 '페트론' 공개 : 별도 조작 없이 공중에 떠 있는 호버링 기능과 정해진 경로를 따라 자동비행하는 기능 장착

주요 기업		주요 전략 및 제품
중소기업	DROGEN	• 스포츠 드론 분야에서 두각 • 대표 제품인 '로빗' 시리즈는 전용 고글을 착용하고 조종할 수 있으며, 시속 80km 이상 고속 비행과 공중 연속 회전 등 곡예비행에 최적화 • 일본 수출에 이어 2016년에는 중국 수출도 시작했으며, CES에서, 재팬 드론쇼 등에 참가하여 글로벌 시장 공략 행보를 가시화
	HUINS	• 20년 이상 임베디드 솔루션 사업에 집중해 왔으며, 2015년 드론 시장 진출 • 촬영용 · 산업용 드론이 주력 시장으로 초소형 제품 1K부터 전문 관재용 12K, 15K까지 넓은 제품군을 갖춘 '블루아이' 시리즈가 대표적 • 향후 농약살포 · 물자수송 · 산업 현장 관계 등 전문 산업용 판매에 주력할 계획
	xDRONE	• 2011년부터 회전익 · 고정익 드론을 개발 · 제조하여 왔으며 공공 · 산업용 드론을 납품하고 항공촬영 사업 전개 • 산업용 모델 XD-X8은 2016년 산불 감시 업무에 투입
	유콘시스템(주)	• 군수용 드론을 연구 개발해 왔으나 향후 민간용 시장으로 진출할 계획 • 특히 어린이 대상 오락용 드론과 재난 · 안전과 택배발송 등에 활용이 가능한 제품
	한국드론	• 2012년 설립한 항공영상 촬영 전문회사이자 드론 제조사 • 메인 컨트롤러와 모터는 중국에서 조달하고 다른 부품은 직접 제작 • 처음 자체 제작 드론은 날개 2개인 복엽 구조로 항공촬영용 'X-8'이며 드라마 · 영화 제작을 위해 방송 · 영화업계에서 주로 활용
대기업	삼성	2015년 말 드론 사업 진출을 위해 태스크 포스팀을 구성하여 드론 관련 각국 규제, 적용 기술 등을 집중 조사
	LG전자	구체적 전략은 밝히지 않았으나 모바일 커뮤티케이션즈(MC) 사업본부를 중심으로 드론 시장 진출을 위한 사전조사에 착수

자료 : 전자신문 2016.1.17./시큐리티 월드

06 무인항공기(드론)의 해외 표준화 동향에 대하여 분석하라.

현재 세계적으로 인정받는 무인항공기 관련 산업 표준은 전무한 실정이며, 항공무선통신 기술문서는 미국의 RTCA(Radio Technical Communication for Aeronautics)와 유럽의 EUROCAE(European Organization for Civil Aviation Equipment), ICAO(국제민간항공기구, International Civil Aviation Organization)에서 무인기의 기술기준, C2링크, 충돌회피,

자격, 운항, 항공교통관리 등과 관련한 국제표준을 개발 중에 있다.

〈표 1-3〉 국제표준화 현황과 전망

구분	주요내용
NATO STANAG (북대서양조약기구) * STANAG : Standardization Agreement	• 고정익/회전익 군용 무인기 감항인증기술 및 표준화기구로 무인기 중량 150kg을 기준으로 4개의 표준기술 카테고리 구축 • 중량에 따른 충돌에너지 기준 적용 및 최대 이륙중량(MTOW)에 따른 가변형 위험기준체계(Hazard Reference System) 적용
ICAO Cir 328 (국제민간항공기구)	• 국제민간항공기구인 ICAO는 2007년부터 무인항공기시스템 연구그룹인 UASSG(Unmanned Aircraft System Study Group)을 결성하여 무인항공기 관련 업무에 대한 국제적 상호협력, 무인기 관련 규정 및 매뉴얼 개발, 기술적 세부사항과 SARPs(Standards and Recommended Practices)의 개정에 대한 연구를 진행 중 • 무인기 운용에서의 기술적 세부사항은 RTCA와 EUROCAE의 연구결과를 준용하기로 하였으며 이에 따라 RTCA의 기술 표준화 결과는 ICAO의 UAS 관련 SARPs에 반연하여 전 세계 무인항공기 상호 운용성 확보 추진
ISO TC 20/SC 16 (항공우주기술위원회/무인기분과	• ISO 내에서 무인항공기를 다루는 ISO TC 20/SC 16 분과위원회는 무인항공시스템 업무를 담당하며, 미국, 중국, 한국, 프랑스, 독일, 이탈리아, 일본, 러시아, 스페인, 우크라이나, 영국 등 11개국의 국가 표준단체가 참여하고 있으며, 미국 표준협회(ANSI)에서 의장을 맡음 • '민간/상업용 UAS 전문용어 분류와 자격요건', UAS 설계와 제조', 'UAS 운용절차'에 대한 국제표준 제안
EASA CS-LURS V1.0 (유렵연맹항공안전청회전익무인기 기술수준) * EASA : European Aviation Safety Agency)	• CS-LURS는 JURUS Working Group-3(Wg-3)에 의해 개발된 경량급 무인 회전익항공기에 적용되는 감항 인증 기술기준으로 2013년 말 Version 1.0발간 • 750kg 이하의 증명된 최대이륙중량을 갖는 무인 회전익기 • STANAG 4671과 유사한 구조이나 Detect and Avoid를 위한 항목을 예비로 남겨 놓음
FAA Order 8110.4C & 8130.34(미연방항공청 무인기 감항인증절차) * FAA-Federal Aviation Administration	• FAA의 경우 별도의 무인기 감항인증기준을 채택하고 있지 않으며 감항인증 신청 및 특별 감항인증서 발행을 위한 절차적인 내용 발행 • 운영 공역 제한, ATC 응답기 및 고도보고 시스템 요구도 설정 • See-And-Avoid 방법, Lost link 절차 설명 등 사례별로 검토 및 적용
ITU (국제통신연합)	• 전파통신 업무(서비스)에서 무인항공기의 무선주파수 스펙트럼 대역의 이용을 보장하고, 주파수 연구를 통하여 전파통신 권고를 채택하는 역할 수행 • 장거리의 무인항공기를 제어하기 위한 기술, 운영, 규정 및 검토 수행 중

구분	주요내용
IEC (국제전기기술위원회)	• 전기기술에 관한 국제적 표준의 통일과 조종을 목적으로 설립되었으며, 배터리 및 기타 센서 등 무인항공기 구성품에 대한 표준을 다룸 • IEC의 표준은 비행기 기체, 엔진, 항공전자기기 설계에 사용되며, ASTM 등과 같은 표준단체에서 무인항공기 표준 개발에 참고

07 무인항공기(드론)의 국내 표준화 동향에 대하여 분석하라.

유인항공기에 대해서는 국토교통부에서 항공안전법에 따라 등급별로 나누어 형식증명, 생산증명과 감항증명 등의 인증을 수행하며, 인증기준은 항공기 기술기준(Korea Airworthiness Standard)으로 고시 되어 있다. 특히 미국 감항 규정인 FAR 23급 항공기에 대해서는 미국과 상호 감항인증 협정(BASA)을 체결하여 한국에서의 인증은 미국에서 동일한 효력을 발휘한다. 군용 무인항공기에 대해서는 국방부의 군사규격에 의해 정의되고 있다. 항공안전법에서는 자체중량 150kg을 초과하는 무인항공기를 가정하지 않기 때문에 이에 대한 표준은 전무한 상황이다. 자체중량 150kg 이하의 초경량비행장치중에서 무인동력 비행장치라고 구분하여 무인항공기를 분류하고 있다. 그리고 자체중량 150kg 이하의 무인항공기 중에서 총중량 25kg을 초과하거나 사업용무인항공기에 대해서는 등록을 의무화하고, 간단한 안전운용 적합성 검사를 적용한다. 아직 무인항공기에 대한 기술표준이나 기술기준은 없다.

국가기술표준원에서 '한국드론산업진흥협회'를 표준개발협력기관으로 지정하여 산업용 무인기에 대한 표준화 기반을 마련하였고, 최근 'KS W 9000-무인항공기 : 용어 및 분류에 대한 표준'을 제정하였다.

2017년도에는 소형무인항공기의 성능 및 시험과 주요 안전 관련 구성품으로 배터리, 전기모터, 프로펠러 등의 표준화를 진행하고 있다. 그 외에 동북아 협력 추진 등 산업용 무인항공기 분야 표준화에 대한 여건을 조성하고 있다.

학습활동.1 교수 · 학습 방법

교수 방법

- 드론의 이해에 대한 관련 용어, 구성, 방식 이해 정도를 파악한 후 수업을 진행한다.
- 교수자의 주도로 드론의 이해 등의 내용을 PPT 자료로 제시한 후 설명한다.
- 가능하면 사전에 개인별 학습 자료를 준비하여 모든 학생이 참여할 수 있는 문제 해결식 수업, 협력 수업이 가능하도록 한다.
- 드론의 이해 전 과정을 작업의 순서에 따라 단계적으로 실습이 이루어질 수 있도록 지도한다.
- 교재를 통해 수업을 준비하는데 있어서 필요한 모든 정보나 팁, 힌트 등 도움이 될 만한 내용들을 확인할 수 있다.
- 학생들이 만들게 될 각 모델들은 수업시간에 중점적으로 다뤄질 부분과 어휘, 질문, 답을 포함하고 있으며 또한 탐구할만한 추가적인 아이디어들도 포함하고 있다.

학습 방법

- 드론의 이해에 대한 관련 용어를 숙지하고, 드론의 제어 및 코딩에 대해 이해한다.
- 드론의 이해의 각 단계별 중점 사항을 체계적으로 학습한다.
- 드론의 이해의 수행순서의 전 과정을 실습한다.
- 드론의 이해의 내용을 이해한다.
- 드론의 이해를 이해하고 숙달이 될 때까지 학습한다.

학습활동.1 평가 및 피드백

평가 준거

- 평가자는 피평가자가 수행 준거 및 평가 내용에 제시되어 있는 내용을 성공적으로 수행할 수 있는 지를 평가해야 한다.

학습내용	평가항목	성취수준		
		상	중	하
드론의 이해	드론의 이해를 이해할 수 있다.			

평가 방법

• 작업 포트폴리오

학습내용	평가항목	성취수준		
		상	중	하
드론의 이해	드론의 이해를 이해할 수 있다.			

• 필기시험

학습내용	평가항목	성취수준		
		상	중	하
드론의 이해	드론의 이해를 이해할 수 있다.			

• 체크리스트를 통한 관찰

학습내용	평가항목	성취수준		
		상	중	하
드론의 이해	드론의 이해를 이해할 수 있다.			

• 피드백

1. 작업 포트폴리오
   – 제출한 보고서를 평가한 후 주요 사항에 대하여 표시하여 돌려준다.
2. 필기시험
   – 평가 결과 성적이 저조한 학생은 보고서 제출 기회를 부여한다.
3. 체크리스트를 통한 관찰
   – 실습 과정에서 평가한 후 개선해야 할 사항 등을 정리하여 돌려둔다.

학습 1	드론의 이해
학습 2	**드론 시뮬레이터의 기초제어**
학습 3	드론 시뮬레이터의 응용제어
학습 4	로킷 브릭의 기초
학습 5	로킷 브릭의 응용
학습 6	로킷 브릭의 프로그램 제어(1)
학습 7	로킷 브릭의 프로그램 제어(2)
학습 8	로킷 시뮬레이터의 구성 및 응용
학습 9	코드론을 위한 아두이노 설정
학습 10	코드론을 위한 아두이노 이해
학습 11	코드론을 위한 아두이노 기초 프로그래밍(1)
학습 12	코드론을 위한 아두이노 기초 프로그래밍(2)
학습 13	코드론을 위한 아두이노 응용 프로그래밍(1)
학습 14	코드론을 위한 아두이노 응용 프로그래밍(2)
부 록	H/W, S/W 유지보수

학습 목표	2. 드론 시뮬레이터의 기초제어를 이해할 수 있다.

2-1 드론 시뮬레이터의 구성

[그림 2-1]처럼 드론 시뮬레이터가 다음과 같이 구성되어 있다.

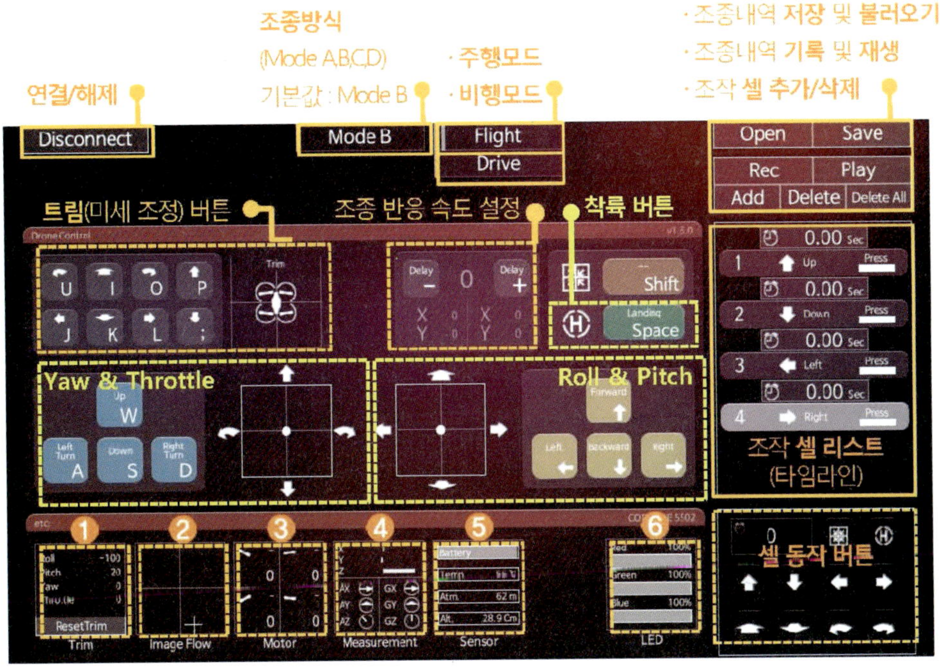

❶ 트림(trim) 값 모니터
❷ Image 좌표 감지
❸ 드론 모터 출력값(0~4095)
❹ 가속도 . 자이로 센서(IMU)
　X, Y, Z : 가속도 센서 값
　AX, AY, AZ : 드론의 회전 각도(Angle)
　GX, GY, GZ : 자이로 센서 값(Gyroscope)
❺ 잔여 배터리양 / 드론의 온도 / 기압값 / 높이값
❻ 드론 기체의 LED 색상 변화

[그림 2-1] 드론 시뮬레이터의 구성

2-2 드론 시뮬레이터의 드론 PC 조종법

1. 드론의 제어

W, S, A, D 키 중에서 W(상승), S(하강)을 이용하여 고도조절과 회전을 하고, **화살표 키(↑↓←→)**를 눌러 원하는 방향으로 비행한다.

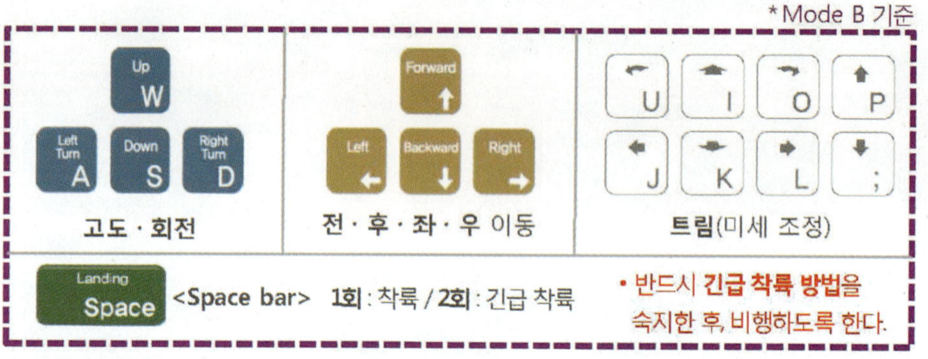

[그림 2-2] 드론 시뮬레이터의 조종 및 조정버튼

2. 드론의 관리

① 드론이 한 방향으로 계속 쏠릴 때 트림(Trim : 미세조종)이 필요하다. U, I, O, P, J, K, L, ; 키를 이용하여 트림을 실행하고, 제자리 비행이 안정되면 다시 화살표 키를 이용하여 원하는 방향으로 비행한다.

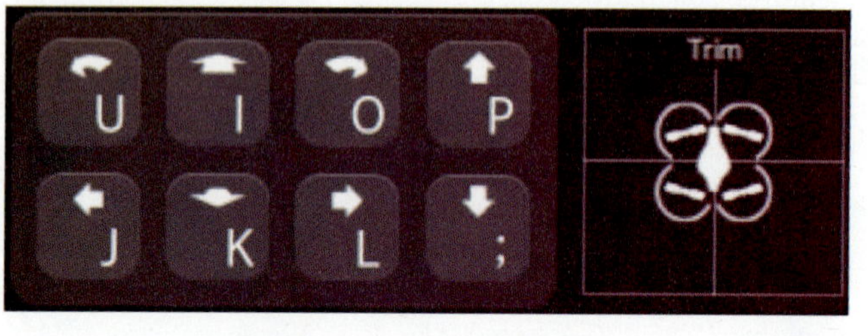

[그림 2-3] 미세조종(트림)키

3. 드론의 프로그래밍

① Rec(Record) 버튼을 누르면 조종하는 모든 액션들이 기억되고 아래 그림과 같이 타임라인에 액션들이 기록된다.

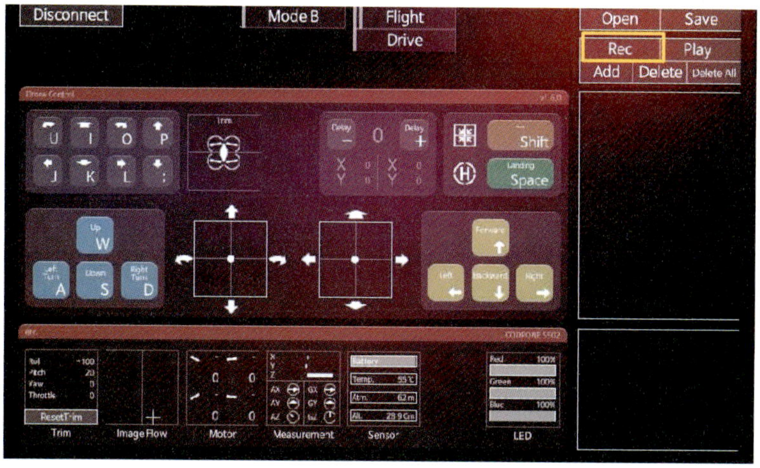

[그림 2-4] Rec(Record) 버튼

② Stop을 누른 후 Play를 하면 Record된 이전 동작들을 불러와 자동 비행하게 된다.

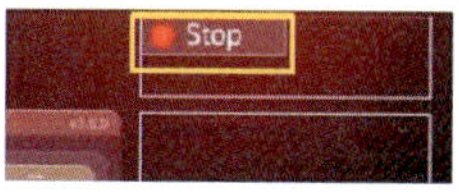

[그림 2-5] Stop 버튼

③ 물론 기체의 환경에 따라 완벽하게 같은 궤적으로 구현되지 않음에 유의해야 한다.

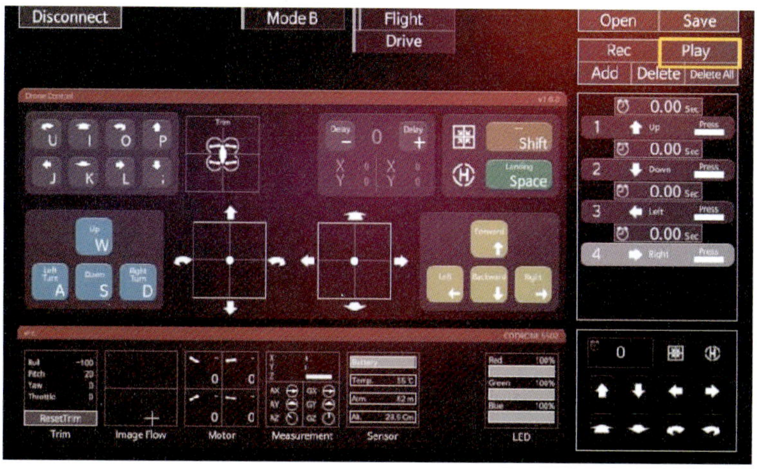

[그림 2-6] Play 버튼

수행 내용

재료 · 자료

- Drone Simulator, 드론의 제어 및 코딩 관련 자료

기기(장비 · 공구)

- 컴퓨터, 코드론, BLE 보드, USB케이블

안전 · 유의사항

- 컴퓨터, 코드론, BLE 보드의 전원을 관리한다.

수행 순서

01 드론을 컴퓨터(PC)의 USB케이블을 이용하여 BLE 보드에 연결하고 드론을 무선으로 통신(페어링)하여 연결과정을 설명하라.

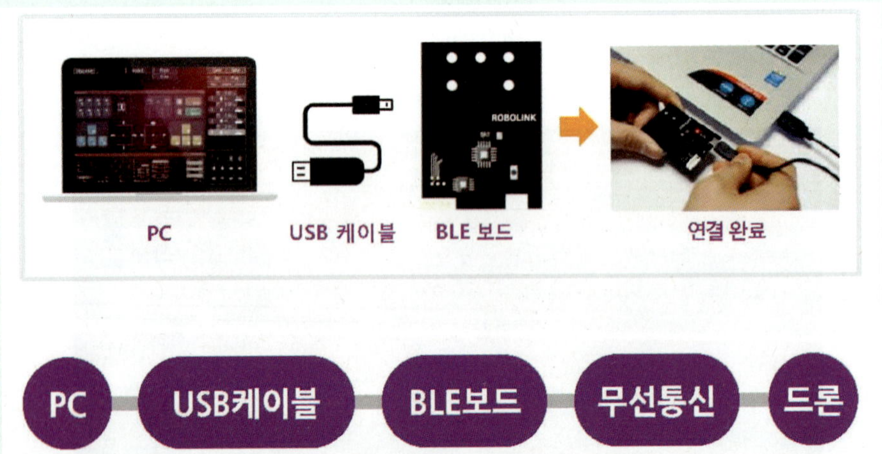

[그림 2-7] 드론 연결과정

① BLE 보드의 사용을 위한 USB드라이버를 설치한다.

- USB 드라이버를 다운로드한다(http://robolink.co.kr/download.html).

② 드론 시뮬레이터를 다운로드한다.

- (robolinksw.com의 [코드론] ▶ 드론 시뮬레이터)

③ PC와 BLE 보드를 USB케이블로 연결한다.

④ PC와 BLE 보드를 연결한 상태에서 드론 시뮬레이터를 실행한다.

- 화면의 선택항목을 CoDrone으로 선택한 후 Connect 메뉴에서 BLE 보드 포트를 선택한다.

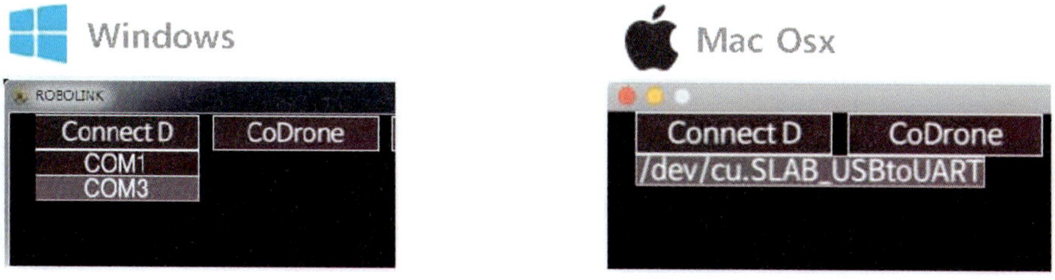

[그림 2-8] 윈도우와 Mac버전

02 BLE 보드에 페어링 준비와 완료 상태를 확인하라

1. BLE 보드 페어링 준비

BLE 보드에 위치한 Reset 버튼을 누르면 LED불빛이 노란색과 빨간색으로 바뀐다(모드의 변환).

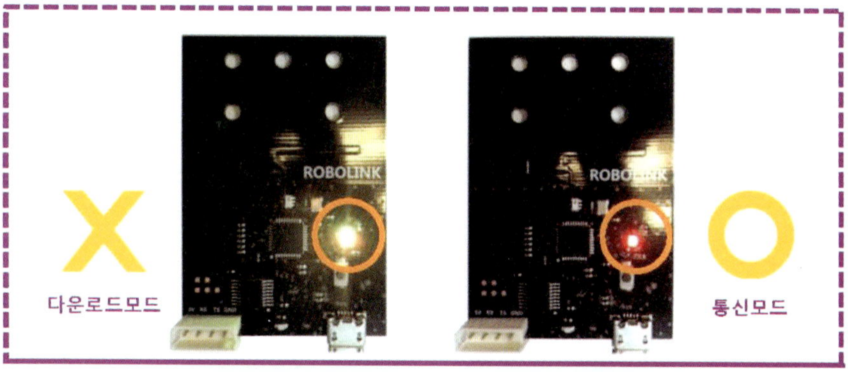

[그림 2-9] BLE 보드를 통신모드(빨간 LED 점멸)로 설정

페어링(Pairing)이 된 상태는 [그림 2-9]처럼 BLE 보드를 통신모드(빨간 LED 점멸)로 설정한 상태를 말한다.

2. BLE 보드 페어링 완료

[그림 2-10]처럼 페어링이 되는 경우와 안 되는 경우를 코드론의 경우와 BLE 보드의 경우로 구분하였다.

[그림 2-10] 페어링이 되는 경우와 안 되는 경우

03 드론 시뮬레이터의 실행과정을 확인하라

① 드론 시뮬레이터 실행한다.

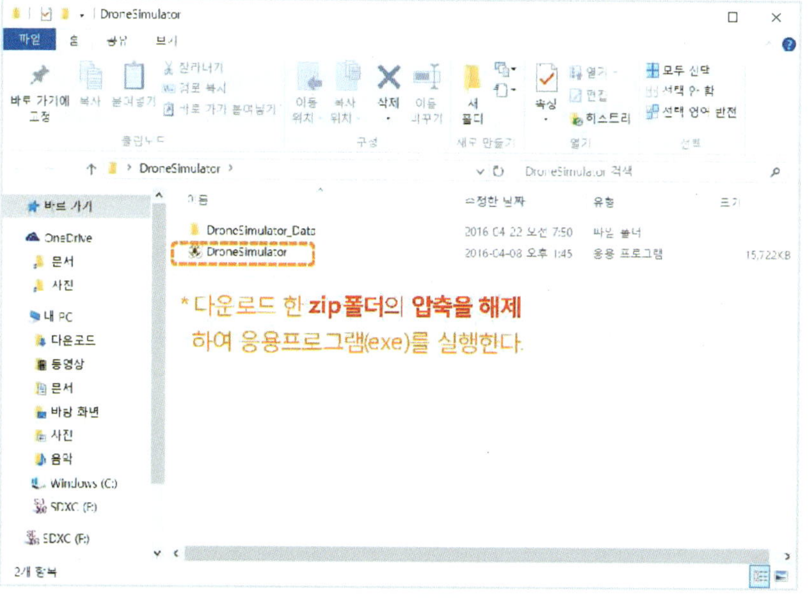

[그림 2-11] 드론 시뮬레이터 실행

② 드론 시뮬레이터 통신 연결한다.

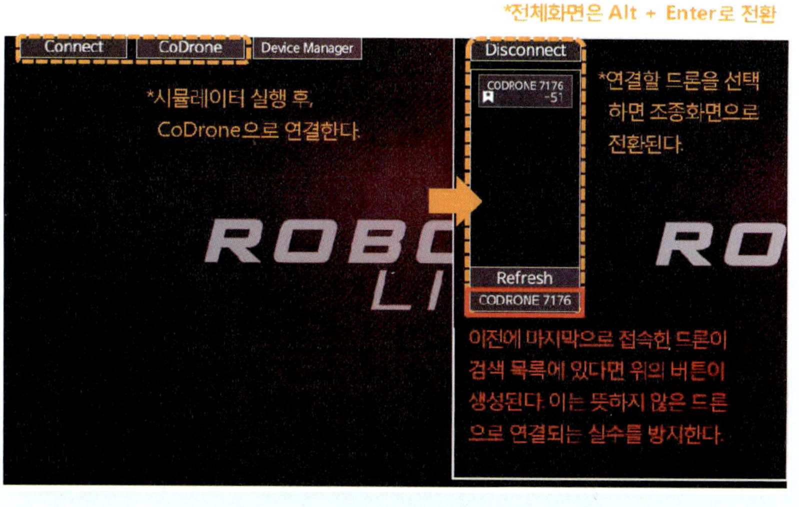

[그림 2-12] 드론 시뮬레이터 통신 연결

③ 다운로드 페이지 http://robolink.co.kr/download.html에서 BLE 보드 드라이버를 설치한다.

㉠ 해당 제품 카테고리 하단의 USB Helper Download를 다운로드 한다.

[그림 2-13] USB Helper Download를 다운로드

㉡ USBHelper.exe를 실행하여 포트(Port)를 선택하고 CP210X Driver Setup버튼을 클릭한다.

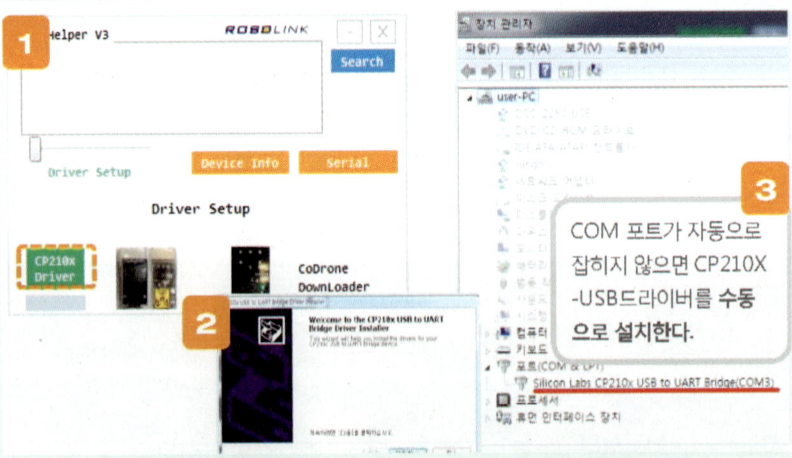

[그림 2-14] CP210X Driver Setup버튼을 클릭

만약 ㉡ 과정으로 설치가 되지 않는다면, ㉢과 ㉣의 과정을 진행한다.

㉢ CP210x_Windows_Drivers 폴더를 연다.

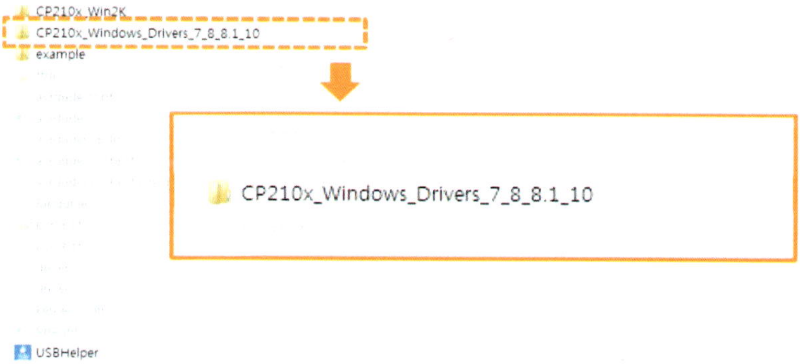

[그림 2-15] CP210x_Windows Drivers폴더를 클릭

㉣ 설치하는 PC 환경에 따라 32비트는 x86, 64비트는 x64를 설치한다

[그림 2-16] PC환경에 맞는 프로그램 설치

④ Mac OSX의 경우, 다운로드 페이지 http://robolink.co.kr/download.html에서 Mac OSX Download를 설치한다.

㉠ 해당 제품 카테고리 하단의 Mac OSX Download를 다운로드 한다.

[그림 2-17] Mac OSX를 다운로드

㉡ SiLabsUSBDriverDisk.dmg를 실행하여 프로그램을 설치한 후, 프로그램에서 포트(Port)를 선택하여 연결한다.

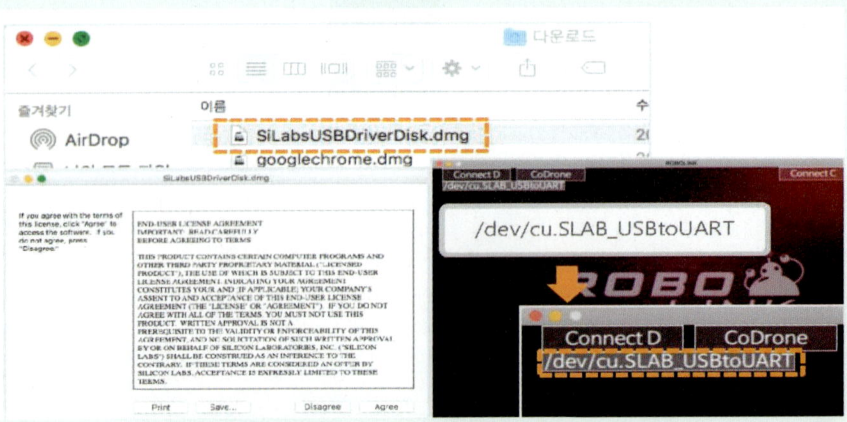

[그림 2-18] SiLabsUSBDriverDisk.dmg를 실행하여 프로그램을 설치

04 드론 조종을 실행한다.

① W, S, A, D 키 중에서 W(상승), S(하강)을 이용하여 고도조절과 회전을 하고, **화살표 키**(↑↓←→)를 눌러 원하는 방향으로 비행한다. 만약 드론이 의지와 상관없는 방향으로 흘러간다면 U, I, O, P, J, K, L, ; 키를 이용하여 트림(Trim)을 실행하고, 제자리 비행이 안정되면 다시 **화살표 키**를 이용하여 원하는 방향으로 비행한다.

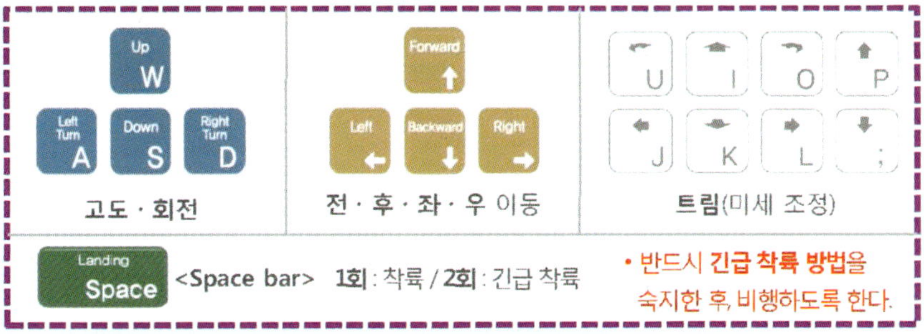

[그림 2-19] 고도조절 및 미세조종 키

② 일반적으로 안정된 고도유지 상태에서 상승(W)를 살짝 누르면 서서히 상승하고, 하강(S)를 살짝 한번 눌렀다 떼면 서서히 하강하는 기능이 있다. 이러한 기능을 이용해 손을 키보드에 대지 않고 최대한 공중에 오래 머무는 연습을 한다.

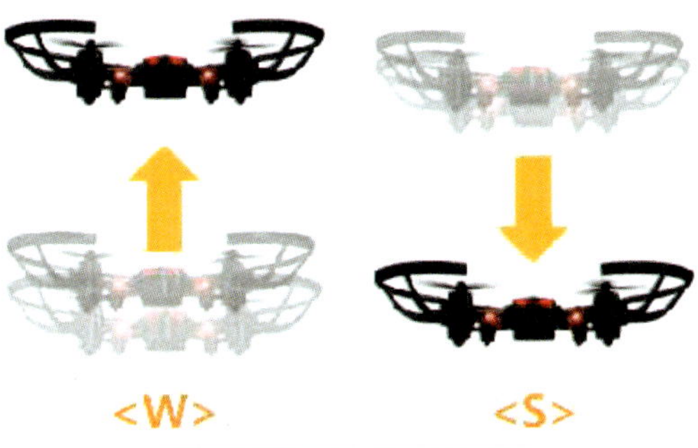

[그림 2-20] 조종 프로그램 실행

05 드론의 기체 비행 점검 및 유의사항을 확인하라.

① 반드시 한차례 비행 후에는 배터리 양, 드론의 상태 및 호버링, 트림 여부 등을 체크 해야만 이후 안정된 SW드론 제어가 가능하다.

[그림 2-21] 기체 점검

② 가장먼저 트림 여부를 확인하고 트림키를 이용하여 제자리 비행이 가능하도록 설정 한다. 비행 중에도 적용되며, 제자리 착륙한 상태에서도 트림키는 적용된다.

[그림 2-22] 트림 여부 확인하고 트림 키를 이용하여 제자리 비행 설정

③ 배터리 값은 그래프에서 절반이상의 배터리 양을 가질 때 비행하는 것이 좋다.

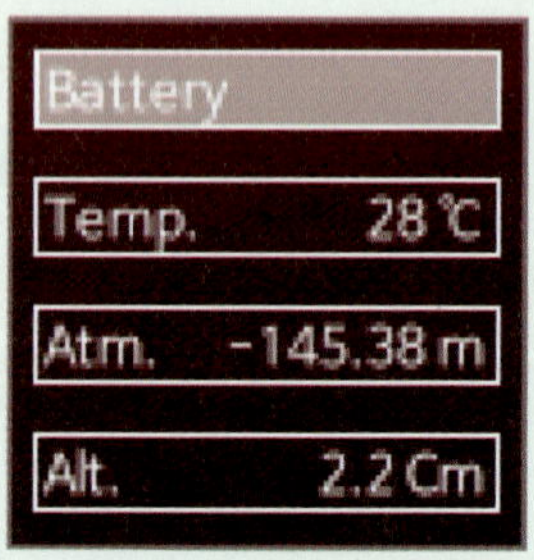

[그림 2-23] 배터리 양 체크

06 PC상에서 드론을 제어할 때를 확인하고 실행하라.

① PC상에서 드론을 조종할 때에는 키보드를 사용하여 조종하도록 되어 있다. 조종은 Mode B를 기준으로 한다(화면 상단의 Mode를 Mode B로 선택).

② 착륙 : Space Bar 키 자동착륙 : Space Bar 키, 긴급착륙 : Space Bar 키를 빠르게 2회 연타

㉠ 상승, 하강 등의 키보드 버튼을 이용하여 조종한다.

상승 : W 키
하강 : S 키
좌회전 : A 키
우회전 : D 키
전진 : ↑ 키
후진 : ↓ 키
좌측 이동 : ← 키
우측 이동 : → 키
착륙 : Space bar
긴급 착륙 : Space bar 2회 연타

[그림 2-24] 키보드 단축키 안내

07 드론 시뮬레이터에서 Record기능을 실행한다.

① Record 버튼을 누르면 조종하는 모든 액션들이 타임라인에 기록된다. 물론 기체의 환경에 따라 완벽히 동일하게 구현되지는 않음에 유의하자.

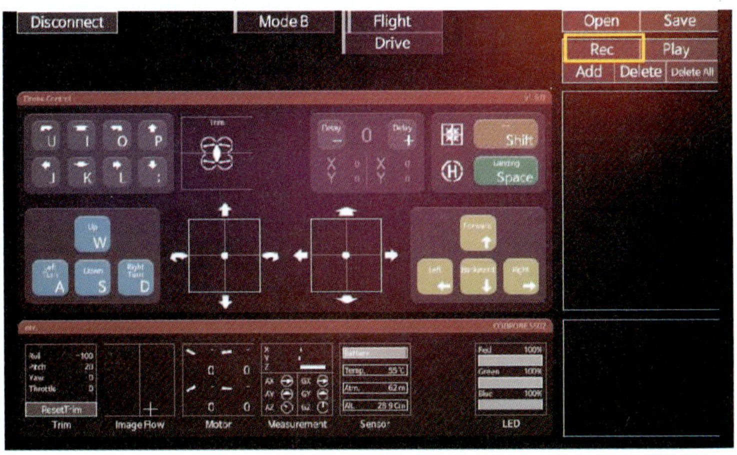

[그림 2-25] Record 버튼 누르기

② Stop을 누른 후 Play를 하면 Record된 이전 동작들이 기억되어 자동 비행하게 된다.

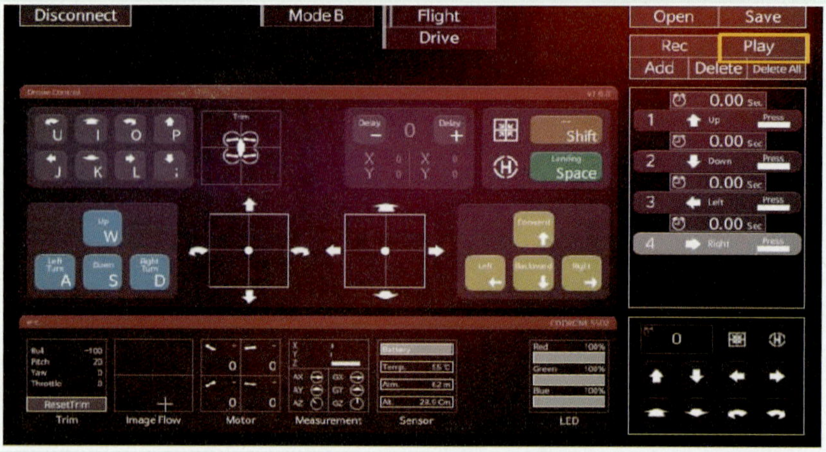

[그림 2-26] Stop을 누른 후 Play

08 드론 시뮬레이터의 프로그래밍 기능을 실행한다.

프로그램 문법지식이 없어도 손쉽게 프로그램 할 수 있는 기능이다.

이 때 반드시 딜레이 시간에 유의해야 한다. 딜레이 시간이 너무 길면 작은 공간에서 비행할 시에 충돌할 경우가 있으니 1초 미만의 값을 사용하고, Landing 명령 없이 프로그래밍을 했다면 비상시에는 Space(긴급 스톱) 키를 빠르게 두 번 누른다.

딜레이란 이전 명령 직후로부터 현재 명령 전까지 흘러간 시간을 의미한다. 드론은 공중에서 구동되므로 바람이나 주변 지형지물의 영향을 많이 받기 때문에 이런 부분을 고려하여 딜레이의 값을 입력하여야 한다. 처음에 익숙하지 않지만, 기본적인 의미가 파악되면, 향후

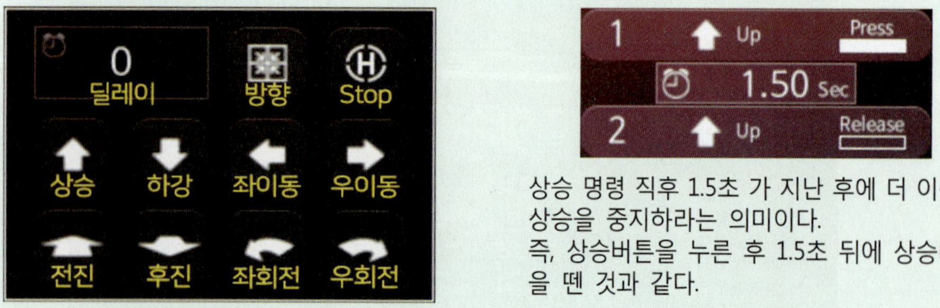

상승 명령 직후 1.5초 가 지난 후에 더 이상의 상승을 중지하라는 의미이다.
즉, 상승버튼을 누른 후 1.5초 뒤에 상승버튼을 뗀 것과 같다.

[그림 2-27] 딜레이 기능

로킷 브릭(Rokit Brick(Scratch))이나 아두이노(Arduino)에서도 쉽게 딜레이를 적용할 수 있고, 보다 쉽게 프로그래밍이 가능해질 것이다.

1. 프로그램 방법

① Add 버튼이나 Insert 키를 눌러 드론 동작 셀을 생성한다.

② 하단의 원하는 동작을 선택한다.

[그림 2-28] 프로그램 방법

2. 프로그램 실행

시간은 단순 Delay가 아니다. [그림 2-29]처럼 다음 프로그램 설정사항을 셋팅 후 실행한다.

① 0초 후 이륙

② 이전 명령 이후 1초 뒤 전진 명령

③ 이전 명령 이후 1초 뒤 착륙 명령

[그림 2-29] 프로그램 설정사항을 셋팅 후 실행

09 1.5초간 상승 후 멈춤(손으로 받는다) 프로그램을 실행하라.

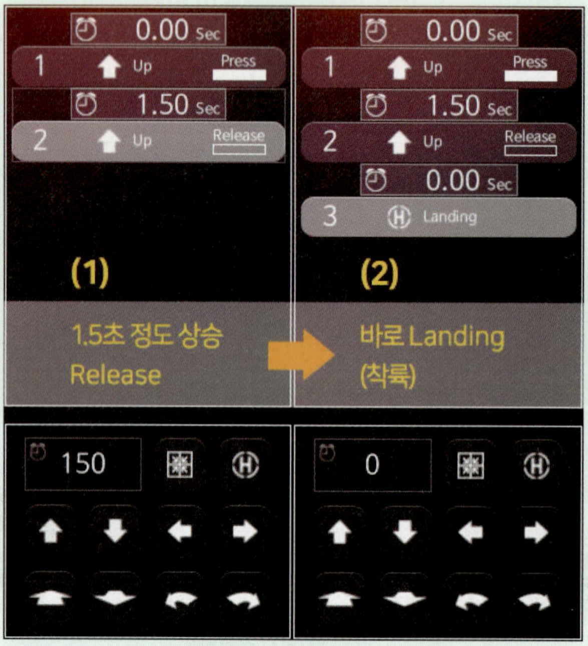

[그림 2-30] 1.5초간 상승 후 멈춤

3. 프로그램 실행

1.5초간 상승 후 멈춘다. 즉 손으로 받는다.

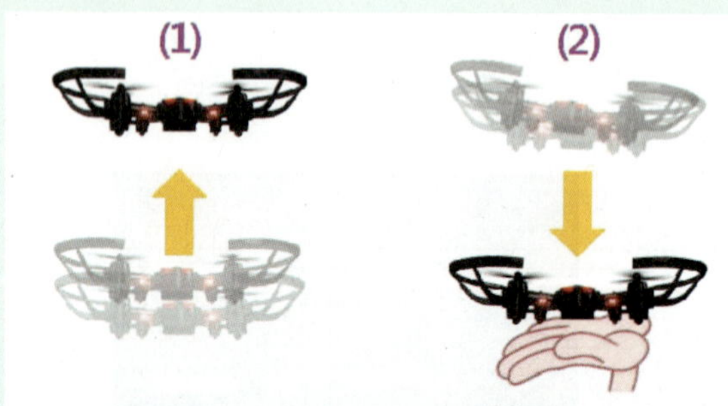

[그림 2-31] 프로그램 실행

이륙 후 일정시간 호버링 기능 있는 부분을 감안한다.

10 기초비행으로써 곡선방향으로 이동하기를 실행하라.

이륙과 동시에 다양한 방향 명령을 동시에 주면 곡선으로 이동하기가 된다. 배터리 양과 기체 상태에 따라 달라지지만 본인의 환경에 맞는 딜레이 값을 찾아 테스트 해본다.

입력한 셀을 동작할 때에 코드론 기체의 특성상 일정 기간 동안 호버링 기능이 있는 것을 감안한다.

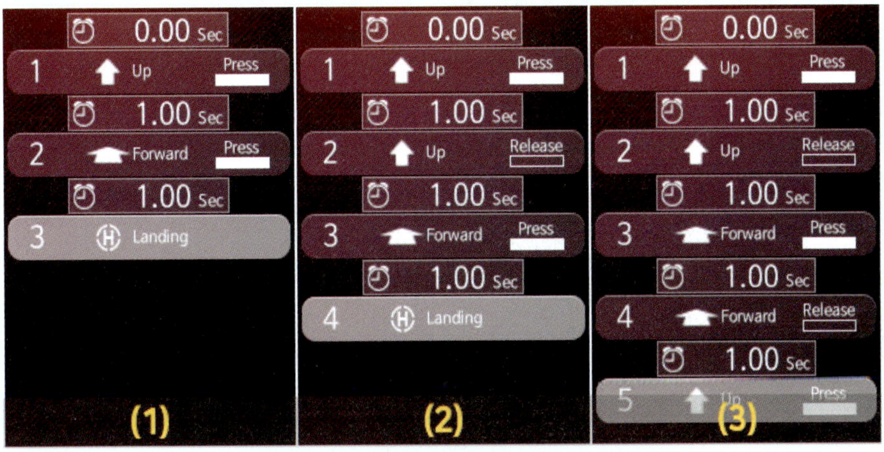

[그림 2-32] 곡선방향으로 이동하기를 실행

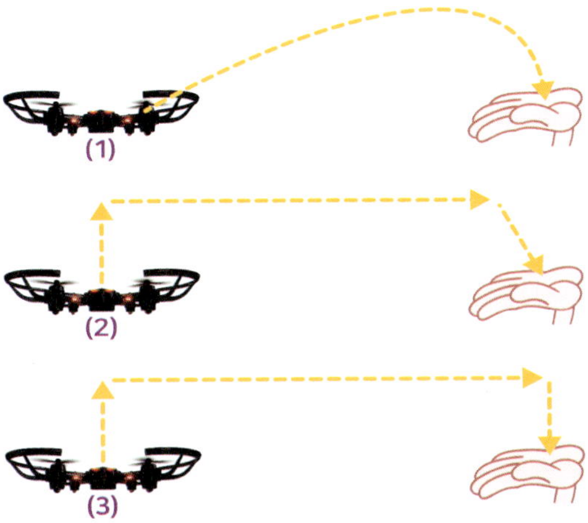

[그림 2-33] 프로그램 동작 예시

학습활동.2 교수 · 학습 방법

교수 방법

- 드론 시뮬레이터의 기초제어에 대한 관련 용어, 구성, 방식 이해 정도를 파악한 후 수업을 진행한다.
- 교수자의 주도로 드론 시뮬레이터의 기초제어 등의 내용을 PPT 자료로 제시한 후 설명한다.
- 가능하면 사전에 개인별 학습 자료를 준비하여 모든 학생이 참여할 수 있는 문제 해결식 수업, 협력 수업이 가능하도록 한다.
- 드론 시뮬레이터의 기초제어 전 과정을 작업의 순서에 따라 단계적으로 실습이 이루어질 수 있도록 지도한다.
- 교재를 통해 수업을 준비하는데 있어서 필요한 모든 정보나 팁, 힌트 등 도움이 될 만한 내용들을 확인할 수 있다.
- 학생들이 만들게 될 각 모델들은 수업시간에 중점적으로 다뤄질 부분과 어휘, 질문, 답을 포함하고 있으며 또한 탐구할만한 추가적인 아이디어들도 포함하고 있다.

학습 방법

- 드론 시뮬레이터의 기초제어에 대한 관련 용어를 숙지하고, 드론 시뮬레이터의 구성 및 설정에 대해 이해한다.
- 드론 시뮬레이터의 기초제어의 각 단계별 중점 사항을 체계적으로 학습한다.
- 드론 시뮬레이터의 기초제어의 수행순서의 전 과정을 실습한다.
- 드론 시뮬레이터의 기초제어 내용을 이해한다.
- 드론 시뮬레이터의 기초제어를 이해하고 숙달이 될 때까지 학습한다.

학습활동.2 평가 및 피드백

평가 준거

- 평가자는 피평가자가 수행 준거 및 평가 내용에 제시되어 있는 내용을 성공적으로 수행할 수 있는 지를 평가해야 한다.

학습내용	평가항목	성취수준		
		상	중	하
드론 시뮬레이터의 기초제어	드론 시뮬레이터의 기초제어 이해할 수 있다.			

평가 방법

- 작업 포트폴리오

학습내용	평가항목	성취수준		
		상	중	하
드론 시뮬레이터의 기초 제어	드론 시뮬레이터의 기초제어 이해할 수 있다.			

- 필기시험

학습내용	평가항목	성취수준		
		상	중	하
드론 시뮬레이터의 기초 제어	드론 시뮬레이터의 기초제어 이해할 수 있다.			

- 체크리스트를 통한 관찰

학습내용	평가항목	성취수준		
		상	중	하
드론 시뮬레이터의 기초 제어	드론 시뮬레이터의 기초제어 이해할 수 있다.			

- 피드백

1. 작업 포트폴리오
   - 제출한 보고서를 평가한 후 주요 사항에 대하여 표시하여 돌려준다.
2. 필기시험
   - 평가 결과 성적이 저조한 학생은 보고서 제출 기회를 부여한다.
3. 체크리스트를 통한 관찰
   - 실습 과정에서 평가한 후 개선해야 할 사항 등을 정리하여 돌려준다.

학습 1	드론의 이해
학습 2	드론 시뮬레이터의 기초제어
학습 3	**드론 시뮬레이터의 응용제어**
학습 4	로킷 브릭의 기초
학습 5	로킷 브릭의 응용
학습 6	로킷 브릭의 프로그램 제어(1)
학습 7	로킷 브릭의 프로그램 제어(2)
학습 8	로킷 시뮬레이터의 구성 및 응용
학습 9	코드론을 위한 아두이노 설정
학습 10	코드론을 위한 아두이노 이해
학습 11	코드론을 위한 아두이노 기초 프로그래밍(1)
학습 12	코드론을 위한 아두이노 기초 프로그래밍(2)
학습 13	코드론을 위한 아두이노 응용 프로그래밍(1)
학습 14	코드론을 위한 아두이노 응용 프로그래밍(2)
부록	H/W, S/W 유지보수

학습 목표	3. 드론 시뮬레이터의 응용제어를 이해할 수 있다.

3-1 드론 시뮬레이터의 동작

드론 시뮬레이터는 가상으로 드론제어의 연습용으로 만들어진 SW로써 실제 드론을 접속하여 연습하는 것처럼 만들어져 있다. [그림 3-1]처럼 드론 시뮬레이터는 상하좌우의 조종기능과 드론상태를 가상으로 설정하도록 구성되어 있다.

1. 드론 시뮬레이터의 시작

[그림 3-1]의 오른쪽 상단 Training 버튼을 누르면, 실제 드론을 구동하기 전에 드론 조종법을 익힐 수 있는 "가상의 비행 연습" 모드로 진입할 수 있다.

[그림 3-1] 드론 시뮬레이터 시작하기

[그림 3-2]처럼 실제 드론과 마찬가지로 가상의 드론 역시 모든 기능은 "이륙" 후에 시작된다. 상승 버튼을 눌러 가상의 드론을 공중으로 띄운 후, 비행 연습을 통해 드론의 구동법을 익혀보자.

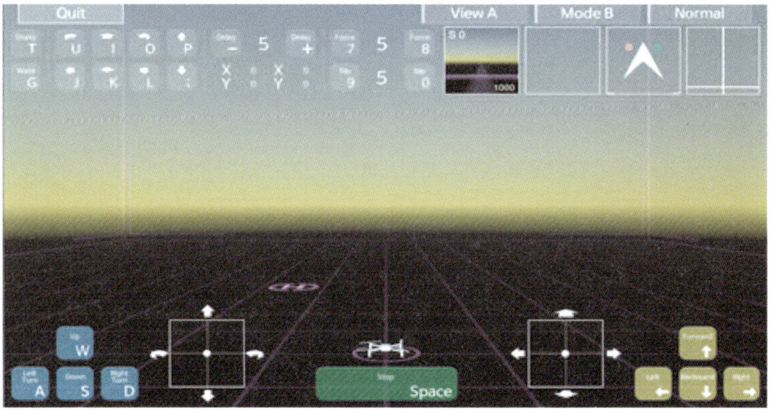

[그림 3-2] 드론 시뮬레이터의 실제동작현황

2. 드론 시뮬레이터 조종키의 기능

보통 드론의 비행은 양손으로 버튼을 조작하게 되어있다. [그림 3-3]처럼 왼손으로 W(상승), A(왼쪽 회전), S(하강), D(오른쪽 회전) 키를 조작하고, 동시에 오른손으로 네 개의 방향키를 조작한다. 비행 중인 드론을 정지(착륙)시키기 위해서는 스페이스바 키를 사용한다.

드론의 비행은 "전후 이동", "좌우 이동", "상하 이동" 그리고 "제자리 회전"의 네 가지 동작을 조합하여 원하는 방향으로 드론을 움직이게 한다.

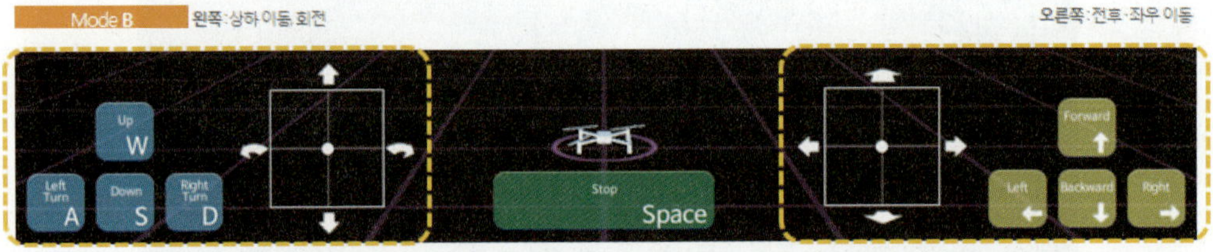

[그림 3-3] 드론 시뮬레이터의 조종키

본 교재에서 안내되는 모드는 널리 쓰이는 방식의 "Mode B"방식이며, 이 방식은 왼손으로 상하 이동과 회전을 조작하며 오른손으로 전후좌우 이동을 조작한다.

* 각 조종키의 아이콘을 클릭해도 키를 누른 것과 동일하게 작동한다.

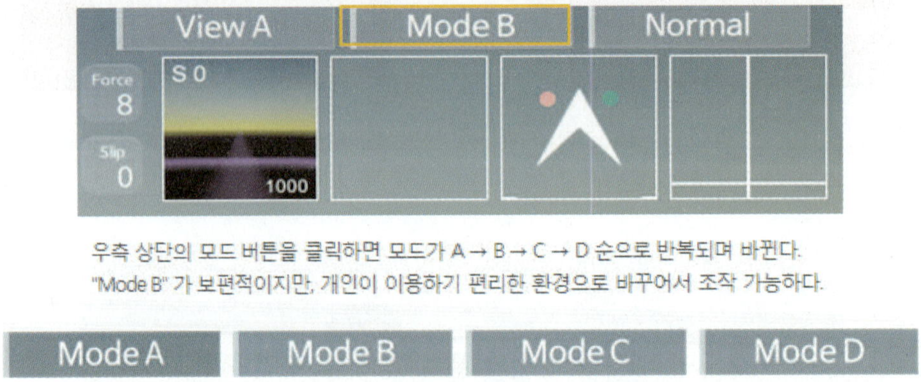

[그림 3-4] 드론 시뮬레이터의 모드 버튼 변화

드론 시뮬레이터의 우측 상단의 모드 버튼을 클릭하면 모드가 A → B → C → D 순으로 반복되며 바뀐다. "Mode B"가 보편적이지만, 개인이 이용하기 편리한 환경으로 바꾸어서 조작 가능하다.

3. 드론 시뮬레이터의 조종모드 설정

드론을 조종하는 모드에는 크게 모드 A, B, C, D로 나눠져 있다. 드론의 종류에 따라 어떤 기체는 모드 A만 지원, 어떤 기체는 모드 B만 지원, 혹은 모드 A, B 호환 지원이 가능하도록 되어있다. 특정 지역, 나라에서는 모드 A를 많이 쓰지만, 대중적으로 가장 많이 쓰는 방식은 모드 B이다.

본 교재 사용하는 드론 시뮬레이터의 드론 조종 모드는 모드 B를 사용한다. 실제 추가적으로 총 4가지의 모드를 통해 편의성 있는 조종방식을 선택할 수 있다.

모드 B는 왼손으로 상하 이동과 회전을 조작하며 오른손으로 전후좌우 이동을 조작한다. 모드가 바뀌어도 이·착륙 방식은 동일하다.

1) 모드 A 방식

좌측 : 전후 이동, 회전　　　　　　　　우측 : 상하 좌우 이동

[그림 3-5] 드론 시뮬레이터의 모드 A

2) 모드 B 방식

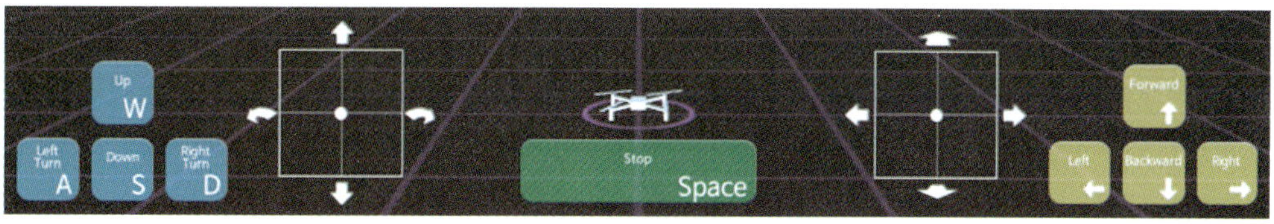

좌측 : 상하 이동, 회전　　　　　　　　우측 : 전후 좌우 이동

[그림 3-6] 드론 시뮬레이터의 모드 B

3) 모드 C 방식

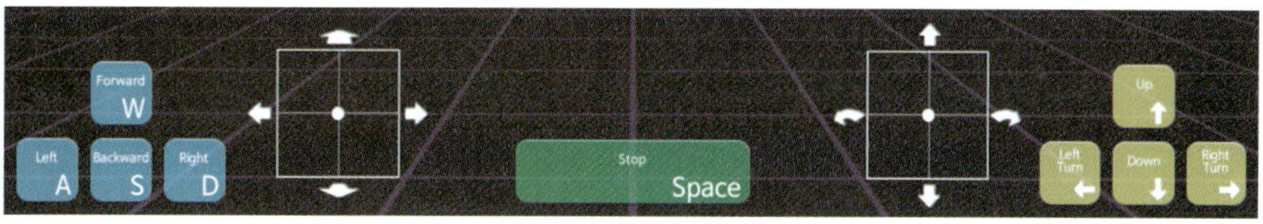

좌측 : 전후 좌우 이동　　　　　　　　우측 : 상하 이동, 회전

[그림 3-7] 드론 시뮬레이터의 모드 C

4) 모드 D 방식

좌측 : 상하 좌우 이동　　　　　　　　우측 : 전후 이동, 회전

[그림 3-8] 드론 시뮬레이터의 모드 D

4. 드론 시뮬레이터의 조종환경설정

드론 시뮬레이터의의 조종환경 설정인 ① 회전에 관한 설정, ② 드론의 움직임에 관한 상태의 설정을 UI로 표시, ③ 드론의 출력설정, ④ 드론의 딜레이 설정, ⑤ 드론의 힘 설정, ⑥ 드론의 가속설정 등에 따라서 다양하게 변하게 된다.

1) 회전에 관한 조종환경 설정

드론의 회전에 관련한 모드는 일반(Normal) 모드와 절대(Absolute) 모드가 있다.

(1) 일반 모드

일반 모드는 조종자의 기준에서 드론의 앞 방향에 상관없이 전후좌우 동작은 드론의 관점으로 움직이게 되어서 드론이 회전하지 않는다면 조종자와 드론의 관점이 같지만 드론이 회전을 한 산태에서는 진행방향이 되는 모드로 조종자와 드론의 방향이 서로 다른 방향이다.

(2) 절대 모드

절대 모드는 초기 설정된 방향에 따라 비행 영역이 절대좌표로 만들어져 조종기를 전, 후, 좌, 우로 조종하면 기체의 앞쪽방향과 상관없이 조종자를 기준으로 손쉽게 조종이 된다. 드론이 회전을 한 상태에서도 조종자의 관점에서 드론이 전, 후, 좌, 우 동작이 동일해진다. 따라서 멀리서 육안으로 안 보이는 드론을 다시 가까이로 오게 하는 장점이 있고, 다만 신속한 방향이동에 있어서 어려움이 있다.

일반 모드에서 절대(앱솔루트) 모드로 변환하려면 좌측 상단의 버튼을 누르면 드론이 회전을 해도 조종자 관점에서 조작이 가능하므로 편의성에 맞게 조종할 수 있다.

버튼을 클릭할 때마다 Normal → Absolute로 반복하여 바뀐다.

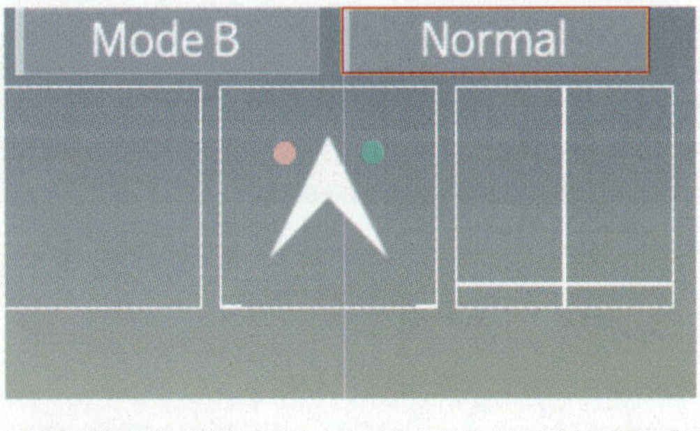

[그림 3-9] 회전에 따른 일반 모드와 절대 모드의 버튼 환경설정

2) 드론 시뮬레이터의 드론상태 표시 UI

드론 시뮬레이터의 우측 상단의 세 개의 UI(User Interface)는 드론의 움직임에 관한 상태를 보여준다.

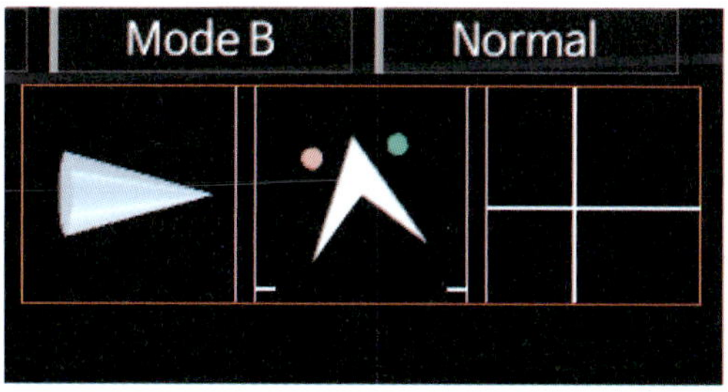

[그림 3-10] 드론 시뮬레이터의 드론상태표시

첫 번째 UI는 원뿔모양으로 드론에 가해지는 힘의 방향을 나타낸다.
두 번째 UI는 드론이 향하는 방향과 화면 속 공간 안에서 드론의 높이를 나타낸다.
세 번째 UI는 수직으로 내려다 본 공간 안에서 드론의 위치를 나타낸다.

3) 드론 시뮬레이터의 드론 출력설정

드론 시뮬레이터에서 드론에 가하는 개별 동작의 힘의 크기를 조절할 수 있다. [그림 3-11]처럼 조작 상황이 표시되는 UI상의 최대와 최소를 나타내는 영역을 임의로 조절하면 제한된 크기 이상으로 힘을 가하지 않도록 설정할 수 있다.

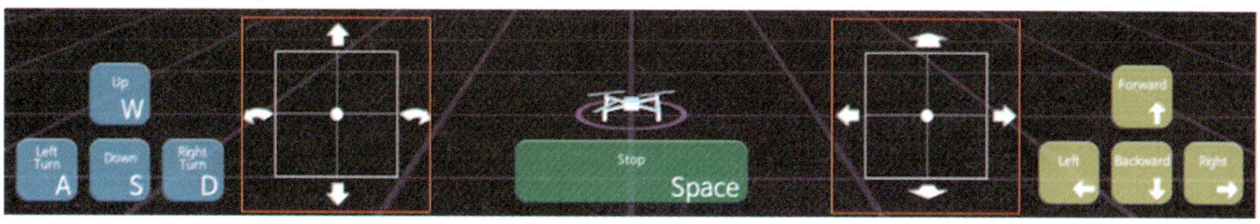

[그림 3-11] 드론 출력 설정

[그림 3-12]처럼 영역을 마우스로 잡아 드래그하여 변형하거나, [Ctrl]키를 누른 후 W, A, S, D 키 및 방향키를 눌러 변형할 수 있다.

[그림 3-12] 드론 출력 변경을 위한 2가지 방법

[그림 3-13]처럼 상단에 있는 UI에서 제한된 크기 이상으로 힘을 가하지 않는 것을 확인할 수 있다. 예를 들어 상승, 하강만 미세하게 움직이고 싶을 때 사용할 수 있다.

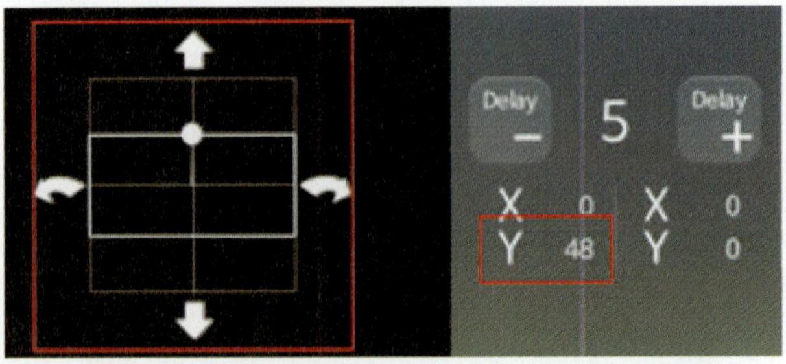

[그림 3-13] 상단의 크기를 Y를 48로 설정하여 크기를 제한한 경우

4) 드론 시뮬레이터의 드론 딜레이 설정

드론 시뮬레이터의 상단의 딜레이 기능은 디지털 방식의 키보드로 급격하게 변동되는 값을 부드럽게 완화시켜주는 기능을 한다.

[그림 3-14]처럼 +, − 키로 조작하며 버튼을 클릭하여 사용할 수도 있고, 실제 조작되어지는 각 축의 값들을 확인 할 수 있다.

0~10까지의 단계가 있고, 딜레이가 0이면 바로 최대값을 적용시키며, 딜레이가 올라 갈수록 최대값에 도달하기까지 값이 순차적으로 누적되는 시간이 길어진다.

이는 디지털 입력임에도 짧게 눌러주는 방식으로 미세조종을 가능하게 해주며, 초보자에겐 오히려 조종이 어려울 수도 있게 된다.

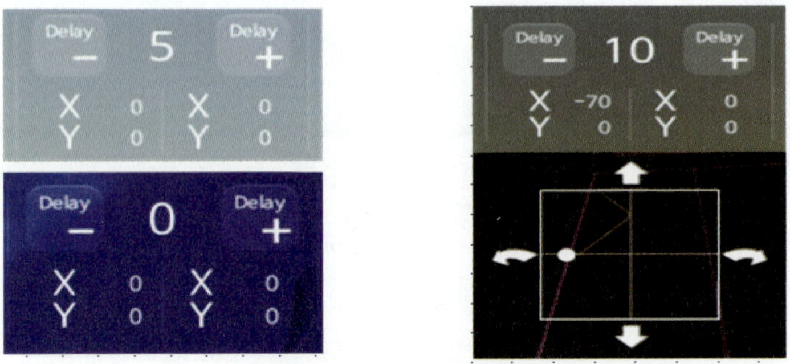

[그림 3-14] 드론 시뮬레이터의 드론 딜레이 설정

5) 드론 시뮬레이터의 드론 힘 설정

드론 시뮬레이터에서 드론 조종시 드론에 가해지는(드론의 모터 혹은 프로펠러가 낼 수 있는) 힘의 양을 조절한다.

[그림 3-15]처럼 1~9까지의 단계가 있으며 단계가 높을수록 가해지는 힘이 커지고 키보드의 7, 8번 키로 조작하며 버튼을 클릭하여 사용할 수 도 있다.

[그림 3-15] 드론 시뮬레이터의 드론 힘 설정

6) 드론 시뮬레이터의 드론 가속 설정

드론 시뮬레이터에서 드론과 공기의 마찰 정도를 나타낸 것으로써 수치가 클수록 마찰이 적다. 다르게 본다면 가해지는 힘이 없어졌을 때 얼마나 더 미끄러지며 멈추는가를 말한다.

[그림 3-16] 드론 시뮬레이터의 드론 가속 설정

[그림 3-16]처럼 1~9까지의 단계가 있으며 단계가 높을수록 더 많이 미끄러지고 키보드의 9, 0번 키로 조작하며 버튼을 클릭하여 사용할 수도 있다.

5. 드론 시뮬레이터에서 드론의 미세조정 연습설정

1) 미세조정을 위한 드론의 불안정화

키보드의 T 키로 조작하거나 드론 시뮬레이터의 화면의 버튼(UI)을 클릭하여 값을 조정하면 드론을 임의로 불안정한 상태로 만든다.

[그림 3-17]처럼 버튼을 한 번 누르면 버튼의 옆에 "체크" 표시가 생기면서 드론의 상태가 임의의 수치로 불안정해지고 한 번 더 누르면 체크 표시와 함께 사라지고, 드론이 다시 안정된 상태로 돌아온다.

이 기능은 임의로 불안정해진 드론을 미세 조정하여 다시 수동으로 안정화 시키는 교육 목적이다.

[그림 3-17] 드론을 불안정 상태로 만드는 T 키

2) 8개 트림 키의 설정에 의한 미세조정

[그림 3-18]처럼 이 8개의 트림은 불안정해진 드론을 수동으로 안정화 시키는 미세조정 버튼이다.

키보드의 U, I, O, P, J, K, L 키로 조작하여 화면의 버튼을 클릭하여 값을 조종하여 사용할 수 도 있고, 앞에서 언급했던 Shaky인 T 키를 사용하여 불안해진 드론을 트리밍버튼으로 조종하여 치우치는 힘의 반대방향으로 트리밍을 하여 드론을 안정화 시키는 연습을 한다. 트리밍은 비행 상태는 물론이고 착륙중인 상태에서도 적용이 가능하다.

이 기능도 임의로 불안정해진 드론을 미세 조종하여 다시 수동으로 안정화 시키는 교육 목적이다.

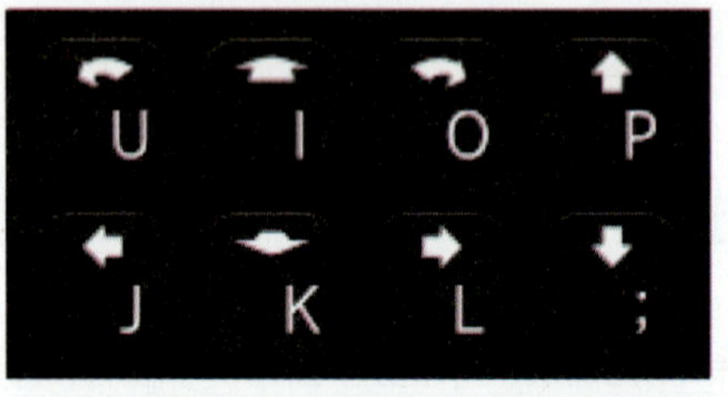

[그림 3-18] 8개 트림 키를 사용하여 드론을 안정화시키는 미세조정

3) 조종실력 향상을 위한 바람상태 활성/비활성

[그림 3-19]처럼 임의로 바람을 발생시켜서 드론을 임의의 방향으로 밀려나게 만드는 버튼으로 G 키로 조작하며 화면의 버튼(UI)을 클릭하여 설정을 할 수 도 있다.

버튼을 한 번 누르면 체크 표시가 생기면서 바람이 임의로 바뀌면서 연달아 발생하고, 다시 한 번 더 누르면 체크 표시가 사라지면서 바람이 멈추게 된다.

이 기능은 좀 더 숙련된 드론 조종법을 익히게 하는 목적이 있다. 실제 비행 상황에서는 바람이 많고, 환경에 따라 조종이 쉽지 않다. 따라서 많은 훈련과 연습을 토대로 조종 상황을 이해해야 한다.

[그림 3-19] 변화하는 바람을 발생시키는 G 키

수행 내용

재료 · 자료

- Drone Simulator, 드론의 제어 및 코딩 관련 자료

기기(장비 · 공구)

- 컴퓨터, 코드론, BLE 보드, USB케이블

안전 · 유의사항

- 컴퓨터, 코드론, BLE 보드의 전원을 관리한다.

수행 순서

01 드론 시뮬레이터에서 그림처럼 드론이 정해진 위치에 착륙하는 연습을 실행하라.

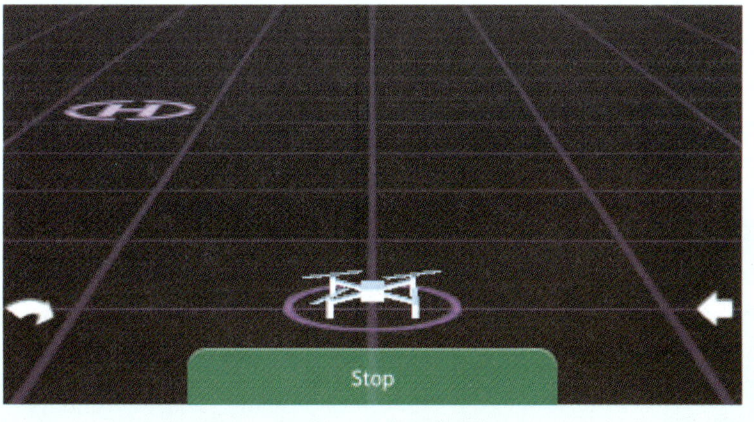

[그림 3-20] 정해진 위치에 착륙하는 연습 실행

[그림 3-20]처럼 화면 하단에 표시되는 착륙표시까지 드론을 이동시켜 착륙하는 연습이다. 이 연습은 드론의 기본 조종능력을 학습이며 드론이 착륙 위치에 정확히 착륙하면 다음 착륙 표시가 나타난다.

02 드론 시뮬레이터에서 그림처럼 목표물까지 드론을 이동시키는 연습을 실행하라.

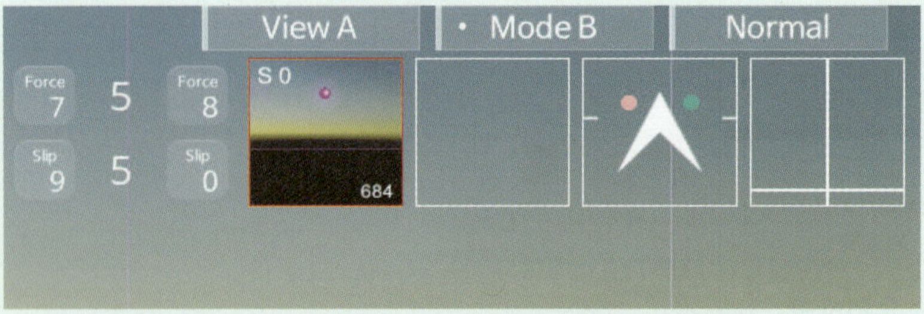

[그림 3-21] 목표물 보라색 공까지 드론을 이동시키는 연습 실행

[그림 3-21]처럼 보라색 목표물까지 드론을 이동시키는 연습을 통해 드론 이동 조종능력을 키워보자.

[그림 3-22]처럼 상단에는 드론이 바라보는 시점이 표시되고, 드론 시점 창의 하단의 숫자는 보라색 목표물까지의 거리를 나타내고 있다.

이 거리와 드론의 위치, 드론의 전면 시야를 이용하여 목표물까지 도달하며, 목표물에 도달하면 다음 목표물 표시가 나타난다.

시점 변환 버튼을 누르면 조종자 시점과 드론 시점이 서로 바뀌게 된다. 버튼을 클릭할 때마다 View A ↔ View B로 바뀐다.

View A	메인화면 : 조종자 시점 서브화면 : 드론 시점	View B	메인화면 : 드론 시점 서브화면 : 조종자 시점

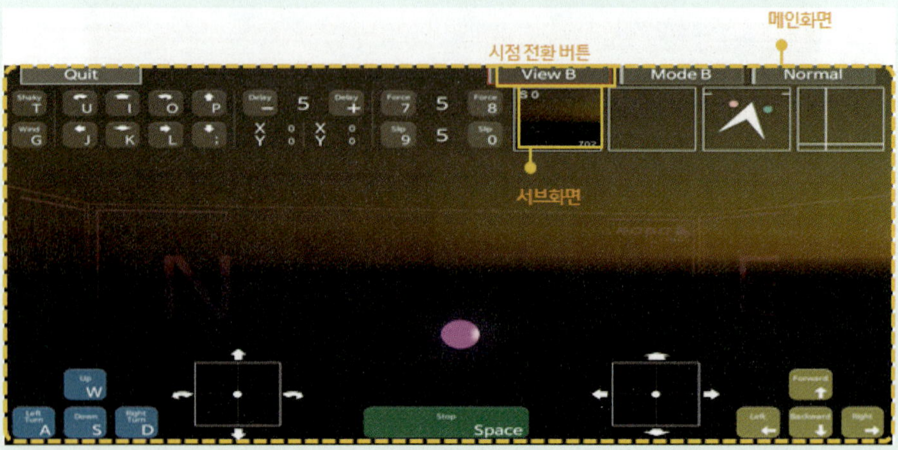

[그림 3-22] 드론 시뮬레이터의 화면 표시

A는 메인화면이 조종자 시점 서브화면이 드론 시점이고, B는 메인화면이 드론 시점 서브화면이 조종자 시점이다.

[그림 3-23]처럼 서브화면 창을 클릭하면 보라색 목표물이 "S(Stay, 고정)"에서 "M(Movement, 움직임)" 상태로 변경된다. 움직임(M) 상태가 되면 고정(S)되어있던 보라색 목표물은 자유롭게 공간 안에서 자유롭게 이동된다.

[그림 3-23] 서브화면 클릭하면 보라색 목표물이 S에서 M으로 변경

서브화면을 클릭할 때마다 S ↔ M으로 반복하여 바뀐다.

목표물에 도달한 횟수는 알파벳 옆에 각각 카운트되고, 이 기능은 좀 더 숙련된 조종술을 익히게 하는 목적이 있다.

03 안정적인 비행의 방해요소를 이해하기 연습을 실행한다.

드론은 공중에서 비행을 하기 때문에 공기의 흐름에 상당한 영향을 받는다.

또한 드론 자체의 밸런스가 맞지 않는다면 비행에 많은 장애요소로 작용하므로 이를 이해하며 조종을 연습해보자.

미세조정 연습으로 Shaky 기능을 사용하여 트림으로만 기체가 호버링 되도록 조종해보자.

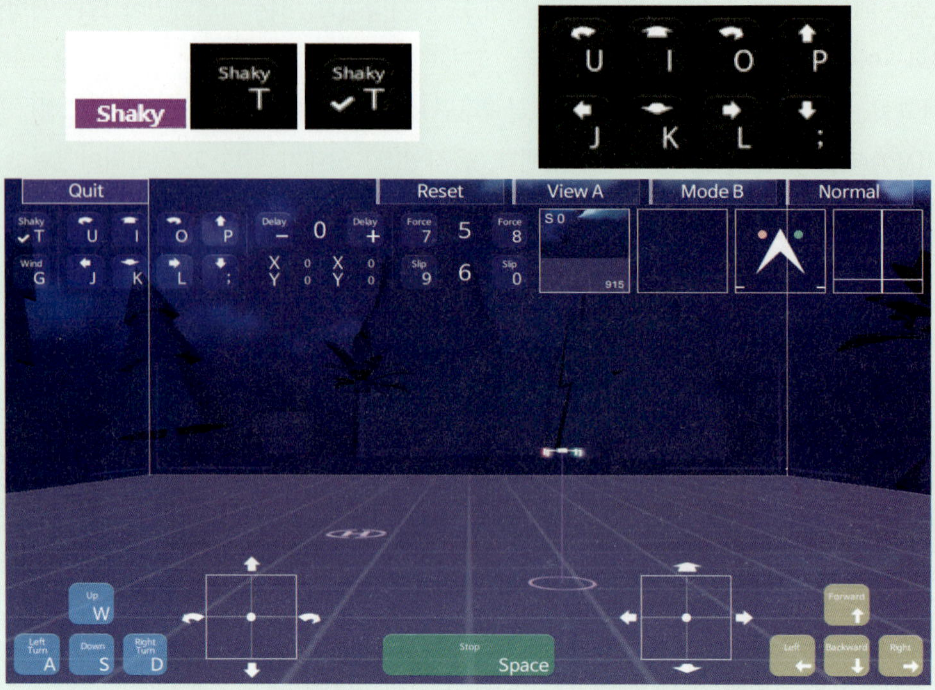

[그림 3-24] Shaky 기능을 사용하여 트림으로만 기체가 호버링 되도록 조종

[그림 3-25]처럼 이번엔 불안정한 환경에서 조종할 수 있는 연습으로 Wind 기능을 사용하여 목표지점 착륙이나 목표물이동 비행되도록 조종해보자.

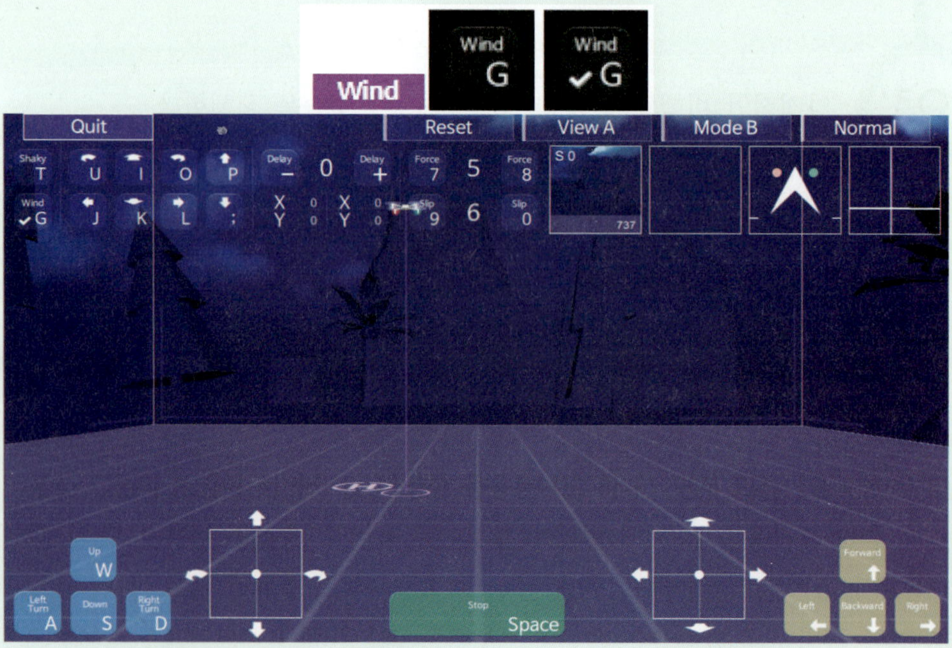

[그림 3-25] Wind 기능을 사용하여 목표지점 착륙이나 목표물이동 비행되도록 조종

학습활동.3 교수 · 학습 방법

교수 방법

- 드론 시뮬레이터의 응용제어에 대한 관련 용어, 구성, 방식 이해 정도를 파악한 후 수업을 진행한다.
- 교수자의 주도로 드론 시뮬레이터의 응용제어 등의 내용을 PPT 자료로 제시한 후 설명한다.
- 가능하면 사전에 개인별 학습 자료를 준비하여 모든 학생이 참여할 수 있는 문제 해결식 수업, 협력 수업이 가능하도록 한다.
- 드론 시뮬레이터의 응용제어 전 과정을 작업의 순서에 따라 단계적으로 실습이 이루어질 수 있도록 지도한다.
- 교재를 통해 수업을 준비하는데 있어서 필요한 모든 정보나 팁, 힌트 등 도움이 될 만한 내용들을 확인할 수 있다.
- 학생들이 만들게 될 각 모델들은 수업시간에 중점적으로 다뤄질 부분과 어휘, 질문, 답을 포함하고 있으며 또한 탐구할만한 추가적인 아이디어들도 포함하고 있다.

학습 방법

- 드론 시뮬레이터의 응용제어에 대한 관련 용어를 숙지하고, 드론 시뮬레이터의 응용제어를 대해 이해한다.
- 드론 시뮬레이터의 응용제어의 각 단계별 중점 사항을 체계적으로 학습한다.
- 드론 시뮬레이터의 응용제어의 수행순서의 전 과정을 실습한다.
- 드론 시뮬레이터의 응용제어의 내용을 이해한다.
- 드론 시뮬레이터의 응용제어를 이해하고 숙달이 될 때까지 학습한다.

학습활동.3 평가 및 피드백

평가 준거

- 평가자는 피평가자가 수행 준거 및 평가 내용에 제시되어 있는 내용을 성공적으로 수행할 수 있는 지를 평가해야 한다.

학습내용	평가항목	성취수준		
		상	중	하
드론 시뮬레이터의 응용제어	드론 시뮬레이터의 응용제어를 이해할 수 있다.			

평가 방법

• 작업 포트폴리오

학습내용	평가항목	성취수준		
		상	중	하
드론 시뮬레이터의 응용 제어	드론 시뮬레이터의 응용제어를 이해할 수 있다.			

• 필기시험

학습내용	평가항목	성취수준		
		상	중	하
드론 시뮬레이터의 응용 제어	드론 시뮬레이터의 응용제어를 이해할 수 있다.			

• 체크리스트를 통한 관찰

학습내용	평가항목	성취수준		
		상	중	하
드론 시뮬레이터의 응용 제어	드론 시뮬레이터의 응용제어를 이해할 수 있다.			

• 피드백

1. 작업 포트폴리오
   – 제출한 보고서를 평가한 후 주요 사항에 대하여 표시하여 돌려준다.
2. 필기 시험
   – 평가 결과 성적이 저조한 학생은 보고서 제출 기회를 부여한다.
3. 체크리스트를 통한 관찰
   – 실습 과정에서 평가한 후 개선해야 할 사항 등을 정리하여 돌려둔다.

학습 목표

4. 로킷 브릭의 기초를 이해할 수 있다.

드론 제어는 내부 SW프로그램에 따라 다양한 기능과 성능을 이해할 수 있고, 그 응용에 대해 다양한 기능을 구현할 수 있다. 이러한 드론제어를 위한 SW코딩을 통해 드론을 제어하는 것을 기초학습을 통하여 4차 산업의 드론기술을 이해하고자 한다.

따라서 드론의 내부 상태와 동작에 대한 명령 등 다양한 SW프로그램을 통해 드론의 상태와 기능을 더욱 잘 이해하고 다양한 알고리즘을 만들어 자신만의 드론기술을 활용하는 것이 중요하다. 이 장에서 스크래치 블록방식의 이해하기 쉬운 프로그램 툴인 로킷 브릭을 이용하여 실시간으로 다양한 드론 알고리즘을 이해할 수 있다.

4-1 로킷 브릭 SW의 개요

Java와 C++같은 대부분의 프로그래밍 언어는 텍스트 기반으로 구성되어 있기 때문에 초보자들이 접근하기에 많은 어려움이 있다. 하지만 미국 MIT 대학의 미디어 랩(Media Lab)에서 개발한 스크래치(Scratch)는 시각화된 프로그래밍 언어로서 보다 쉽고 재미있게 프로그래밍을 배울 수 있도록 하였다.

본래 스크래치는 아이들을 위한 교육용으로 제작되어 졌으며 컴퓨터 프로그래밍에 관한 풍부한 경험을 쌓을 수 있도록 하는 데 그 목적을 두고 있지만 컴퓨터 프로그래밍에 관심이 있는 일반 입문자들에게도 적극 권장되고 있다.

아두이노(Arduino)와 같은 Text 기반의 프로그램도 있지만, 문법적인 기초지식이 필요하여 다루기 어렵기 때문에 최근에 스크래치(Scratch)방식으로 제어되는 아두이노를 위한 스크래치(Scratch for Arduino), 아두이노를 위한 스냅(Snap for Arduino) 등이 만들어 지고 있다. 이러한 프로그램도 모두 스크래치(Scratch)를 기반으로 프로그래밍 하게하는 유사 프로그램이다.

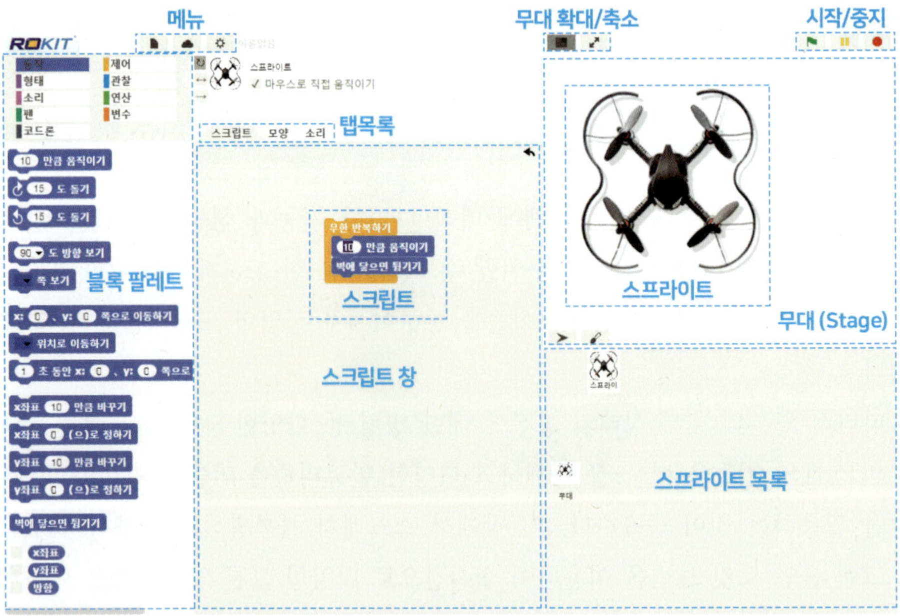

[그림 4-1] 하드웨어를 스크래치형식으로 조종할 수 있는 로킷 브릭의 메인 화면

로킷 브릭(Rokit Brick)은 [그림 4-1]처럼 아두이노를 위한 스냅(Snap4 Arduino)를 기반으로 기존 스크래치 프로그램에 로봇, 드론 등 다양한 제어 기능 등이 합쳐져 개발된 스크래치 방식의 소프트웨어이며, 사용방법은 스크래치와 동일하다. 또한 로킷 스마트와 드론 파이터 등의 버튼들을 통해 하드웨어를 실시간으로 스크래치 형식을 통해 제어할 수 있게 된다.

[그림 4-2]처럼 스마트인벤터보드, BLE(Bluetooth Low Energy)보드 및 코드론(드론)과 같은 하드웨어들을 블록을 통해 드러그 앤 드롭 방식으로 실시간 제어를 할 수 있다.

(a) 스마트인벤터보드 (b) BLE 보드 (c) 코드론 기체(드론)

[그림 4-2] 로킷 브릭으로 코드론 제어하는 구성품

> **✔ Tip**
>
> BLE(Bluetooth Low Energy, 저전력 블루투스) 기술은 약 10미터 도달반경을 가진 2.4GHz 주파수 대역 기반의 저전력 저용량 데이터 송수신이 가능한 블루투스 기술이다.

1. 스마트 인벤터 보드

스마트 인벤터 보드는 아두이노, 스크래치, 유티릴티 3D을 가지고 호환되는 로봇과 드론을 코딩을 할 수 있는 스마트 기기이다.

All-IN-ONE(일체형)으로 모터 드라이브와 적외선 센서 등 다양한 센서가 내장되어 있어서 추가 모듈 없이 간편하게 동작이 가능하다.

User Friendly(편의성)을 가지고 있어 손으로 프로그래밍이 가능하며, 블록 부터 고급 휴머노이드까지 활용할 수 있는 스마트 로봇 제어 보드이다.

Multiple Applications(다양한 어플리케이션)이 탑재한 센서 외에도 Bluetooth, Zigbee 등 다양한 외부 센서를 지원하며 확장된 응용이 가능하다.

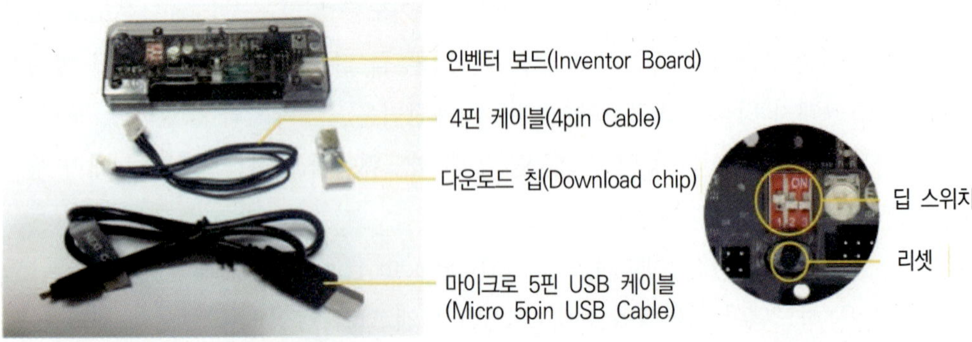

[그림 4-3] 스마트 인벤터 보드의 구성

2. BLE 보드

BLE 보드는 코드론에서 드론과 PC의 통신을 지원해주는 보드로써 블루투스 4.0을 기반으로 통신을 한다.

BLE 보드의 기능은 스마트 인벤터 보드와 PC 연결, 스마트 인벤터 보드와 드론 연결 및 PC와 드론 연결하는 기능을 한다.

BLE 보드 모드는 두 가지 모드가 존재하며 스위치를 눌러서 모드를 변경 할 수 있다. 업로드 모드인 경우에는 아두이노 프로그램 업로드 때이고 드론 연결 모드인 경우에는 드론을 제어할 경우이다.

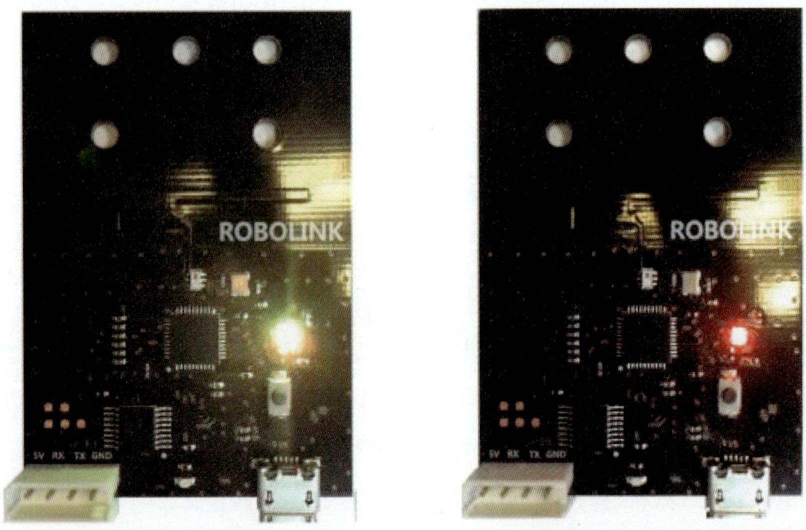

(a) 업로드 모드일 경우 (b) 드론 연결 모드일 경우

[그림 4-4] BLE 보드 모드 변환 방법

[그림 4-4]처럼 모드 변환 방법은 업로드 모드일 경우에는 BLE 보드의 스위치를 한번 누르면 노란색 불빛이 깜빡이고 드론 연결 모드일 경우에는 BLE 보드의 스위치를 연속 두 번 누르면 빨강색 불빛이 깜빡인다.

	페어링이 되지 않음	페어링 됨
코드론		
	드론의 뒷부분이 깜빡임	깜빡이지 않고 계속 켜있음
BLE 보드	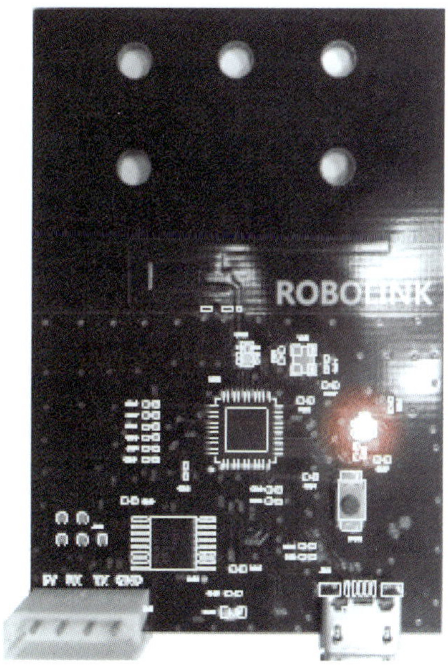	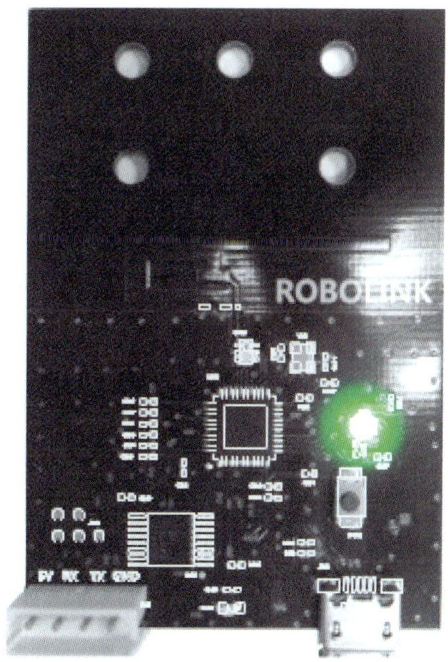
	빨간 불이 점멸	초록불이 켜져 있음
스마트 보드	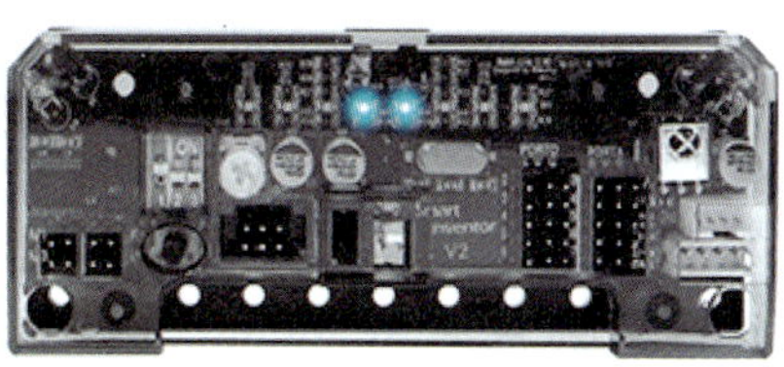	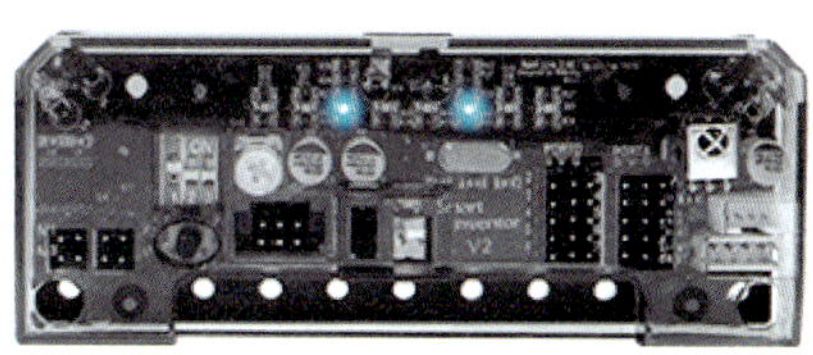
	파란 불빛이 안쪽으로 흐르듯이 점멸	중앙 두개 옆의 LED가 켜져 있음

[그림 4-5] 페어링의 두 가지 경우

[그림 4-5]처럼 페어링은 드론(코드론)과 BLE 보드는 연결을 할 때마다 페어링을 하게 되어 있다. 페어링 하는 과정을 아두이노 프로그램 상에 구현을 해놓았으므로, 따로 조작을 할 필요 없이 드론과 모듈을 가까이에 두고 켜놓기만 하면 된다.

3. 아두이노를 위한 스냅(Snap4 arduino)

버클리 대학에서 교육용으로 개발한 프로그램인 스냅(Snap)(http://snap.berkeley.edu/)을 기반으로 하여 아두이노(Arduino)보드를 제어할 수 있도록 개발된 프로그램이다. 사용자가 블록을 정의 할 수 있으며, 다양한 명령어의 제작이 가능하다. 아두이노를 위한 스크래치(Scratch for Arduino)보다 더욱 다양한 제어가 가능하다. 아두이노 보드와는 Firmata Protocol을 이용하여 통신과 제어를 한다. 블럭을 사용하여 프로그램을 작성하므로, 직관적으로 프로그래밍을 작성 할 수 있으며, 초심자도 쉽게 따라할 수 있다.

4-2 로킷 브릭의 화면구성

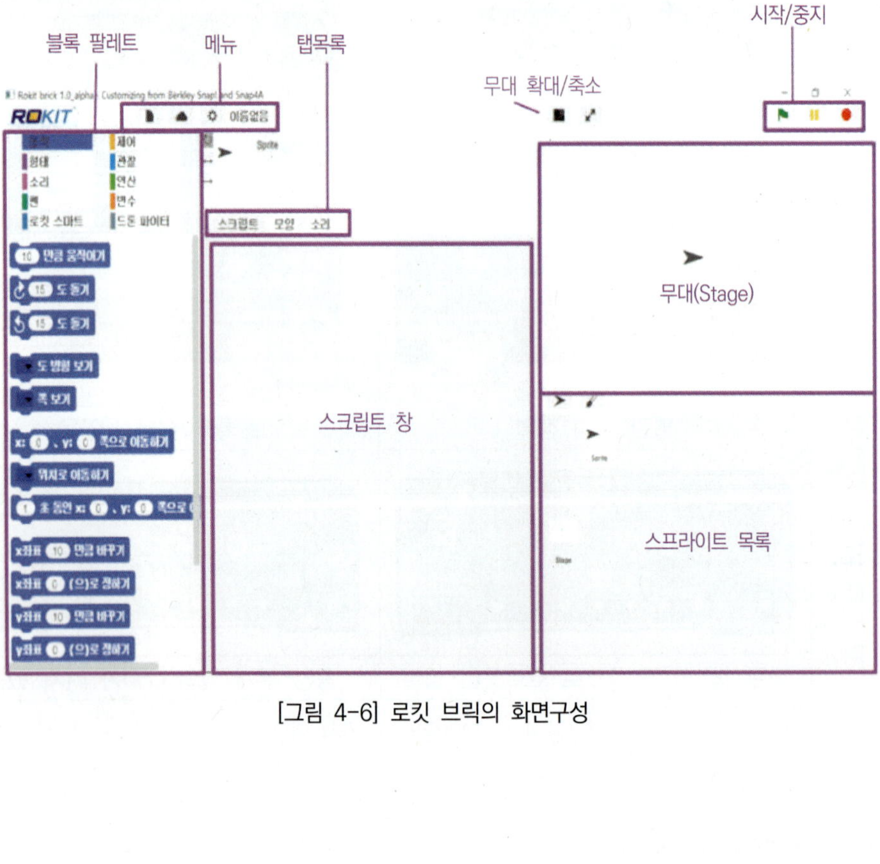

[그림 4-6] 로킷 브릭의 화면구성

- **블록 팔레트** : 여러 블록 중 필요한 블록들을 사용자가 쉽게 선택할 수 있게 카테고리 별로 정리하여 보여준다.
- **메뉴** : 프로젝트 열기 및 저장을 비롯하여 로킷 브릭의 여러 옵션들을 조절할 수 있다.
- **스크립트 창** : 블록들을 결합하여 스크립트를 작성할 수 있는 부분이다.
- **탭 목록** : 각각의 탭을 클릭하면 스프라이트에 연결된 스크립트/그림파일(모양)/음향 파일(소리)을 스크립트 창 위치에 보여준다.
- **무대(Stage)** : 스크립트를 작성한 후 클릭하여 실행하면 무대에서 실행 결과가 보여준다.
- **스프라이트 목록** : 현재 프로젝트에서 사용하고 있는 스프라이트들의 목록들을 보여준다.

1. 프로젝트의 만들기/열기/저장하기

[그림 4-19]처럼 파란색 사각형에 표시된 버튼을 누르면 아래와 같은 팝업 메뉴를 볼 수 있다.

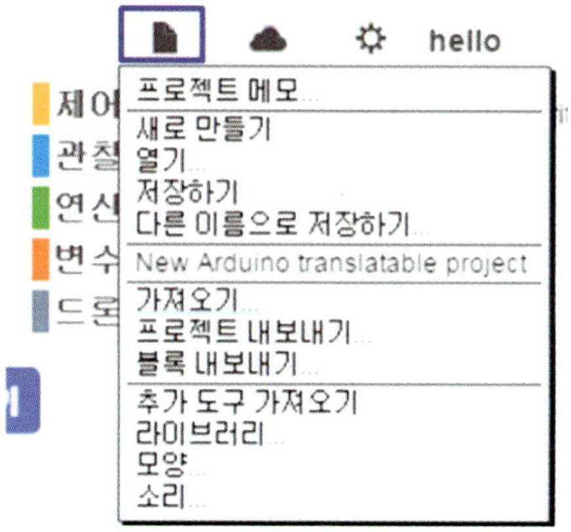

[그림 4-7] 프로젝트 만들기/열기/저장 기능 메뉴

- **프로젝트 메모** : 현재 프로젝트에 대한 간단한 설명을 기재할 수 있다.
- **새로 만들기** : 프로젝트를 새로 시작한다.
- **열기** : 로킷 브릭 내부의 저장소에 있는 스크립트 프로젝트 파일을 불러 온다.
- **저장하기** : 로킷 브릭 내부의 저장소에 작업 중인 스크립트 프로젝트를 저장한다.
- **다른 이름으로 저장하기** : 로킷 브릭 내부의 저장소에 이름을 달리하여 프로젝트를 저장할 수 있다.

- **가져오기** : 프로젝트 파일, 그림 파일, 음향 파일등 스프라이트와 연결되어 사용할 수 있는 파일들을 가져올 수 있다. 프로젝트 타일이 특정 폴더에 저장되어 있는 경우 이 메뉴를 클릭하여 가져오도록 한다.
- **프로젝트 내보내기** : 현재 만들고 있는 프로젝트를 임의의 폴더에 저장할 수 있도록 한다.
- **블록 내보내기** : 사용자가 직접 만든 블록을 저장할 수 있다. 이 블록을 다시 가져와서 사용하려면 '가져오기'메뉴를 사용하면 사용자가 만든 블록이 블록 팔레트에 추가 된다.
- **모양/소리** : 로킷 브릭 내부에 예시로 저장되어 있는 그림파일이나 음향파일을 불러 올 수 있다. 만약 사용자가 예시 파일이 아닌 다른 임의의 폴더에 있는 파일을 사용하고자 할 때에는 '가져오기'메뉴를 사용한다.

모든 프로젝트 파일 및 사용자 블록 파일은 모두 XML 형식으로 저장된다.

수행 내용

재료 · 자료

- Rokit Brick, 드론의 제어 및 코딩 관련 자료

기기(장비 · 공구)

- 컴퓨터, 코드론, BLE 보드, USB케이블

안전 · 유의사항

- 컴퓨터, 코드론, BLE 보드의 전원을 관리한다.

수행 순서

01 로킷 브릭의 다운로드하기를 구현하라.

로킷 브릭 코드론을 다운로드하기 위하여 http://www.robolinksw.com에서 OS 버전에 따라 선택하여 다운로드 하면 된다.

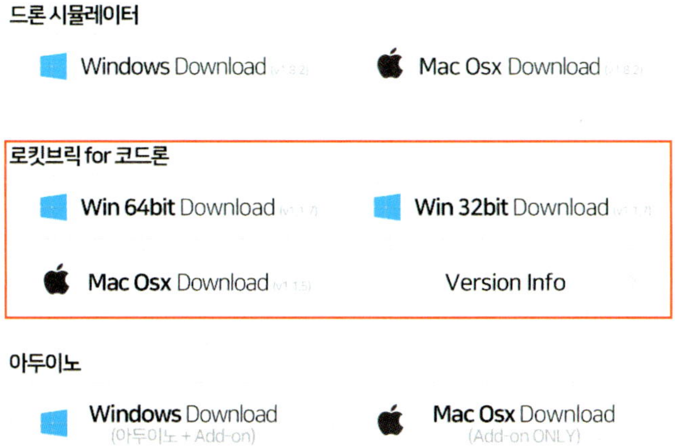

[그림 4-8] 로킷 브릭 다운로드

WINDOWS 버전은 [그림 4-9]처럼 다운로드 받은 파일의 압축을 해제한 후 나타난 프로그램 폴더를 원하는 경로에 위치시키고 'RBCodrone.exe' 실행파일을 클릭하면 된다.

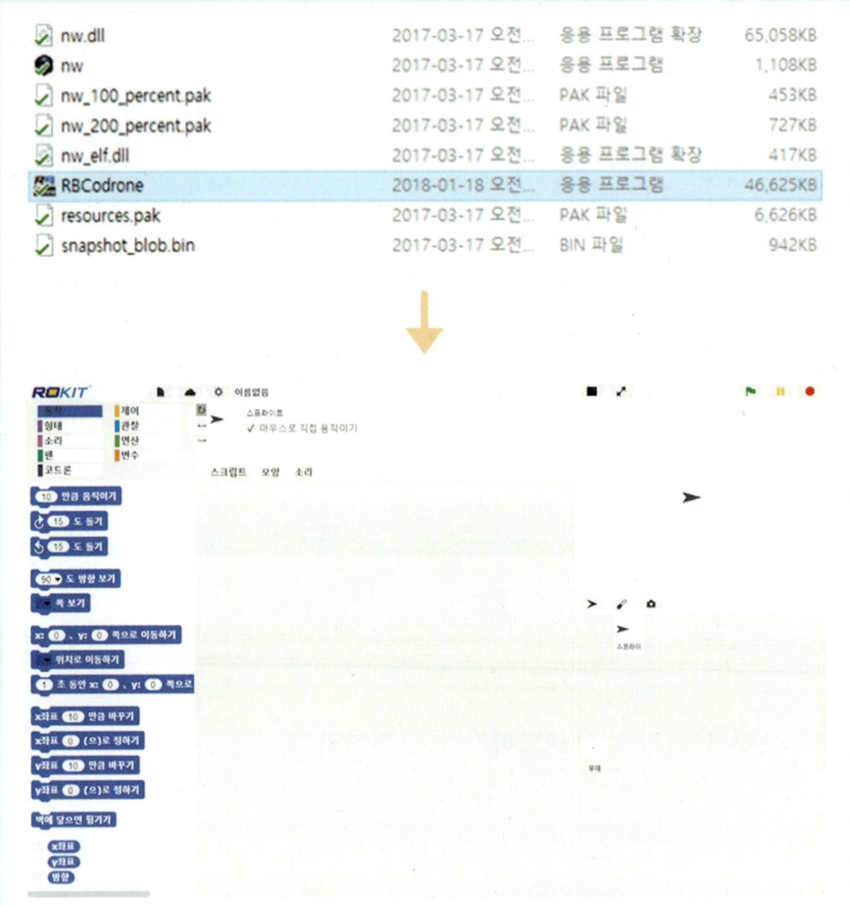

[그림 4-9] 로킷 브릭 설치 과정

02 "인벤터 보드의 연결하기"를 구현하라.

로킷 브릭 프로그램으로 인벤터 보드를 제어하기 위해서는 다음과 같이 연결이 필요하다.

① 인벤터 보드의 딥 스위치를 모두 ON으로 설정한다(1, 2, 3번 모두 UP).

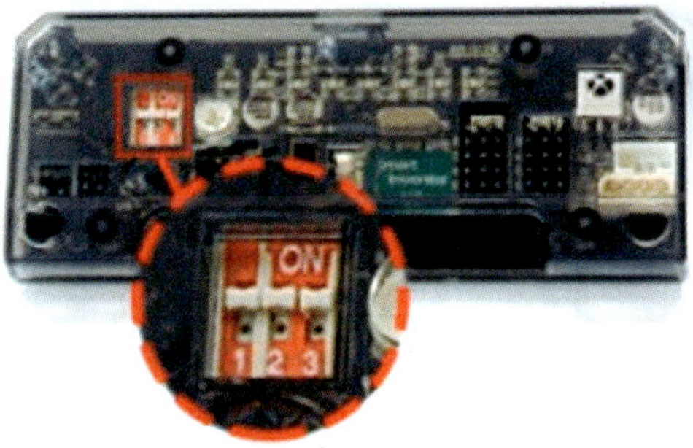

[그림 4-10] 딥 스위치를 모두 ON으로 설정

② 다운로더와 보드 케이블을 연결한다.

[그림 4-11] 다운로더와 보드 케이블을 연결

③ 다운로더와 NEXI케이블을 연결한다.

[그림 4-12] 다운로더와 NEXI케이블을 연결

④ 인벤터 보드와 컴퓨터를 연결한다(인벤터 보드 UART에 1번 그립의 보드 케이블을 연결한다).

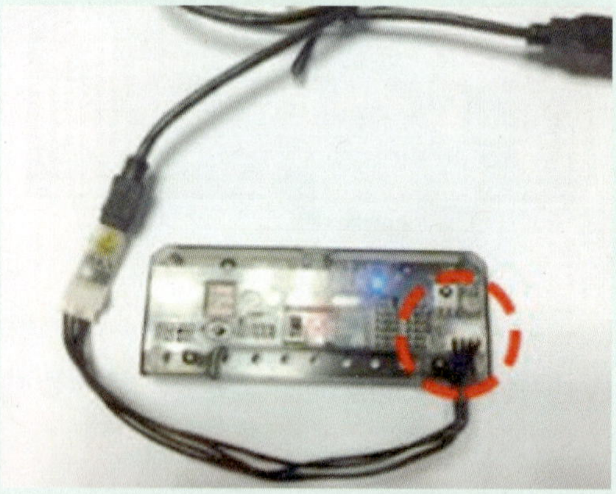

[그림 4-13] 인벤터 보드 UART에 1번 그립의 보드 케이블을 연결

03 BLE 보드와 PC 연결하기를 구현하라.

로킷 브릭 프로그램으로 코드론을 제어하기 위하여 BLE 보드와 PC를 다음과 같이 연결한다.

① PC와 연결된 케이블을 BLE 보드에 연결시킨다.

[그림 4-14] PC와 연결된 케이블을 BLE 보드에 연결

② BLE 보드의 불빛이 순차적으로 켜질 때, PC와의 연결이 성공하였음을 알 수 있다.

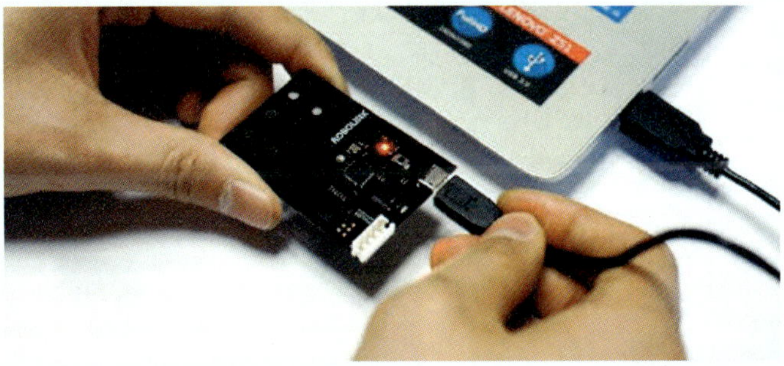

[그림 4-15] PC와의 연결이 성공

04 로킷 브릭과 BLE 보드의 연결하기를 구현하라.

① PC와 인벤터 보드 연결한 후 제일 먼저 USB케이블 드라이버 설치를 확인해야 한다(실행부분에서 USB케이블 드라이버 설치 참조).

② 드라이버 설치 및 COM번호를 확인 한 후 로킷 브릭 코드론을 실행한다.

③ 왼쪽 하단의 코드론 블록을 클린하면 다음 그림에 두 가지 버튼으로 로킷 프로그램과 코드론을 연결할 수 있다.

[그림 4-16] 두 가지 버튼으로 로킷 프로그램과 코드론을 연결

④ 가장 가까운 드론과 연결(Connect to the Nearest Drone)

이 버튼은 처음 어플리케이션을 실행했거나 처음 코드론을 구동하는 경우에 사용한다. 혹은 코드론을 다른 것으로 교체했을 때에도 사용할 수 있다. 여러 개의 코드론이 있을 때에는 BLE 보드와 가장 가까이 있는 드론과 페어링 된다.

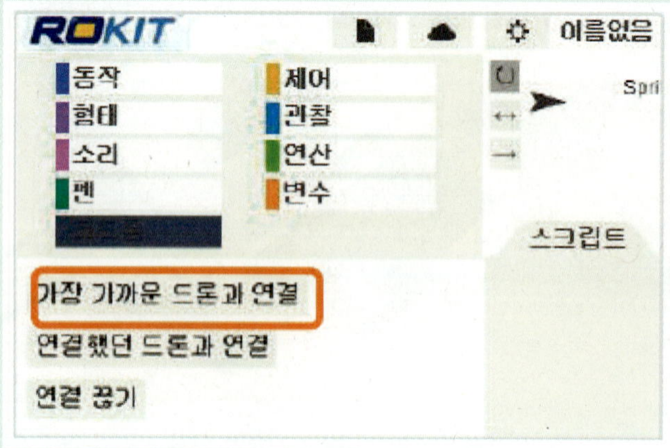

[그림 4-17] 가장 가까운 드론과 연결

⑤ 연결했던 드론과 연결(Connect to Connected Drone)

이 버튼은 가장 가까운 드론과 연결을 사용하여 한 페어링해서 사용했던 코드론과 연결해준다. 여러 개의 드론이 있을 때에는 이 버튼을 사용하여 연결하면 사용자의 코드론이 아닌 비슷한 거리에 있는 다른 드론과 페어링되는 일을 막아줄 수 있으면 더욱 간편하게 드론을 사용할 수 있다.

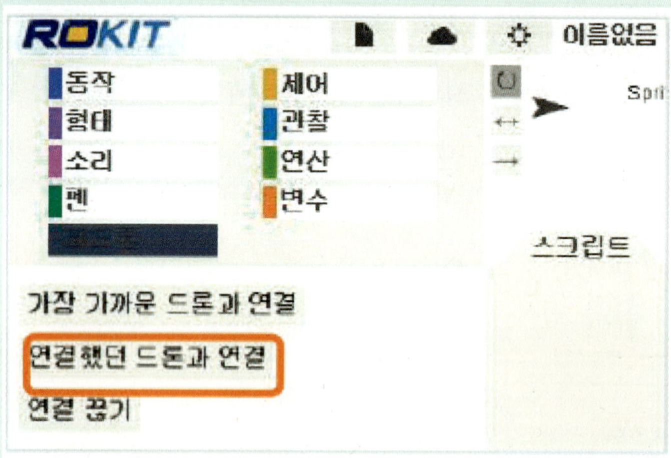

[그림 4-18] 연결했던 드론과 연결

05 BLE 보드의 USB 드라이버 설치하기

PC와 BLE 보드를 USB 케이블로 연결한 후 드라이버를 설치해야 한다(실행실습부분에서 BLE 보드 USB 드라이버 설치 방법 참조). 만약 자동 설치가 되지 않을 경우 드라이버 설치를 수동으로 진행해야 한다(82쪽 6번 BLE의 보드 USB 드라이버 설치 방법 참조).

설치가 완료된 후에는 드라이버가 제대로 인스톨 되었는지 확인한 다음 BLE 보드의 COM번호를 확인하고 [그림 4-19]처럼 로킷 브릭의 코드론 블록 카테고리를 선택하고 '가장 가까운 드론과 연결' 버튼을 눌러 각자의 올바른 포트 번호를 선택하여 연결하면 드론을 제어할 준비가 완료된다.

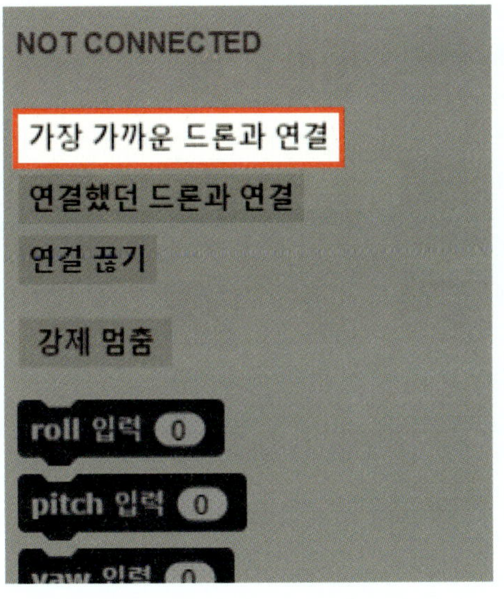

[그림 4-19] 보드연결하고 COM포트 클릭하여 제어할 준비가 완료

① USB helper를 www.robolinksw.com에서 다운로드 하여 압축을 해제한 후 실행하면 아래와 같은 화면이 나타난다.

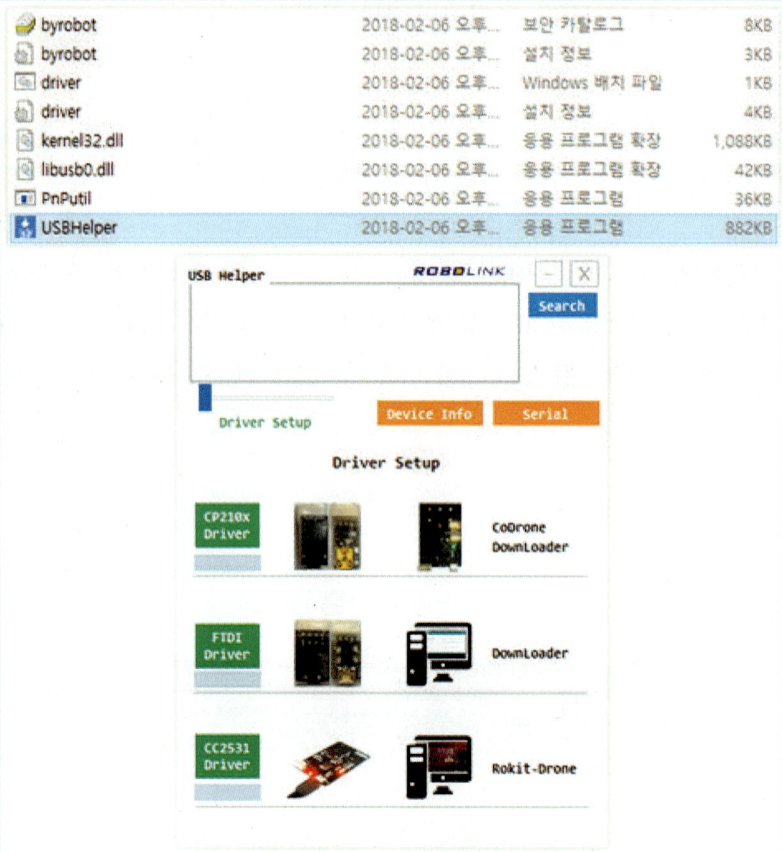

[그림 4-20] USB helper 프로그램

② 코드론 BLE 보드의 경우에는 CP210x driver 버튼을 클릭하면 드라이버 설치가 시작된다.

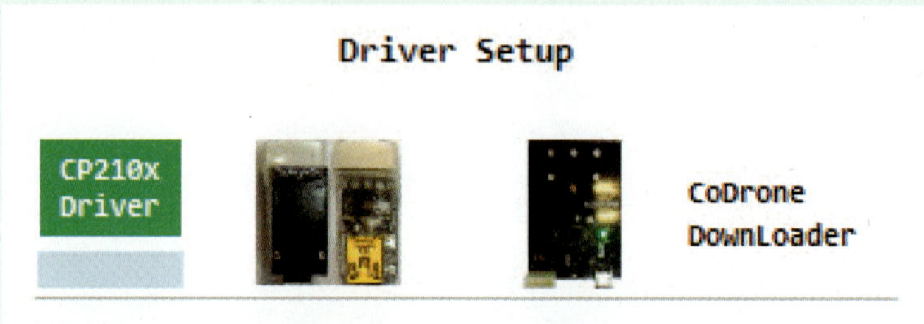

[그림 4-21] CP210x 드라이버 설치하기

③ 드라이브 설치 화면에서 안내하는 대로 클릭하면 드라이버 설치가 종료된다.

④ 드라이버 확인 방법 : 장치 관리자를 연다.

• 내 컴퓨터 아이콘 〉 우측 클릭 〉 속성 〉 장치 관리자

• 포트 부분에 연결된 장치가 표시된다. 아래는 연결이 되지 않았을 때의 그림이다.

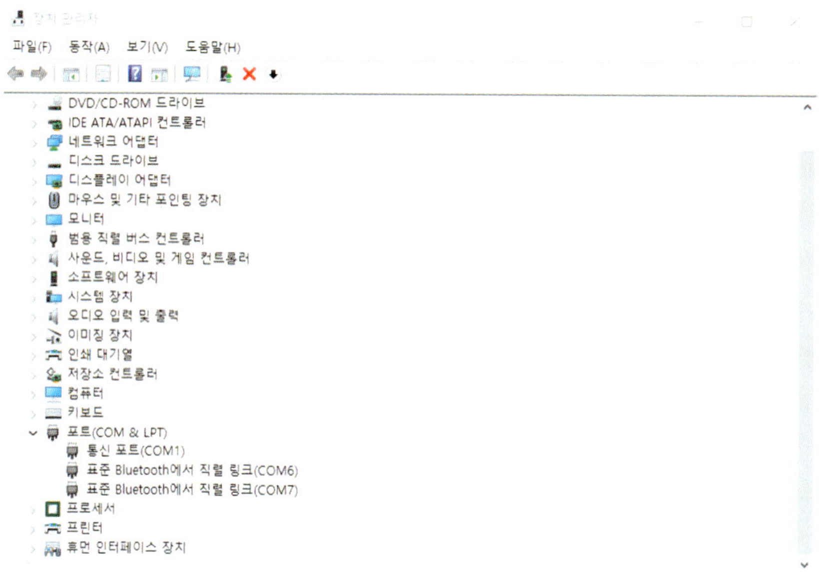

[그림 4-22] 연결이 되지 않았을 때

⑤ 드론 PC 조종 USB Driver를 정상적으로 설치한 후 PC에 통신모듈(BLE 보드) 혹은 BLE 보드를 연결하면 다음과 같이 포트가 생성된다. 포트 번호를 기억하도록 한다.

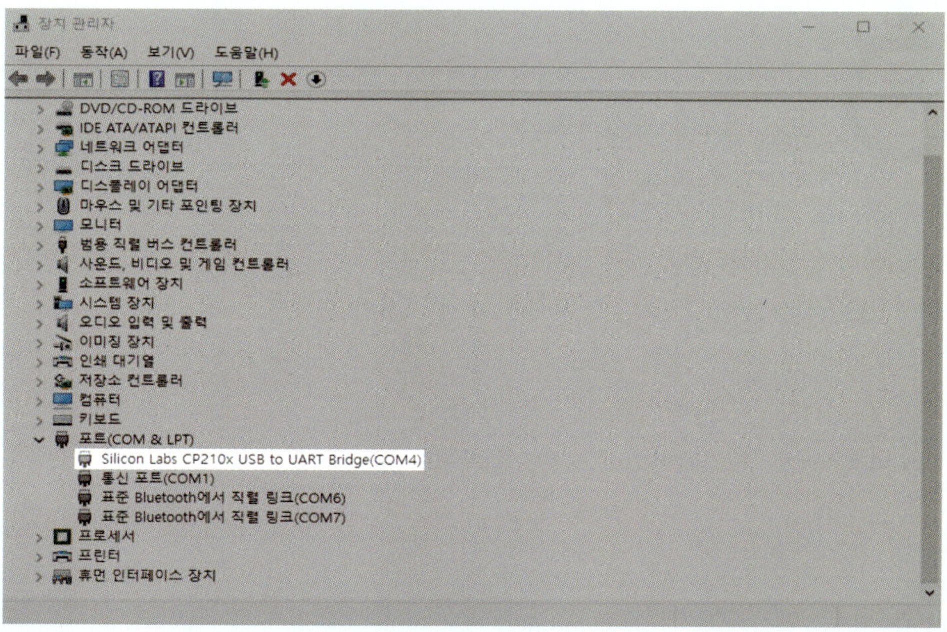

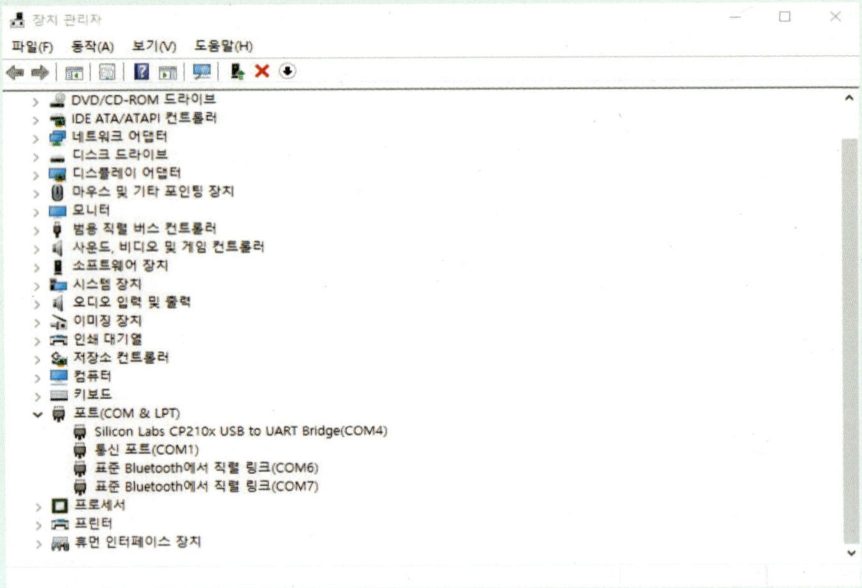

[그림 4-23] 포트가 생성

- 드라이버 버전에 따라 다음의 그림처럼 두 가지로 표시된다(동작 차이는 없다).
  확인된 포트 번호를 가지고 드론 PC 프로그램을 사용하게 된다.

06 BLE 보드 USB 드라이버 설치하는 과정 중에 포트에 표시가 되지 않는 경우를 분석하라.

5번과 같은 방법으로 설치가 안되는 경우에는 다음과 같이 설치하도록 한다.

① 장치 관리자를 연다.

- 내 컴퓨터 아이콘 〉 우측 클릭 〉 속성 〉 장치 관리자
- 기타장치에서 CP210x USB to UART Bridge Controller(혹은 알 수 없는 장치)를 선택하고 오른쪽 마우스를 클릭한다.
- 메뉴에서 "드라이버 소프트웨어 업데이트"를 선택한다.

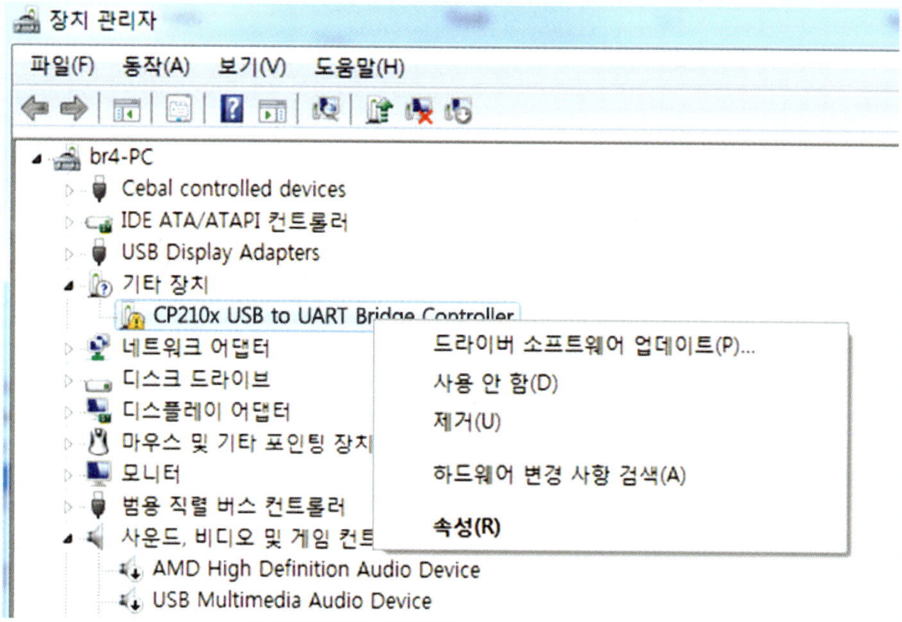

[그림 4-24] “드라이버 소프트웨어 업데이트”를 선택

② 드라이버 소프트웨어 업데이트 창이 열린다.
“컴퓨터에서 드라이버 소프트웨어 찾아보기”를 선택한다.

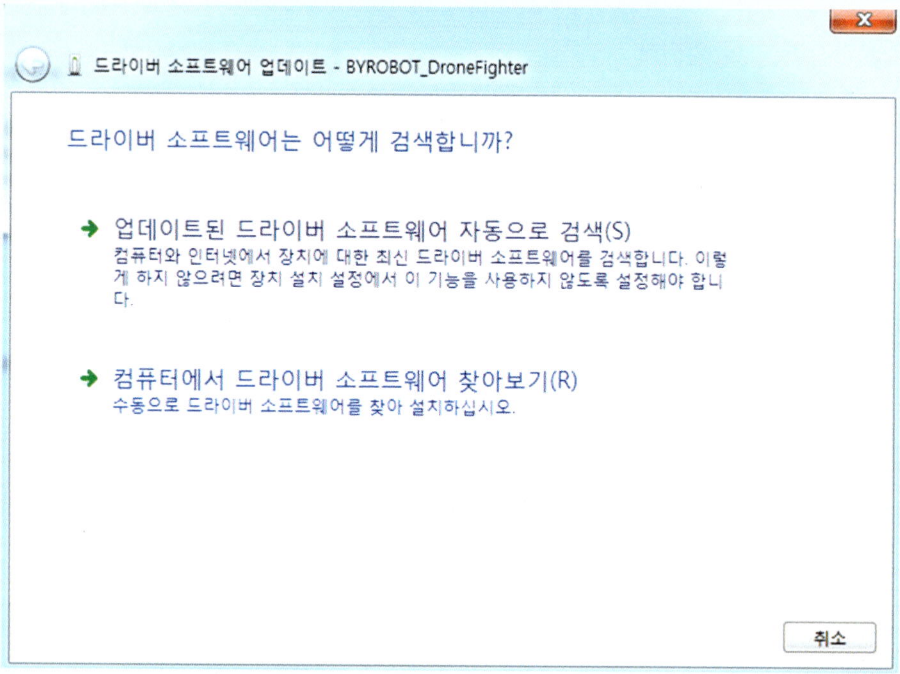

[그림 4-25] “컴퓨터에서 드라이버 소프트웨어 찾아보기” 를 선택

③ 드라이버의 경로를 입력하라는 창이 열린다.
드라이버를 다운받고 압축을 해제한 위치를 설정한다.

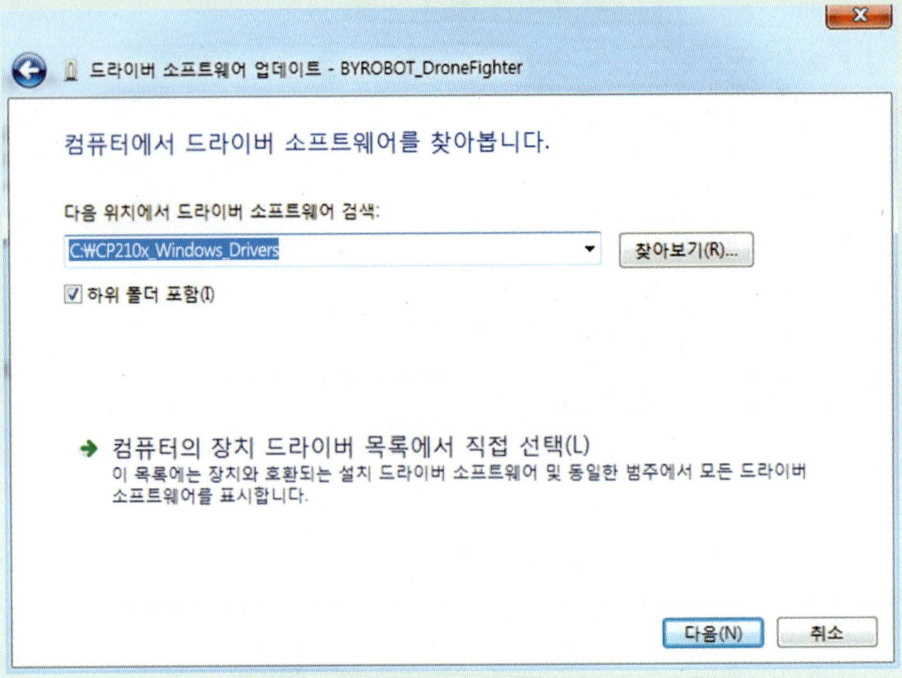

[그림 4-26] 압축을 해제한 위치를 설정

④ 보안관련 창이 열린다.
"이 드라이버 소프트웨어를 설치합니다"를 선택한다.

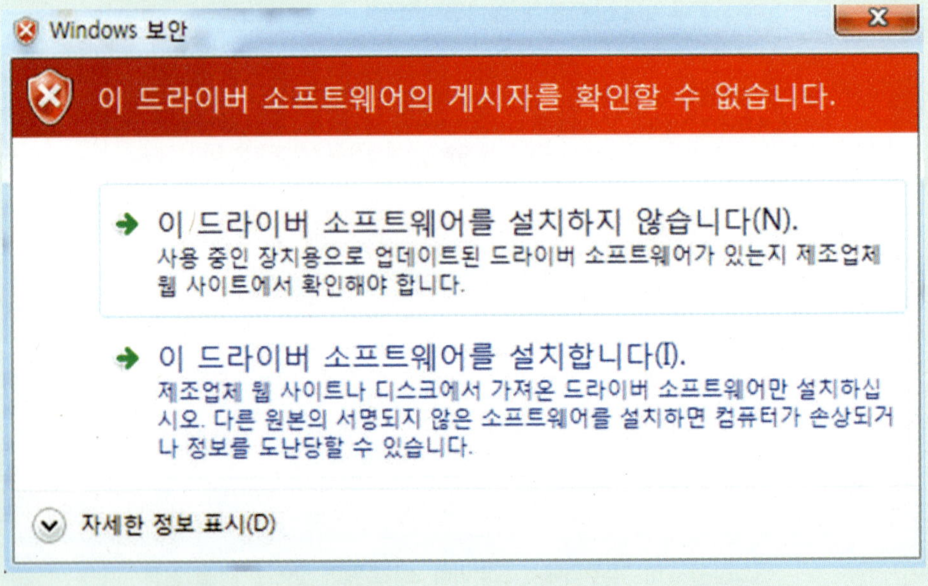

[그림 4-27] "이 드라이버 소프트웨어를 설치합니다"를 선택

⑤ 드라이버가 설치되면 다음과 같은 창이 열린다.
이제 다시 포트를 확인하도록 한다.
드라이버 버전에 따라 설치 완료된 드라이버 이름이 조금씩 다르게 표기되는 경우도 있다.

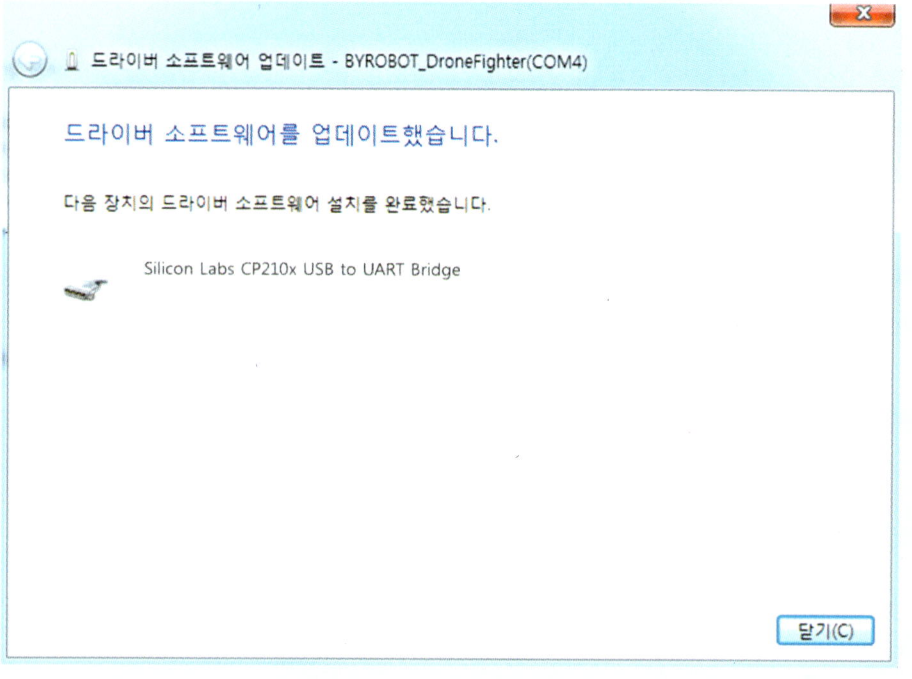

[그림 4-28] 드라이버 설치 완료

학습활동.4 교수 · 학습 방법

교수 방법

- 로킷 브릭의 기초에 대한 관련 용어, 구성, 방식 이해 정도를 파악한 후 수업을 진행한다.
- 교수자의 주도로 로킷 브릭의 기초 등의 내용을 PPT 자료로 제시한 후 설명한다.
- 가능하면 사전에 개인별 학습 자료를 준비하여 모든 학생이 참여할 수 있는 문제 해결식 수업, 협력 수업이 가능하도록 한다.
- 로킷 브릭의 기초 전 과정을 작업의 순서에 따라 단계적으로 실습이 이루어질 수 있도록 지도한다.
- 교재를 통해 수업을 준비하는데 있어서 필요한 모든 정보나 팁, 힌트 등 도움이 될 만한 내용들을 확인할 수 있다.
- 학생들이 만들게 될 각 모델들은 수업시간에 중점적으로 다뤄질 부분과 어휘, 질문, 답을 포함하고 있으며 또한 탐구할만한 추가적인 아이디어들도 포함하고 있다.

학습 방법

- 로킷 브릭의 기초에 대한 관련 용어를 숙지하고, 로킷 브릭의 기초를 대해 이해한다.
- 로킷 브릭의 기초의 각 단계별 중점 사항을 체계적으로 학습한다.
- 로킷 브릭의 기초의 수행순서의 전 과정을 실습한다.
- 로킷 브릭의 기초의 응용제어의 내용을 이해한다.
- 로킷 브릭의 기초를 이해하고 숙달이 될 때까지 학습한다.

학습활동.4 평가 및 피드백

평가 준거

- 평가자는 피평가자가 수행 준거 및 평가 내용에 제시되어 있는 내용을 성공적으로 수행할 수 있는 지를 평가해야 한다.

학습내용	평가항목	성취수준		
		상	중	하
로킷 브릭의 기초	로킷 브릭의 기초를 이해할 수 있다.			

평가 방법

• 작업 포트폴리오

학습내용	평가항목	성취수준		
		상	중	하
로킷 브릭의 기초	로킷 브릭의 기초를 이해할 수 있다.			

• 필기시험

학습내용	평가항목	성취수준		
		상	중	하
로킷 브릭의 기초	로킷 브릭의 기초를 이해할 수 있다.			

• 체크리스트를 통한 관찰

학습내용	평가항목	성취수준		
		상	중	하
로킷 브릭의 기초	로킷 브릭의 기초를 이해할 수 있다.			

• 피드백

1. 작업 포트폴리오
   – 제출한 보고서를 평가한 후 주요 사항에 대하여 표시하여 돌려준다.
2. 필기 시험
   – 평가 결과 성적이 저조한 학생은 보고서 제출 기회를 부여한다.
3. 체크리스트를 통한 관찰
   – 실습 과정에서 평가한 후 개선해야 할 사항 등을 정리하여 돌려둔다.

학습 1	드론의 이해
학습 2	드론 시뮬레이터의 기초제어
학습 3	드론 시뮬레이터의 응용제어
학습 4	로킷 브릭의 기초
학습 5	**로킷 브릭의 응용**
학습 6	로킷 브릭의 프로그램 제어(1)
학습 7	로킷 브릭의 프로그램 제어(2)
학습 8	로킷 시뮬레이터의 구성 및 응용
학습 9	코드론을 위한 아두이노 설정
학습 10	코드론을 위한 아두이노 이해
학습 11	코드론을 위한 아두이노 기초 프로그래밍(1)
학습 12	코드론을 위한 아두이노 기초 프로그래밍(2)
학습 13	코드론을 위한 아두이노 응용 프로그래밍(1)
학습 14	코드론을 위한 아두이노 응용 프로그래밍(2)
부록	H/W, S/W 유지보수

학습 목표	5. 로킷 브릭의 응용을 이해할 수 있다.

5-1 로킷 블록의 기본블록

1. 동작블록

스프라이트에서 이미지를 움직이게 하는 블록이 대부분 동작블록이며, 〈제어〉 부분의 햇블록과 함께 사용하여야 동작이 가능하다.

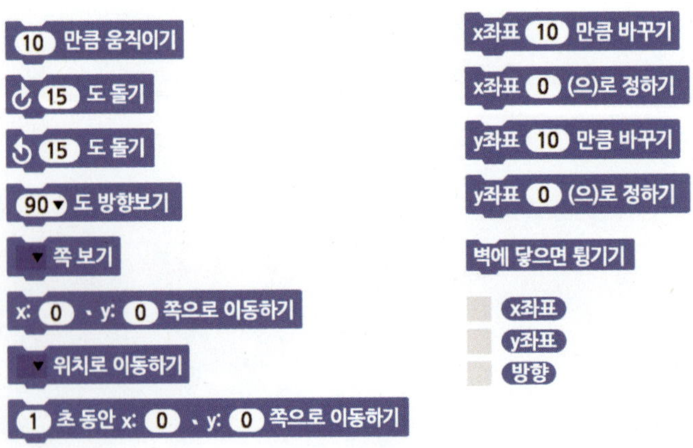

[그림 5-1] 동작블록

2. 제어블록

〈제어〉 부분에 존재하는 노란 계열의 블록들을 일컫는다. 다른 부분에 있는 모든 블록들을 제어하는 데에 사용되며, 주로 어떤 동작을 시작하는 방법을 정하거나, 흐름을 변경할 때에 사용한다.

[그림 5-2] 제어블록

3. 연산블록

기본적인 사칙연산뿐만 아니라 다양한 수학 함수를 사용해 나오는 값을 스프라이트에 가져올 수 있다. 또한 등호와 부등호를 사용해 참, 거짓을 분별하고 서로 다른 문자열을 결합한다.

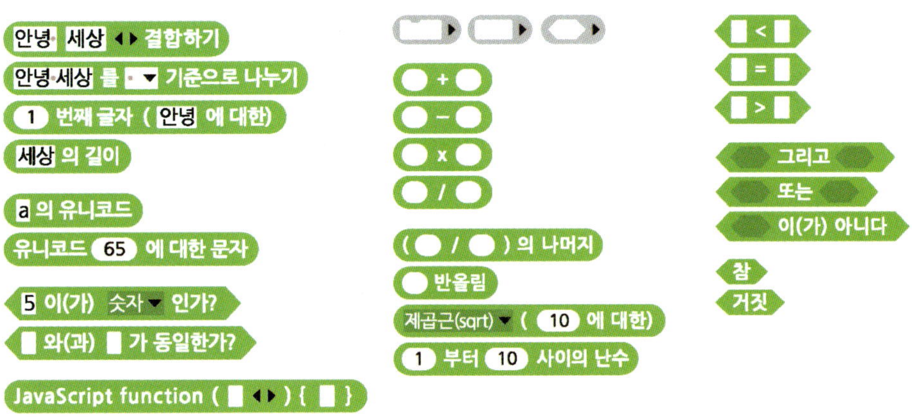

[그림 5-3] 연산블록

4. 형태블록

스프라이트의 전반적인 형태를 편집하는 보라색 계열의 블록으로, 스프라이트에서 배경이미지를 바꾸거나 그래픽 효과를 적용하는 등 시각적으로 보여지는 부분들을 편집할 수 있다.

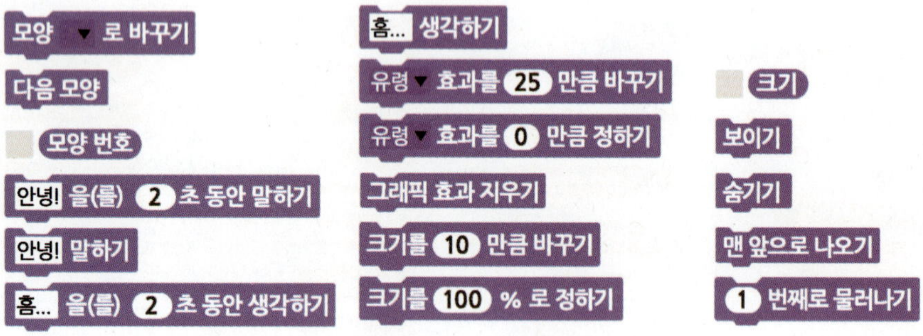

[그림 5-4] 형태블록

5. 관찰블록

관찰블록은 스프라이트에 직접적인 변화를 주는 다른 블록들과 달리, 입력된 블록들의 값을 확인하거나 묻고 답하는 방식으로 내용을 판별할 수 있는 블록이다. 이러한 기능은 프로그래밍 중 예기치 못한 돌발 상황이 발생했을 때에 각각의 블록들이 서로 관찰하며 상호작용 가능하도록 도와준다.

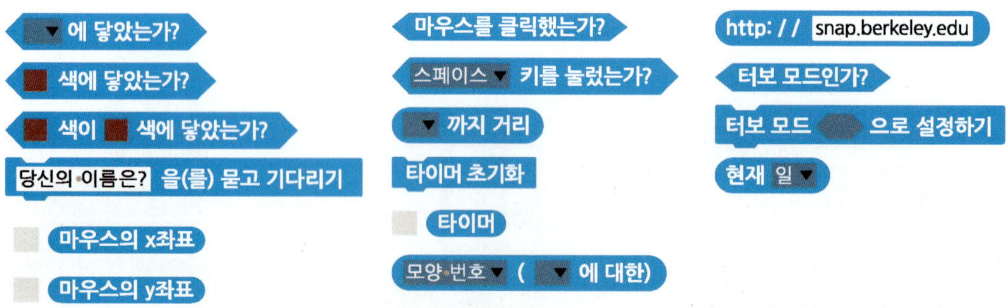

[그림 5-5] 관찰블록

6. 소리블록

스프라이트의 주요 구성 요소 중 하나인 소리 효과를 편집할 수 있다. 저장되어있는 소리를 불러오거나 외부 입력 장치로 소리를 직접 녹음하여 업로드할 수 있다.

소리의 빠르기를 조절하거나 입력한 박자 값으로 +100부터 −100까지의 음을 연주할 수 있다.

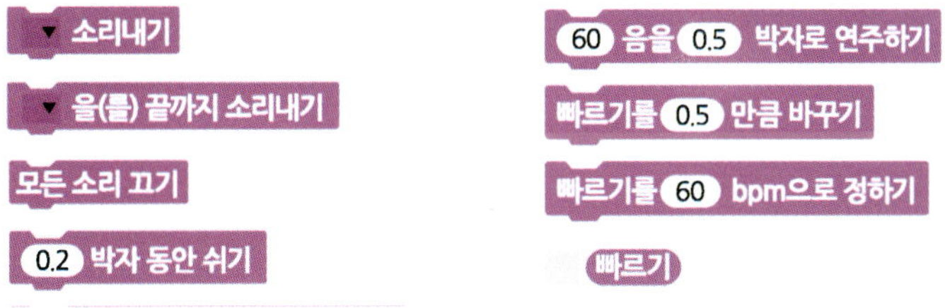

[그림 5-6] 소리 블록

7. 펜블록

컴퓨터의 그림판과 같은 역할을 하는 블록으로, 무대에서 스프라이트로 선이나 도형 값을 변화시키며 그림을 그릴 수 있다.

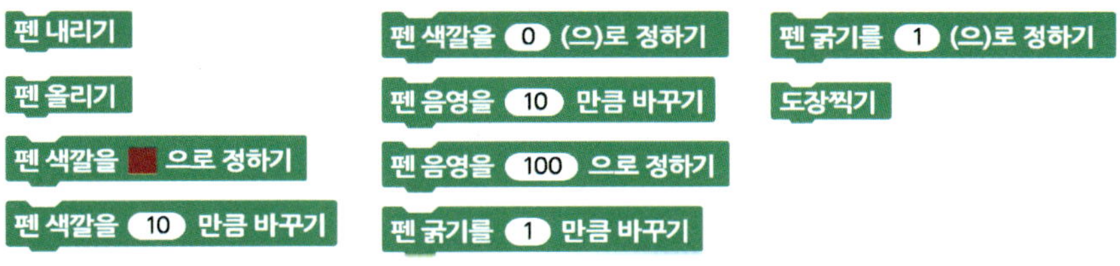

[그림 5-7] 펜블록

8. 변수블록

모든 변수블록은 〈변수 만들기〉 버튼으로 명령을 입력할 수 있으며, 변수블록을 이용해 입력한 값들을 저장하고 누적시킬 수 있다.

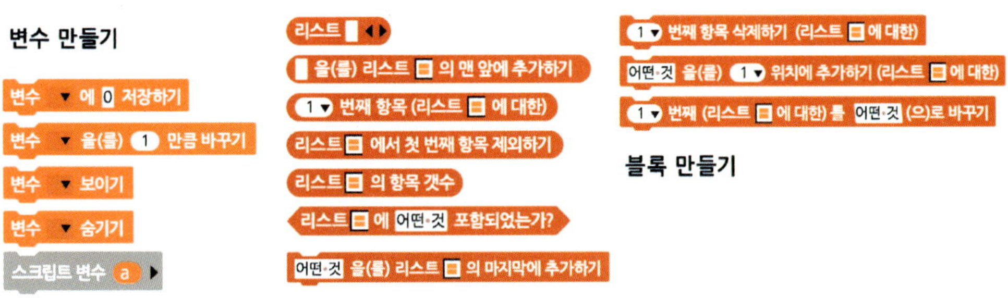

[그림 5-8] 변수블록

수행 내용

재료 · 자료

- Rokit Brick, 드론의 제어 및 코딩 관련 자료

기기(장비 · 공구)

- 컴퓨터, 코드론, BLE 보드, USB케이블

안전 · 유의사항

- 컴퓨터, 코드론, BLE 보드의 전원을 관리한다.

수행 순서

01 코드론 블록의 동작 블록을 분석하라.

코드론 탭에서 보드를 연결하면 코드론을 제어할 수 있는 코드론 블록들이 나오게 된다. 만약 드론이 멈추지 않고 이상한 방향으로 동작할 경우 강제 멈춤 버튼을 물러 드론의 동작을 멈출 수 있다.

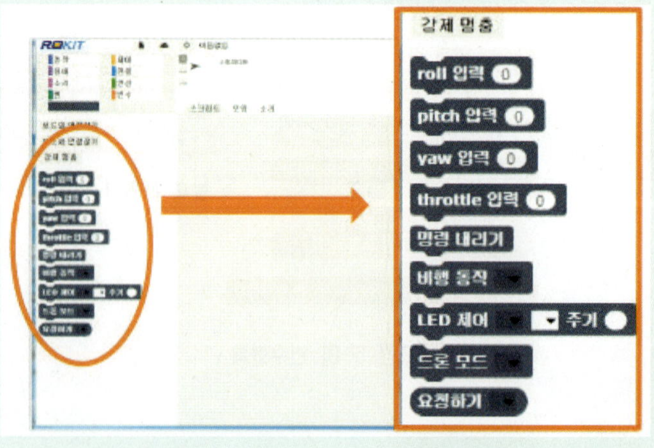

[그림 5-9] 이상 동작 시 강제 멈춤

① Roll/Pitch/Yaw/Throttle 블록은 다음 그림처럼 코드론 제어 동작 후에 "명령내리기" 블록을 사용해야한다.

[그림 5-10] 명령내리기 블록 사용

② 또한 코드론 구동 시 그림처럼 맨 처음 블록은 비행동작(이륙하기) 혹은 "throttle+명령내리기"로 시작하고 마지막은 비행동작(착륙)으로 해야 안정적이고 제대로 된 코드론 제어를 할 수 있다. 그리고 원하는 시간을 추가하여 원하는 동작을 만들 수 있다.

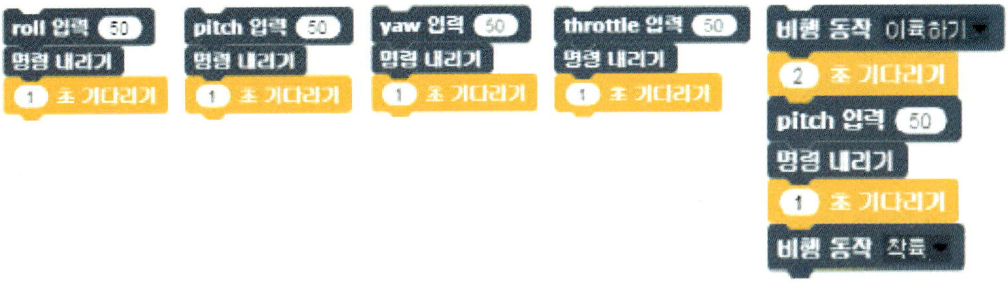

[그림 5-11] 처음블록/ 마지막 블록 설정과 지속시간 설정

학습 5

02 코드론의 기본동작을 구현하라.

하드웨어 블록들은 코드론을 연결하여 제어할 때 사용한다. 드론의 이륙과 착륙뿐만 아니라 쓰로틀, 요우, 피치, 롤, 등 코드론 기체에 -100부터 100 사이의 값을 넣어 기체를 움직일 수 있고, 미세 조종을 하여 기체가 안정적으로 호버링 할 수 있게 한다. 또한 요청하기 블록을 통해 현재 코드론에 설정되어있는 기체 모드나 센서의 상태, 기체의 기울기, 배터리의 잔량 등을 확인할 수 있다.

[그림 5-12] 코드론의 기본동작

03 코드론 블록의 각도 값 클리어 하기를 구현하라.

스크립트 실행 전에는 반드시 각도의 값들을 클리어하고 실행한다.

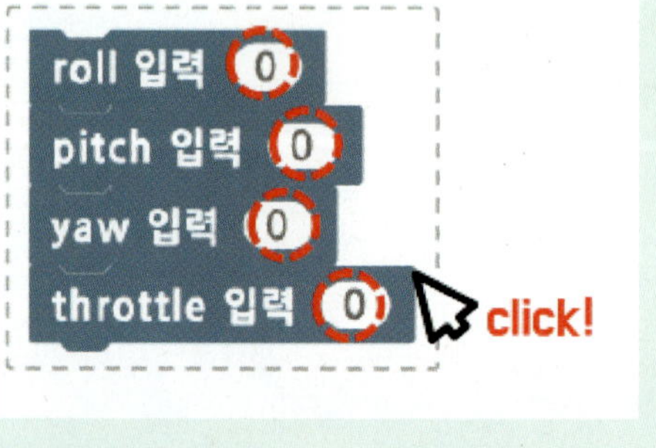

[그림 5-13] 블록의 각도 값 클리어 하기

04 코드론 스프라이트 직선 이동하기(1)를 구현하라.

(a) 코드론 스프라이트 직선 이동하기 준비

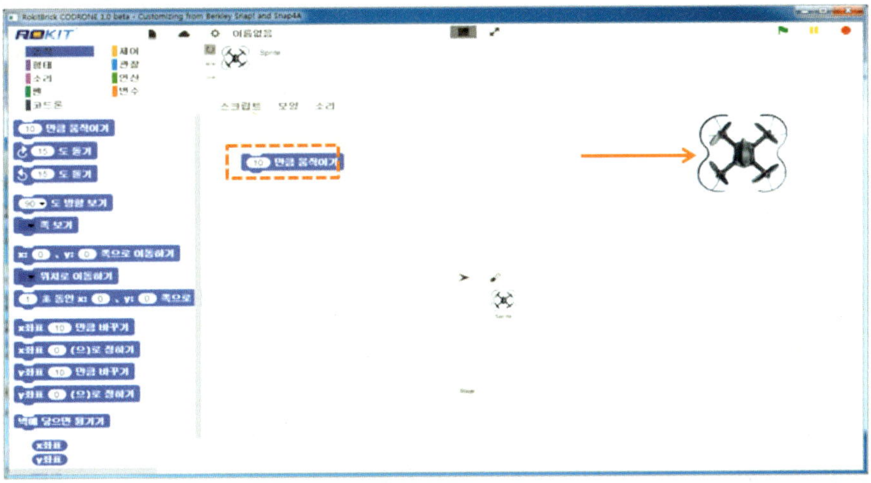

(b) 코드론 스프라이트 직선 이동하기 완료

[그림 5-14]

그림 (a)는 동작 블록군에서 10 만큼 움직이기 을 스크린트 화면으로 가져온다.

그림 (b)는 스크립트 화면에 놓인 블록을 마우스로 계속 클릭할 때마다 드론이 10만큼 앞으로 이동하게 된다.

05 코드론 스프라이트 직선 이동하기(2)를 실행하라.

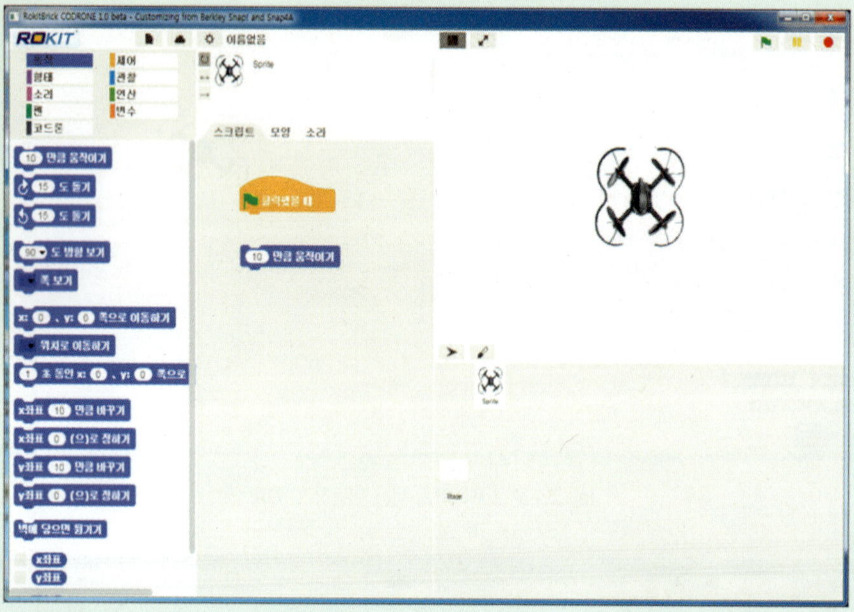

(a) 코드론 스프라이트 직선 이동하기 준비

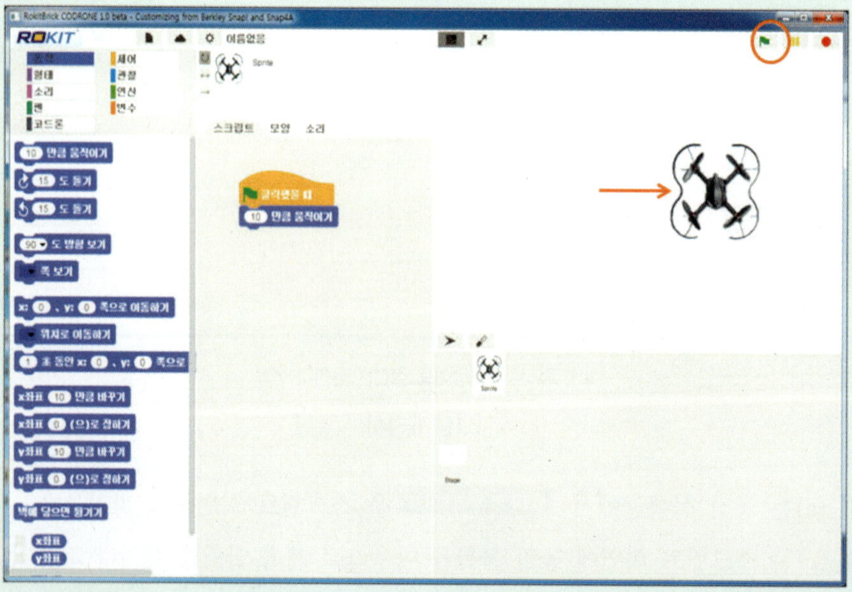

(b) 코드론 스프라이트 직선 이동하기 완료

[그림 5-15]

그림 (a)는 마우스 클릭하기로 바로 동작을 확인할 수 있으며 일반적으로 제어블록 군에서 클릭했을 때 이나 스페이스 키를 눌렀을 때 를 이용하여 구동을 시작하게 된다.

그림 (b)는 클릭했을 때 블록을 10 만큼 움직이기 와 연결하고 녹색 깃발을 클릭하면 이동한다.

✔ **Tip : 드론 원점 이동**

만약 드론이 안 보이는 곳까지 사라지게 되었을 때 동작(동작 블럭) 의 x: 0 , y: 0 쪽으로 이동하기 (x:0, y:0 쪽으로 이동하기) 블록을 클릭하면 원점으로 돌아온다.

학습 5

06 코드론 스프라이트 이동하기(무한반복으로 스프라이트 이동하기)를 실행하라.

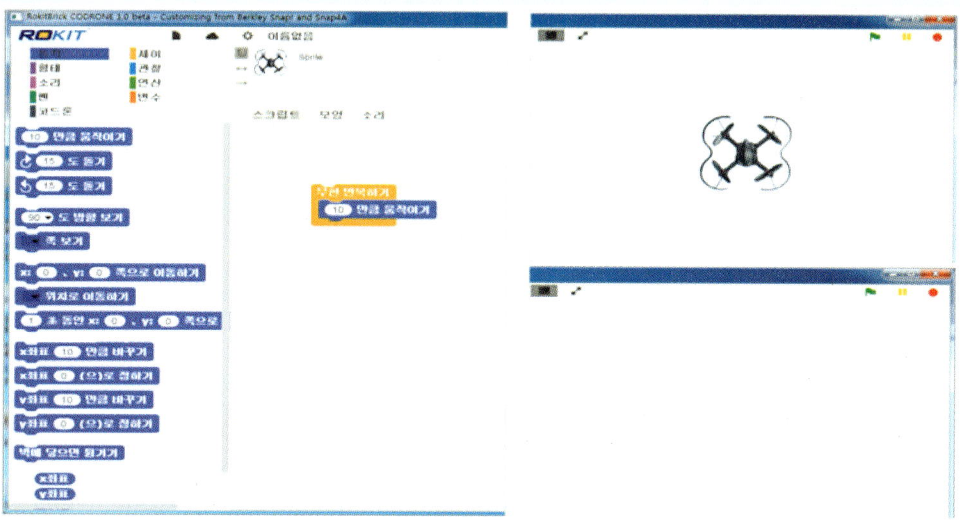

(a) 무한반복으로 스프라이트 이동하기 준비

(b) 무한반복으로 스프라이트 이동하기 실행

[그림 5-16] 코드론 스프라이트 이동하기

그림(a)는 제어 블록 중 무한 반복하기 블록을 [10 만큼 움직이기] 와 연결하여 구동해 본 것이다. 드론이 한 번의 클릭으로 보이지 않는 곳까지 이동하게 된다.

그림(b)처럼 드론이 화면 밖으로 사라지지 않고 벽에 튕기는 동작을 반복하게 하려면 [벽에 닿으면 튕기기] 블록을 이용한다.

07 코드론 스프라이트 이동하기(이륙 및 이동 착륙하기)를 실행하라.

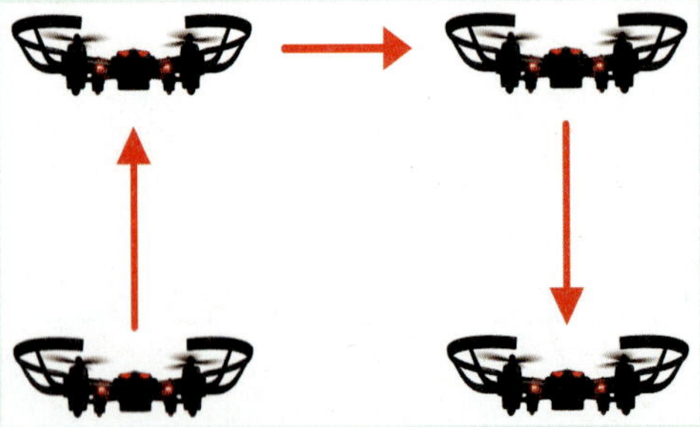

(a) 이륙 및 이동 착륙하기

(b) 프로그래밍

[그림 5-17] 이륙 및 이동 착륙하기

그림(a)와 같이 스프라이트가 움직이려면 그림(b)와 같이 좌표 값과 (초 기다리기) (Delay)를 이용하여 코딩할 수 있다.

[그림 5-18] 이동하기 위하여 X, Y 좌표 값 변경

스프라이트의 이동거리를 바꿔주기 위하여 그림의 X, Y좌표 값을 변경한다.

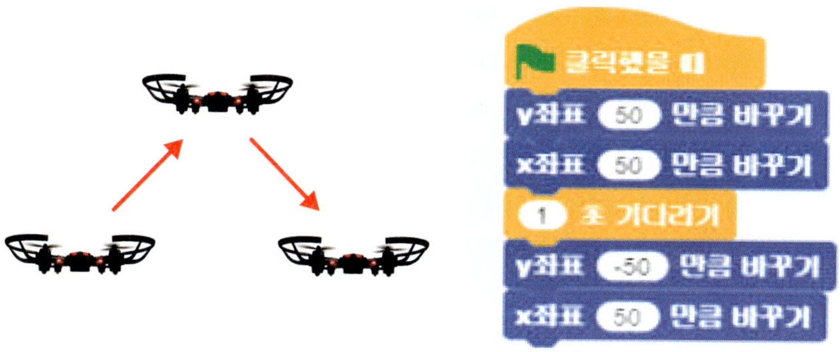

(a) 이동 이륙/착륙하기 (b) 프로그래밍

[그림 5-19] X, Y좌표 값을 변경

[그림 5-19](a)처럼 이동 이륙 및 착륙하기를 위하여 (b) 블록들의 X, Y좌표 값과 기다리는 시간의 수치를 원하는 시간만큼 변경해야 한다.

08 코드론 스프라이트 이동하기(변수 사용하기)를 실행하라.

변수를 이용하여 스프라이트의 동작을 변화시켜 보자. 우선 다음 [그림 5-20]처럼 스프라이트가 회전하는 구동을 만들어 보자.

(a) 드론 회전하기

(b) 프로그래밍

[그림 5-20] 변수 사용하기

블록의 이동 값을 변화 시기키 위하여 변수를 만든다. 변수 블록에서 변수 만들기 버튼을 누르고 A라는 변수를 만든다.

변수는 특히 프로그램에서 많이 사용하는 변수란 숫자를 저장할 수 있는 공간을 만들고, 원하는 숫자를 언제든 넣을 수 있도록 하는 숫자가 아닌 문자를 뜻한다.

㉮ A=5, Value= 0

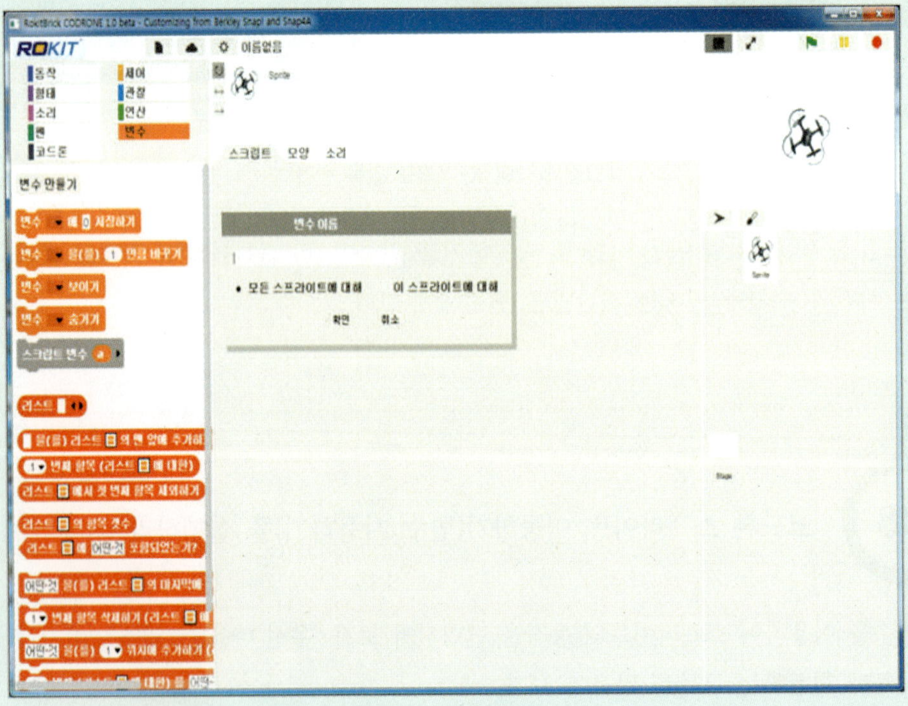

[그림 5-21] 변수 만들기

A라는 변수를 만들면 다음과 같이 변수 블록이 생기며, 무대에 변수가 생성된다.

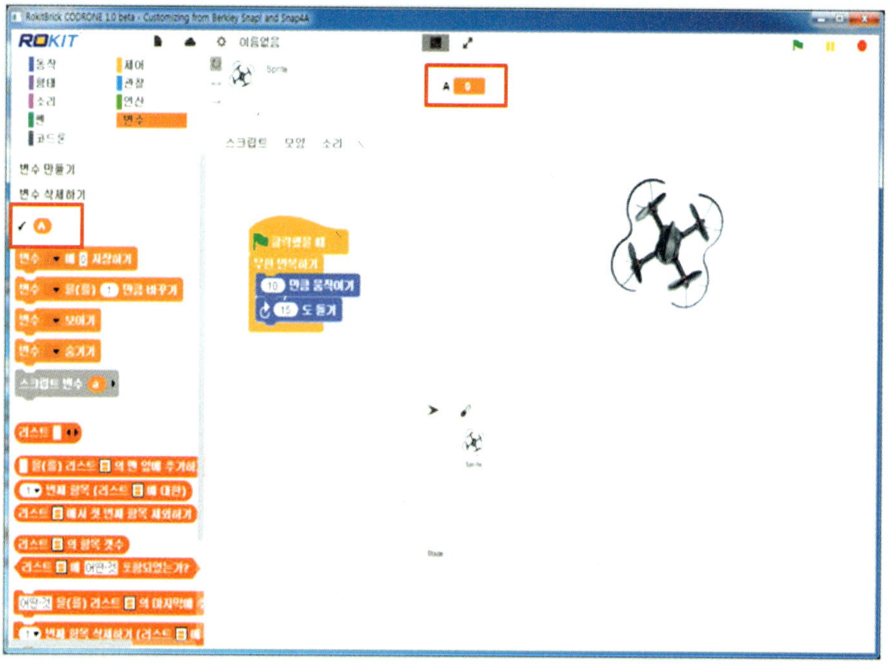

[그림 5-22] 변수A가 생성

다음 [그림 5-23]에서 왼쪽에 생성된 A변수를 블록을 변화하고 싶은 부분을 다음과 같이 드래그 한다. 무대에서 나타난 변수에서 마우스 오른쪽 클릭을 눌러 슬라이더를 선택해 준다.

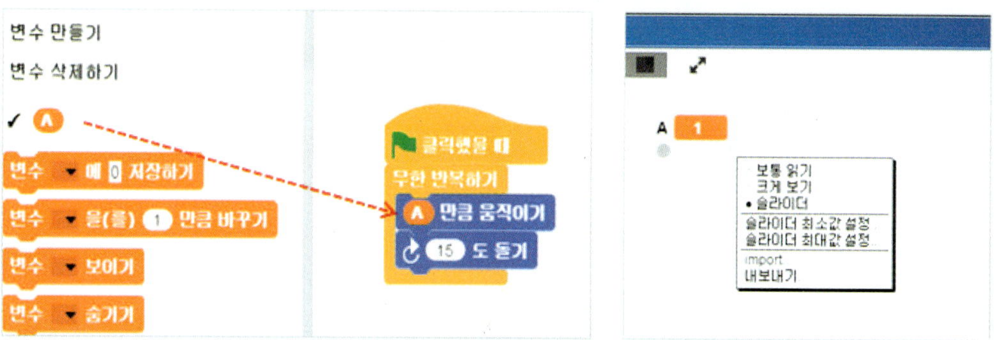

[그림 5-23] 변수A가 변경하기 위해 슬라이더 선택

무대를 실행한 후 마우스로 무대의 A변수 슬라이더를 움직이면 실시간으로 변수의 값이 달라지면서 드론의 회전 반경이 커졌다 작아졌다 하는 것을 볼 수 있다.

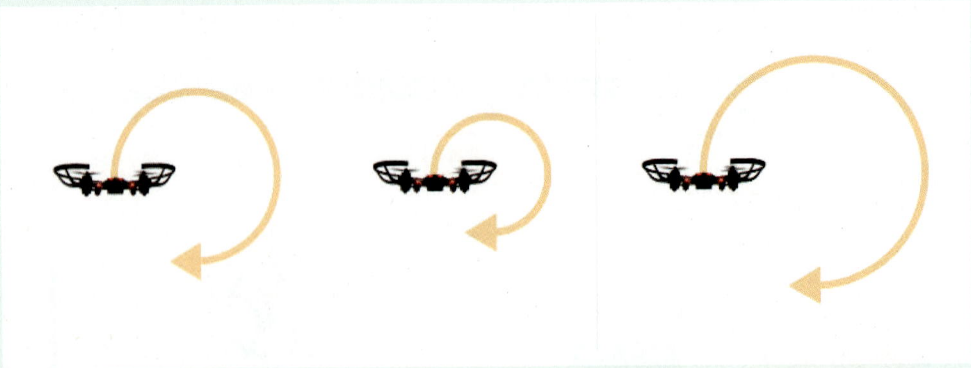

[그림 5-24] 변수A의 슬라이더 변경에 따라 드론의 회전 반경 변경

09 코드론(CoDrone) 구동 도전과제를 구현하라.

① [그림 5-25]처럼 드론 모양 이미지를 스프라이트에 로드하여 녹색 깃발 버튼을 눌렀을 때 직사각형 모양으로 스프라이트가 이동하도록 스크립트를 작성한다.

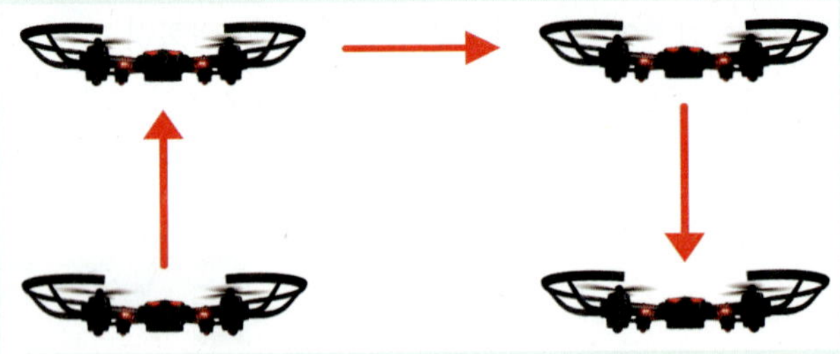

[그림 5-25] 직사각형 모양으로 이동

② [그림 5-26]처럼 드론 모양 이미지를 스프라이트에 로드하여 녹색 깃발 버튼을 눌렀을 때 아래와 같은 모양으로 스프라이트가 이동하도록 스크립트를 작성한다.

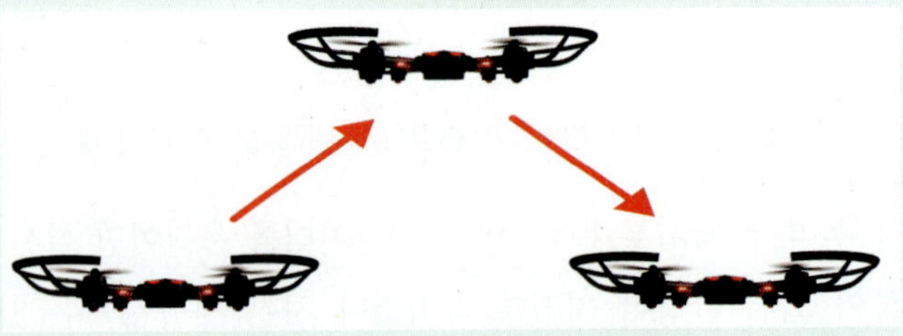

[그림 5-26] 삼각형 모양으로 이동

③ 녹색 깃발 버튼을 클릭하면 드론이 잠시 공중에 떠서 앞으로 전진 하였다가 [그림 5-27]처럼 손바닥 안으로 착륙할 수 있도록 스크립트를 작성한다.

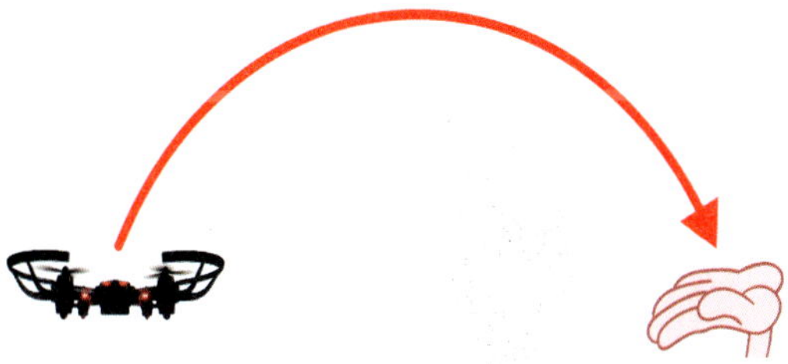

[그림 5-27] 손바닥 안으로 착륙

④ 녹색 깃발 버튼을 클릭하면 드론이 [그림 5-28]처럼 손바닥으로 내려오도록 한다.

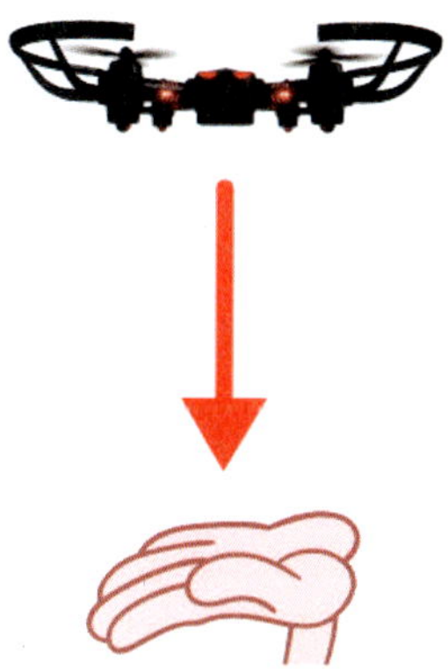

[그림 5-28] 잠시 공중에 떴다가 착륙

⑤ 아래와 같은 캔버스의 그림을 클릭하면 드론을 공중에 띄워서 움직이지 않고 (Hovering) 그 자리에 10초 동안 머물도록 하여 본다. 이 때 스페이스 키를 누르면 시간과 상관없이 착륙할 수 있도록 한다.

[그림 5-29] 그 자리에 10초 동안 머물도록 하기

⑥ 위쪽 화살표 키를 누르면 드론이 공중에 떠있게 된다. 이 때 캔버스에 있는 [그림 5-29]와 이미지의 스프라이트를 클릭하면 드론이 착륙할 수 있도록 스크립트를 작성한다.

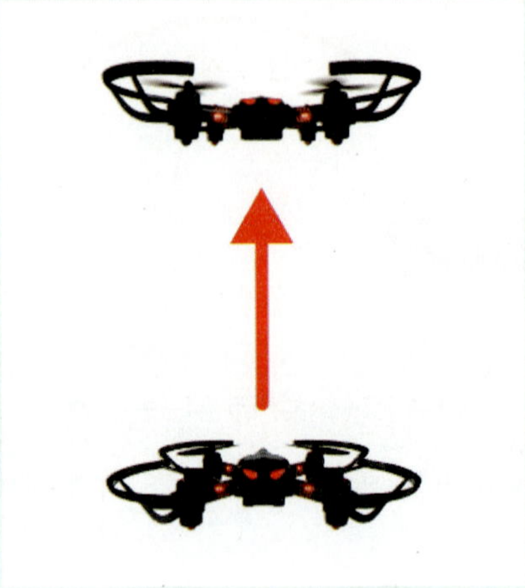

[그림 5-30] 손바닥으로 내려오기

⑦ 키보드 입력에 따라 드론 팔 부분 조명의 색이 달라지게 한다. 1번 키를 누르면 파란색이 깜빡이고 2번 키를 누르면 빨간색, 3번 키를 누르면 초록색, 5번 키를 누르면 노란색이 깜빡이게 스크립트를 작성한다.

[그림 5-31] 드론 팔 부분 조명의 색이 달라지게 하기

학습활동.5 교수 · 학습 방법

교수 방법

- 로킷 브릭의 응용에 대한 관련 용어, 구성, 방식 이해 정도를 파악한 후 수업을 진행한다.
- 교수자의 주도로 로킷 브릭의 응용 등의 내용을 PPT 자료로 제시한 후 설명한다.
- 가능하면 사전에 개인별 학습 자료를 준비하여 모든 학생이 참여할 수 있는 문제 해결식 수업, 협력 수업이 가능하도록 한다.
- 로킷 브릭의 응용 전 과정을 작업의 순서에 따라 단계적으로 실습이 이루어질 수 있도록 지도한다.
- 교재를 통해 수업을 준비하는데 있어서 필요한 모든 정보나 팁, 힌트 등 도움이 될 만한 내용들을 확인할 수 있다.
- 학생들이 만들게 될 각 모델들은 수업시간에 중점적으로 다뤄질 부분과 어휘, 질문, 답을 포함하고 있으며 또한 탐구할만한 추가적인 아이디어들도 포함하고 있다.

학습 방법

- 로킷 브릭의 응용에 대한 관련 용어를 숙지하고, 로킷 브릭의 응용에 대해 이해한다.
- 로킷 브릭의 응용의 각 단계별 중점 사항을 체계적으로 학습한다.
- 로킷 브릭의 응용의 수행순서의 전 과정을 실습한다.
- 로킷 브릭의 응용의 내용을 이해한다.
- 로킷 브릭의 응용을 이해하고 숙달이 될 때까지 학습한다.

학습활동.5 평가 및 피드백

평가 준거

- 평가자는 피평가자가 수행 준거 및 평가 내용에 제시되어 있는 내용을 성공적으로 수행할 수 있는 지를 평가해야 한다.

학습내용	평가항목	성취수준		
		상	중	하
로킷 브릭의 응용	로킷 브릭의 응용을 이해할 수 있다.			

평가 방법

- 작업 포트폴리오

학습내용	평가항목	성취수준		
		상	중	하
로킷 브릭의 응용	로킷 브릭의 응용을 이해할 수 있다.			

- 필기시험

학습내용	평가항목	성취수준		
		상	중	하
로킷 브릭의 응용	로킷 브릭의 응용을 이해할 수 있다.			

- 체크리스트를 통한 관찰

학습내용	평가항목	성취수준		
		상	중	하
로킷 브릭의 응용	로킷 브릭의 응용을 이해할 수 있다.			

- 피드백

1. 작업 포트폴리오
   - 제출한 보고서를 평가한 후 주요 사항에 대하여 표시하여 돌려준다.
2. 필기시험
   - 평가 결과 성적이 저조한 학생은 보고서 제출 기회를 부여한다.
3. 체크리스트를 통한 관찰
   - 실습 과정에서 평가한 후 개선해야 할 사항 등을 정리하여 돌려둔다.

학습 1	드론의 이해
학습 2	드론 시뮬레이터의 기초제어
학습 3	드론시뮬레이터의 응용제어
학습 4	로킷 브릭의 기초
학습 5	로킷 브릭의 응용
학습 6	**로킷 브릭의 프로그램 제어(1)**
학습 7	로킷 브릭의 프로그램 제어(2)
학습 8	로킷 시뮬레이터의 구성 및 응용
학습 9	코드론을 위한 아두이노 설정
학습 10	코드론을 위한 아두이노 이해
학습 11	코드론을 위한 아두이노 기초 프로그래밍(1)
학습 12	코드론을 위한 아두이노 기초 프로그래밍(2)
학습 13	코드론을 위한 아두이노 응용 프로그래밍(1)
학습 14	코드론을 위한 아두이노 응용 프로그래밍(2)
부록	H/W, S/W 유지보수

학습 목표 드론을 제어할 수 있는 여러 가지 프로그램을 작성하고 테스트 하면서 드론의 각종 센서에 대한 사용법과 비행 원리에 대해 더욱 깊이 이해할 수 있다.

6-1 호버링 제어 연습

호버링(Hovering)이란 드론을 공중에 띄워서 제자리에서 움직이지 않고 고도와 위치를 계속 유지하면서 비행하는 것을 말한다. 호버링 상태를 얼마나 안정적으로 유지할 수 있느냐의 여부는 드론의 성능을 평가하는 데 매우 중요한 기준이 된다. 호버링은 단순히 일정 고도만 유지하는 것에서 그치지 않고 전후좌우로 드론이 흐르지 않아야 한다. 그러나 각 모터들의 속도의 미세한 차이나 공기의 흐름, 회전하는 날개의 미세한 틀어짐 등으로 드론은 쉽게 특정 방향으로 흘러가게 된다. 그러나 드론이 스스로 기체의 흐르는 정도를 정확히 계산해 내는 것은 쉬운 일이 아니다.

따라서 야외에서 운행할 수 있는 중대형 드론의 경우 GPS를 활용해서 자신의 위치의 기준점을 파악하고 그에 따라 기체가 흐르는 지의 여부를 판단한다.

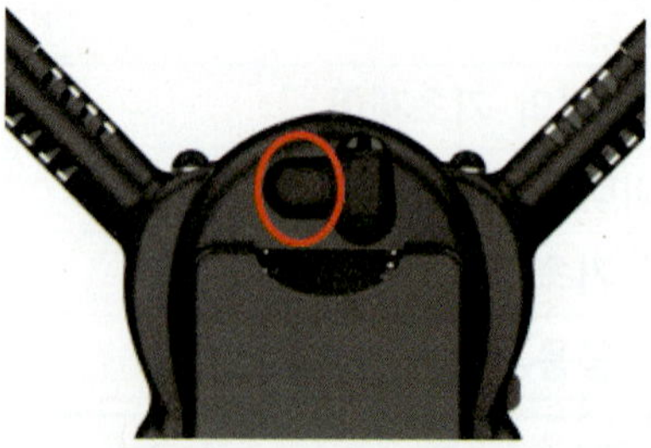

[그림 6-1] 이미지 센서의 위치

실내에서 비행하는 소형 드론의 경우에는 GPS 장치를 사용할 수 없으므로 카메라를 이용한 이미지 센서를 활용하게 된다. 이 이미지 센서는 드론의 하단에 부착되어 있는데 지면의 이미지를 인식하고 그 데이터를 바탕으로 드론이 흐르는 정도를 파악하게 된다. 그러나 바닥의 이미지가 별다른 특징이 없이 밋밋한 형태인 경우를 포함하여 쉽게 그 이미지를 파악하기 어려운 패턴의 경우에는 호버링의 성능이 떨어질 수 있다.

6-2 호버링과 미세 조종

완벽하지 않은 이미지 센서의 기능을 보완해 주는 것이 미세 조종(Trimming) 작업이다. 이미지 센서를 장착하지 않은 드론의 경우엔 호버링에서의 오차를 수정해 줄 수 있는 유일한 방법이기도 하다.

미세 조종은 사용자가 직접 호버링 상태를 관찰하면서 모터의 속도를 조금씩 증감시켜서 잡아주는 것으로서 사용자의 감각과 노력이 필요한 부분이라고 할 수 있다.

6-3 드론의 패턴 비행과 목표 지점 도착하기

호버링과 미세 조종을 하고 난 후에는 본격적인 패턴(Patten) 비행을 시도할 수 있게 된다. 패턴 비행이란 정해진 일정한 경로대로 드론이 비행하는 것을 말한다. 패턴 비행은 단순히 정해진 동작대로 움직이는 것이지만 센서들을 이용한 드론 자율비행의 기초가 될 뿐만 아니라 사용자 역시 패턴 비행을 연습하면서 드론의 비행 중에 일어나는 여러 가지 역학적 현상들에 대한 이해를 더욱 깊게 할 수 있다.

패턴 비행에서는 적절한 비행 고도와 속도, 그리고 정해진 진행 방향에서 벗어나지 않는 것이 중요할 것이다. 특히 드론을 이륙시킨 이 후 조종기나 키보드 등 전혀 사용자의 간섭이 없는 자율 패턴 비행에서는 그러한 요소들이 안정적으로 유지되어야 할 것이다.

패턴 비행에서 가장 기본이 되는 것은 수평 직선 비행이다. 가장 단순한 형태이지만 패턴 비행의 가장 기본이 되기도 한다.

6-4 드론 상태 모니터링

학습 6

1. 자세 각도 값 응용하기

Pitch, Roll, Yaw와 같은 자세 각도 값은 드론이 정상적인 작동을 하는 경우에는 사용자가 값의 변화에 따라 크게 신경 쓰지 않아도 된다. 그러나 자세 제어 값은 물체의 자세를 정밀하게 표현할 뿐 아니라 degree 단위로 각도를 정확히 출력해 주기 때문에 PC기반 드론 제어에서는 이 기능을 응용하여 다양한 프로그램들을 구현할 수 있다.

수행 내용

재료 · 자료

- Rokit Brick, 드론의 제어 및 코딩 관련 자료

기기(장비 · 공구)

- 컴퓨터, 코드론, BLE 보드, USB케이블

안전 · 유의사항

- 컴퓨터, 코드론, BLE 보드의 전원을 관리한다.

수행 순서

01 이미지 센서 값 관찰하기를 구현한다.

① 이미지 센서로 부터 X값과 Y값을 수신 받아 변수에 저장하여 캔버스에 나타난 값을 모니터링하여 본다.

② 드론을 지면으로부터 1m 이내로 띄워서 전후좌우 이동시키며 값을 관찰하여 본다(드론을 구동하지 않고 손으로 잡고 이동시켜도 됨).

㉠ 상단 프로젝트 버튼을 클릭 후 새로 만들기를 클릭하여 새 프로젝트를 시작한다.

㉡ 아래와 같은 스크립트를 작성한다.

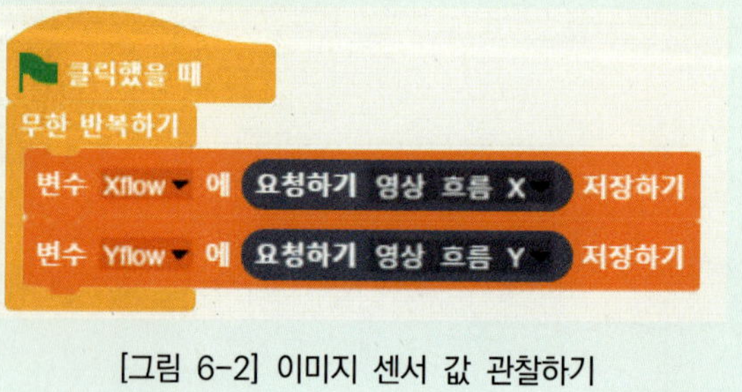

[그림 6-2] 이미지 센서 값 관찰하기

㉢ 드론을 연결하고 깃발 버튼을 클릭하여 스크립트를 실행한다.

㉣ 캔버스에 변수 모니터 값을 보면서 드론을 1m 정도 높이에서 손으로 상하좌우로 움직이면서 값의 변화를 확인한다. 이 때 드론 하단의 이미지 센서를 손으로 가리지 않도록 주의한다.

이미지 센서는 카메라에 들어온 이미지의 변화를 계산하여 드론이 얼마나 흘러갔는지 변위량을 X, Y좌표 값으로 나타낸다. 처음 위치에서 나온 값을 기준으로 볼 때 각 좌표의 변위 량과 그에 따른 방향은 측정이 되지만 오차가 계속 나타나는 것을 볼 수 있다. 그렇기 때문에 이미지 센서로 완벽하게 흘러감을 방지하는 것은 쉽지 않으므로 정확도를 좀 더 보강하여야 한다.

(a) 드론의 상태 확인

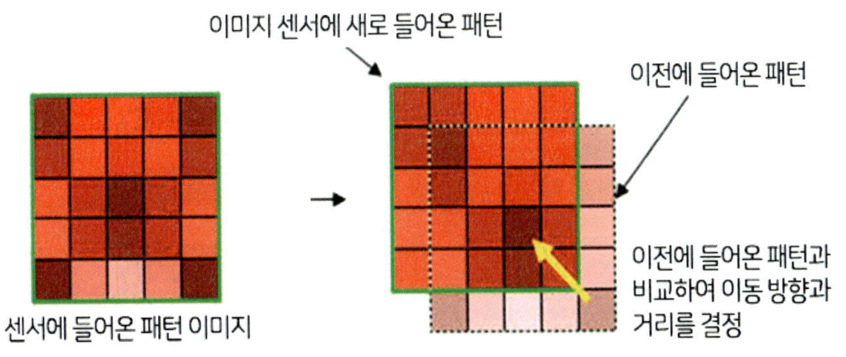

(b) 이미지 센서 값

[그림 6-3] 이미지 센서 값 관찰하기

02 드론 미세조종하기를 구현하라.

① 드론을 연결한 후 이륙하기 블록을 사용하여 드론을 이륙시킨다.

[그림 6-4] 이륙하기 블록을 사용

② 드론이 어느 방향으로 흘러가는지 어느 정도 시간을 두고 관찰한다.

[그림 6-5] 드론 흘러가는 방향 관찰

③ 드론이 흘러가는 방향이 파악되었으면 아래처럼 미세 조종 블록을 이용하여 미세조종을 실시한다(드론의 방향은 드론의 꼬리 부분을 사용자가 마주 보고 있는 상태에서 판단하도록 한다).

→ 드론이 왼쪽으로 흘러갈 때

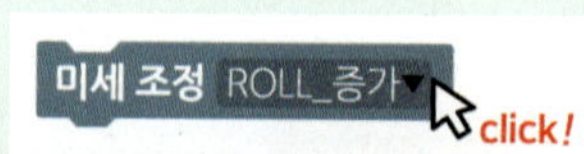

→ 드론이 오른쪽으로 흘러갈 때

→ 드론이 앞으로 흘러갈 때

→ 드론이 뒤로 흘러갈 때

→ 드론이 자꾸 위로 솟는 경우

→ 드론이 자꾸 아래로 떨어지는 경우

[그림 6-6] 미세조종의 종류

④ 호버링 중에 드론의 머리 부분의 방향이 천천히 왼쪽이나 오른쪽으로 틀어질 수 있다. 이러한 경우엔 아래와 같이 미세조종 한다.

→ 드론의 방향이 왼쪽으로 틀어질 때

→ 드론의 방향이 오른쪽으로 틀어질 때

[그림 6-7] 드론의 방향이 왼쪽과 오른쪽으로 들러 갈 때 미세조종

위에서 살펴본 것처럼 드론이 호버링 중에 너무 높이 올라가거나 반대로 계속 고도가 낮게 유지되는 경우에도 미세 조종으로 상태를 잡을 수 있다. 그러나 고도가 불안정한 경우에는 단순히 미세조종의 문제뿐 아니라 배터리 잔량, 고도(거리) 측정 센서, 그리고 공기의 흐름과도 밀접한 관계가 있을 수 있다는 것에 유의할 필요가 있다.

또한 미세 조종 값이 쉽게 잡히지 않는 경우에는 미세 조종 값을 초기화하고 호버링 상태를 관찰하면서 다시 작업하는 것이 좋다. 미세 조종 값을 초기화하는 블록은 아래와 같다. 미세 조종 값을 초기화하면 모든 미세 조종 값은 0이 된다.

[그림 6-8] 미세 조종 값 초기화

미세 조종 블록을 클릭하면 5씩 미세 조종 값이 증가하거나 감소하며 이 값은 드론 내부의 메모리에 저장되어 PC와의 연동에 관계없이 적용될 수 있다. 현재 드론의 미세조종 값이 얼마인지 알고 싶은 경우엔 아래와 같은 요청하기 블록을 클릭하면 각 미세 조종의 값을 알 수 있다.

[그림 6-9] 요청하기 블록을 클릭

미세 조종을 위해 매번 여러 개의 블록들을 드래그하고 클릭하는 것은 매우 번거로운 일일 수 있다. 그렇기 때문에 미세 조종을 위한 스크립트를 작성해 놓고 필요할 때마다 로드해서 사용하는 것이 좋다.

학습 6

03 미제 조종 툴(Tool) 프로그램 만들기를 구현한다.

① 4개의 변수 값에 미세 조종 값을 계속 저장해서 사용자 미세 조종 값의 변화를 계속 관찰하도록 한다.

② 키보드를 사용해서 미세 조종 값을 조절하도록 스크립트를 작성해서 좀 더 편리하게 값을 조종할 수 있게 한다.

③ 이륙과 착륙 역시 키보드를 이용해서 편리하게 조작할 수 있도록 한다.

㉠ 상단 프로젝트 버튼을 클릭 후 새로 만들기를 클릭하여 새 프로젝트를 시작한다.

㉡ 미세조종 값을 모니터링 할 수 있도록 아래와 같이 변수 블록 4개를 만든 다음 미세 조종 값들을 저장할 수 있는 스크립트를 작성한다.

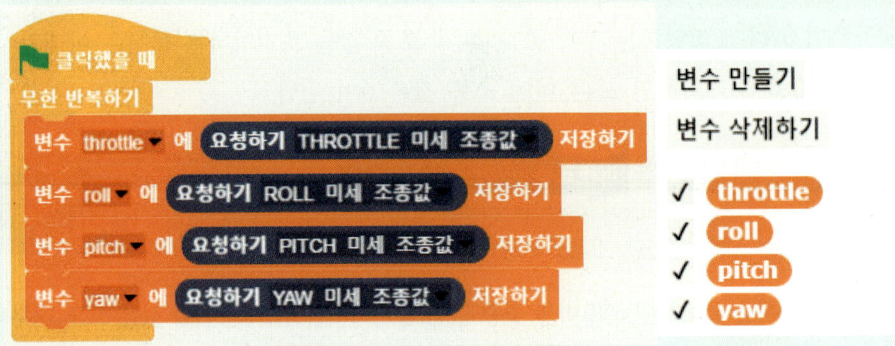

[그림 6-10] 미세조종 값을 모니터링

㉢ 키보드로 미세 조종을 할 수 있도록 아래와 같이 스크립트를 작성한다. 키 설정은 아래와 같이 한다.

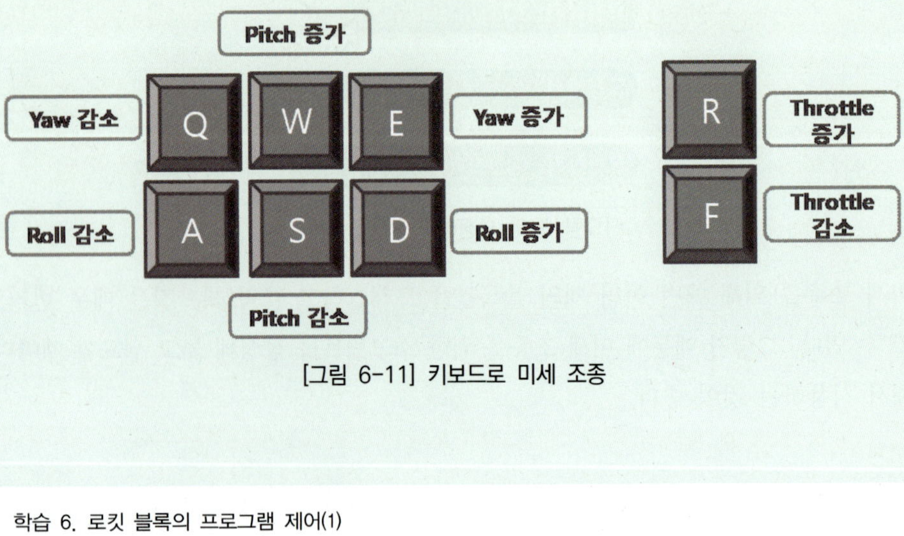

[그림 6-11] 키보드로 미세 조종

[그림 6-12] 키보드로 미세 조종(2)

㉣ 이륙과 착륙 기능도 키보드로 할 수 있도록 스크립트를 작성한다.

[그림 6-13] 이륙과 착륙 기능도 키보드로

㉤ 드론을 연결한 후 이륙을 시켜서 미세 조종을 하여 본다. 이 때 계속적으로 미세 조종 값을 관찰하기 위해서는 깃발 버튼을 클릭하여 무한 반복 부분의 스크립트를 계속 실행시켜야 한다.

04 수평 직선 비행하여 목표 지점에 도착하기를 구현한다.

① 출발 지점에서 Throttle 값을 높여서 이륙하도록 한다. 이륙할 때에는 최대한 직선으로 이륙할 수 있도록 한다.

② 이륙한 후에는 Pitch 값을 높여서 직진 비행 하도록 한다. 이 때 비행이 진행되면서 좌나 우나 틀어지지 않는 지 확인한다.

③ 목표 지점까지 직진한 후에는 착륙을 시도한다. 이때에도 최대한 직선으로 착륙하여 착륙 오차를 줄이도록 한다.

④ 이륙 지점부터 착륙지점까지의 거리는 임의로 정하되 실습을 위해서는 2m~4m 정도가 적당하다.

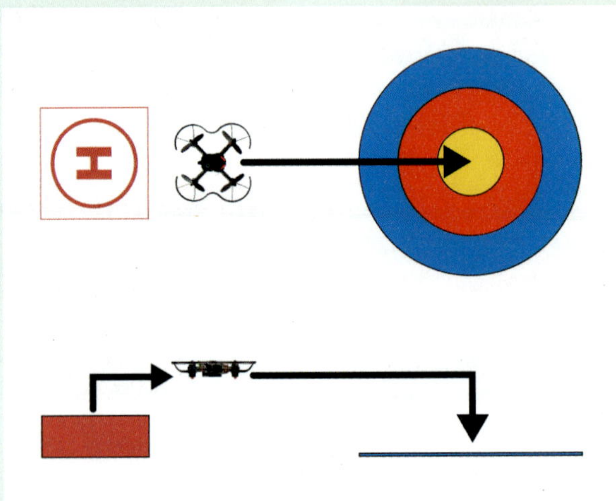

[그림 6-14] 수평 직선 비행하여 목표 지점에 도착하기

㉠ 상단 프로젝트 버튼을 클릭 후 새로 만들기를 클릭하여 새 프로젝트를 시작한다.

㉡ 스크립트를 작성하기 전에 먼저 미세 조종을 통해 호버링 상태가 최상이 될 수 있도록 한다.

㉢ 이륙 → 전진 → 하강의 순으로 비행을 경로를 정하여 스크립트를 작성한다.

㉣ 진행 방향을 바꿀 때에는 각진 움직임이 나오도록 제어하는 것이 좋다. 이를 위해서는 전에 사용했던 자세 제어 값을 0으로 클리어 하도록 한다.

㉤ 패턴 비행을 위한 스크립트는 여러 가지 형태로 작성할 수 있다. 아래 스크립트는 그 중 한 예이다.

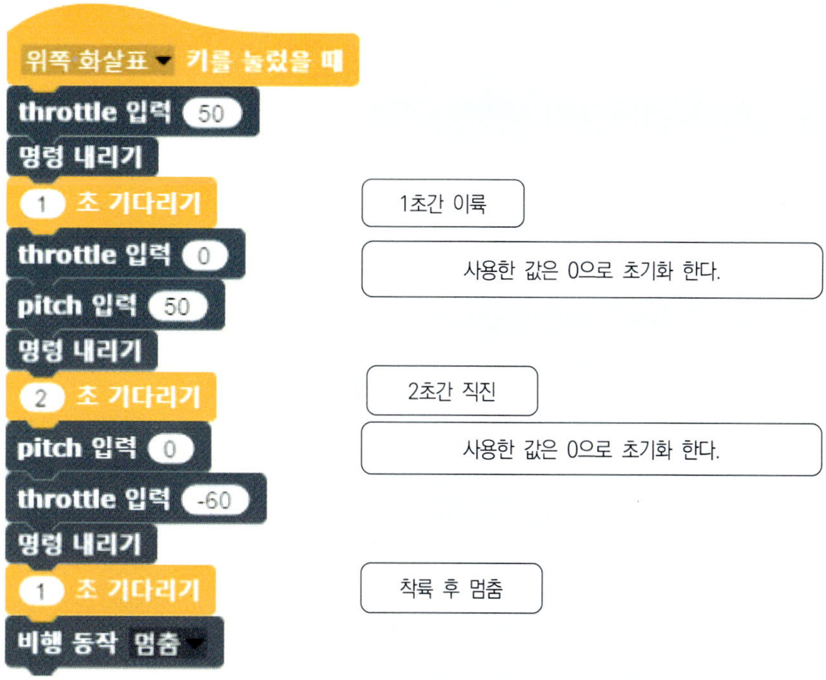

[그림 6-15] 패턴 비행을 위한 스크립트

㉥ 정상적으로 동작하지 않을 것을 대비해서 비상 착륙 기능을 만들어 둔다. 가장 빠르고 쉽게 사용자가 누를 수 있는 키 중 하나인 스페이스 키를 누를 때 드론이 멈출 수 있게 한다.

[그림 6-16] 비상 착륙 기능

㉦ 드론을 연결한 후 이륙 지점에 놓는다. 그 다음 위쪽 화살표 키를 눌러 비행을 한다.

[스크립트 설명]

드론의 전진 속도는 Pitch 값으로 조절한다. 모든 자세 제어 값들은 -100~+100까지의 값을 입력할 수 있다. 더 빠른 속도로 전진하고 싶다면 Pitch 값을 더욱 높여줄 수 있다. 목표 지점까지의 거리를 조절할 때에는 속도를 조절하기 보다는 시간을 늘려주거나 줄이는 것이 더 유리하다. 거리를 조절할 때에는 물론 다소 오차가 있기는 하지만 영상흐름 데이터 값으로 조절하는 것이 방법도 있으나 이번에는 스크립트를 최대한 단순하게 작성하기 위해 시간으로 조절하기로 한다.

05 ㄱ자 모양으로 패턴 비행하여 목표 지점에 도달하기를 구현한다.

① 출발 지점에서 Throttle 값을 높여서 이륙하도록 한다. 이륙할 때에는 최대한 직선으로 이륙할 수 있도록 한다.

② 이륙한 후에는 Pitch 값을 높여서 직진 비행 하도록 한다. 이 때 비행이 진행되면서 좌나 우나 틀어지지 않는 지 확인한다.

③ 목표 지점까지 직진한 후에는 Roll 값을 조절하여 드론의 진행 방향을 최대한 직각으로 꺾도록 한다.

④ 직각으로 꺾은 후에는 우(좌) 이동하여 목표지점에 도착한다. 좌이동시 에도 앞이나 뒤로 틀어지지 않는지 확인하여 값들을 조절한다.

⑤ 하강할 때에도 틀어지지 않게 수평으로 내려가도록 한다.

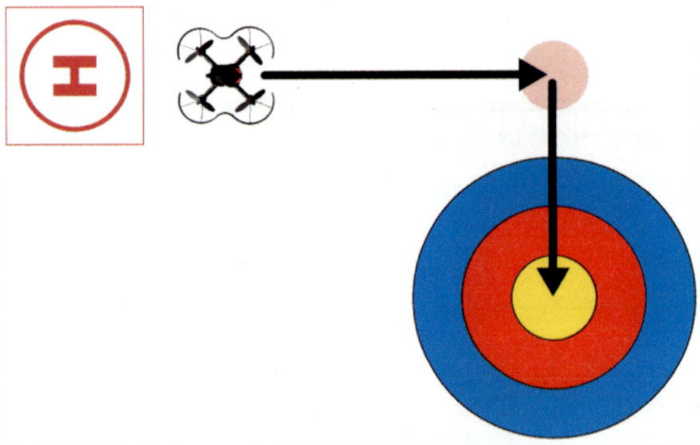

[그림 6-17] ㄱ자 모양으로 패턴 비행

㉠ 상단 프로젝트 버튼을 클릭 후 새로 만들기를 클릭하여 새 프로젝트를 시작한다.

㉡ 스크립트를 작성하기 전에 먼저 미세 조종을 통해 호버링 상태가 최상이 될 수 있도록 한다.

㉢ 이륙 → 전진 → 우(좌) 이동 → 하강의 순으로 비행을 경로를 정하여 스크립트를 작성한다.

㉣ 진행 방향을 바꿀 때에는 각진 움직임이 나오도록 제어하는 것이 좋다. 이를 위해서는 전에 사용했던 자세 제어 값을 0으로 클리어 하도록 한다.

㉤ 패턴 비행을 위한 스크립트는 여러 가지 형태로 작성할 수 있다. 아래 스크립트는 그 중 한 예이다.

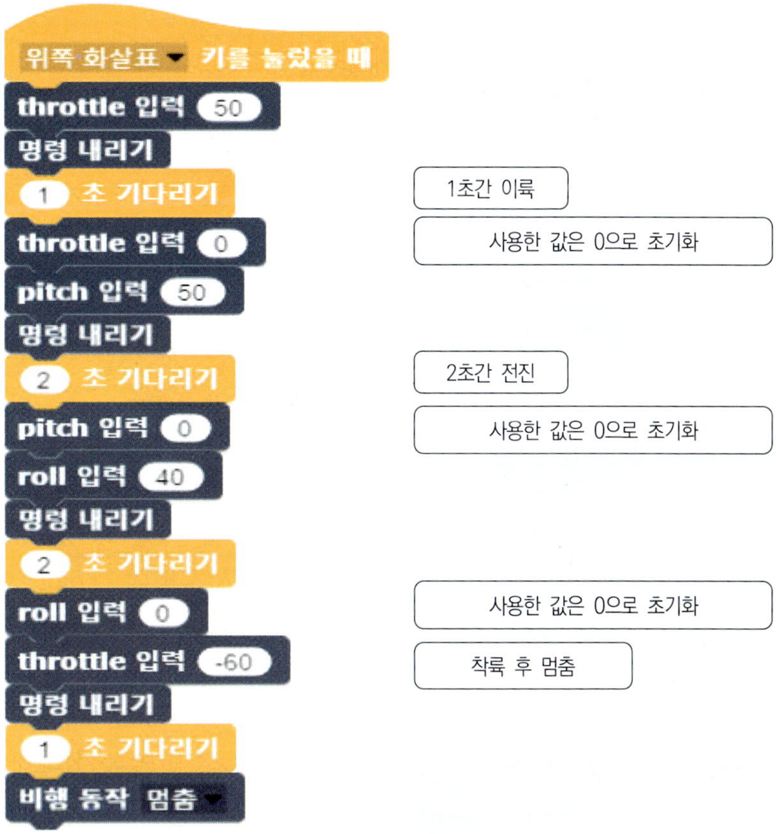

[그림 6-18] 패턴 비행을 위한 스크립트

ⓑ 정상적으로 동작하지 않을 것을 대비해서 비상 착륙 기능을 만들어 둔다. 가장 빠르고 쉽게 사용자가 누를 수 있는 키 중 하나인 스페이스 키를 누를 때 드론이 멈출 수 있게 한다.

[그림 6-19] 비상 착륙 기능

ⓢ 드론을 연결한 후 이륙 지점에 놓는다. 그 다음 위쪽 화살표 키를 눌러 비행을 한다.

[스크립트 설명]

드론의 동작이 바뀔 때 마다 전에 사용했던 자세 제어 값을 0으로 초기화 하는 것을 볼 수가 있다. **만약 0으로 초기화 하지 않는다면 전 동작에 사용했던 자세 값이 현재 제어하고 있는 자세 값과 합쳐져서 다른 방향으로 비행하게 된다.** 예를 들어 이륙 후 전진할 때 throttle값을 0으로 하지 않고 그대로 둔다면 pitch값과 함께 작용하여 전진하면서도 위로 올라가서 위로 향하는 대각선 형태의 비행을 하게 될 것이다.

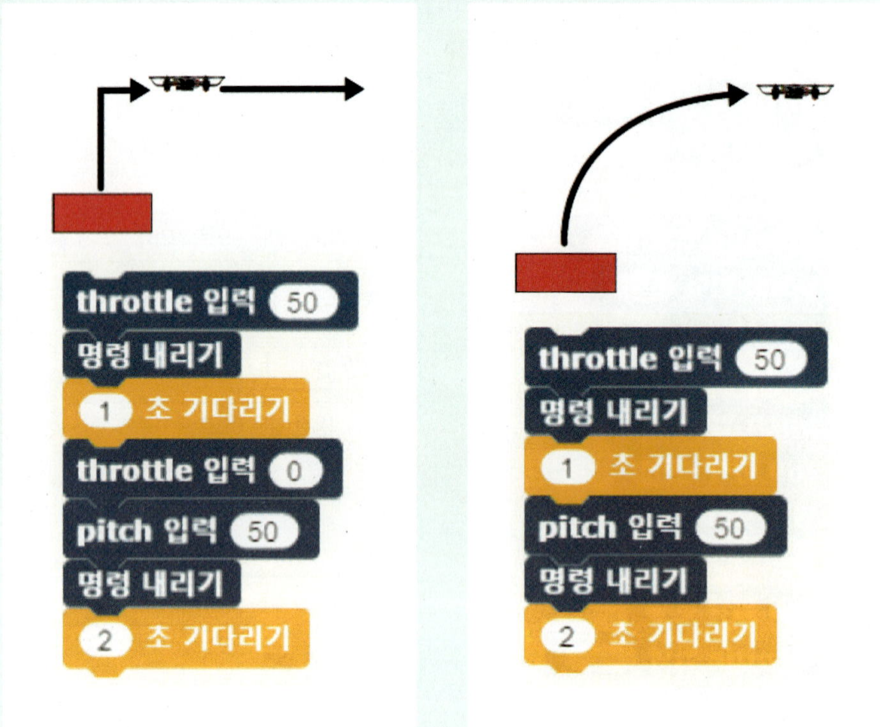

(a) Throttle을 0으로 초기화 했을 때 (b) Throttle을 초기화 하지 않았을 때

[그림 6-20] Throttle의 초기화

06 드론의 전후좌우 기울기를 애니메이션으로 표현하기를 구현하라.

① 드론의 뒷면과 옆면 그림을 스프라이트에 로드한다.

② 드론의 Roll값과 Pitch값을 입력하여 변수에 저장한다.

③ Roll값의 기울기를 관찰하고자 할 때에는 오른쪽 화살표 키를 누르면 스프라이트의 이미지가 드론의 뒷모습으로 변하고 이미지가 Roll값의 기울기에 따라 움직인다.

④ Pitch값의 기울기를 관찰하고자 할 때에는 왼쪽 화살표 키를 누르면 스프라이트의 이미지가 드론의 옆모습으로 변하고 이미지가 Pitch값의 기울기에 따라 움직인다.

㉠ 상단 프로젝트 버튼을 클릭 후 새로 만들기를 클릭하여 새 프로젝트를 시작한다.

㉡ 상단 프로젝트 버튼을 클릭 후 가져오기 선택해서 메뉴 → 모양 → robolink 항목 → codrone_back.png와 codrone_left.png를 차례대로 로드한다.

(a) codrone_back.png (b) codrone_left.png

[그림 6-21] codrone_back.png와 codrone_left.png

ⓒ 변수 탭에서 변수 만들기 버튼을 클릭하여 roll, pitch, stat 세 개의 변수블록을 생성한다.

ⓔ 아래와 같이 스크립트를 작성해서 오른쪽 화살표 키를 누를 때에 왼쪽 화살표 키를 누를 때 스프라이트의 모습이 변하는 지 확인한다.

[그림 6-22] 스크립트를 작성

[스크립트 설명]

stat 변수 값은 참 아니면 거짓 값을 갖는 진리(boolean) 변수이다. 어떤 키를 눌렀느냐에 따라 값이 변화하며 이 값에 따라 스프라이트 이미지가 바뀌게 된다. 이 stat 값이 참이면 드론의 측면 모습으로 바뀌고 stat 값이 거짓이면 드론의 뒷 모습으로 이미지가 변한다. 그리고 stat값이 변하지 않는 한 바뀐 이미지는 계속 유지된다.

ⓜ 드론의 자세 제어 값을 받아서 실제 드론 이미지를 회전 시키도록 한다. 먼저 드론을 연결하고 아래와 같은 스크립트를 작성하여 클릭하여 차례대로 실행한다(두 스크립트를 동시에 실행시켜서는 안 된다).

[그림 6-23] 드론의 측면 기울기 표현

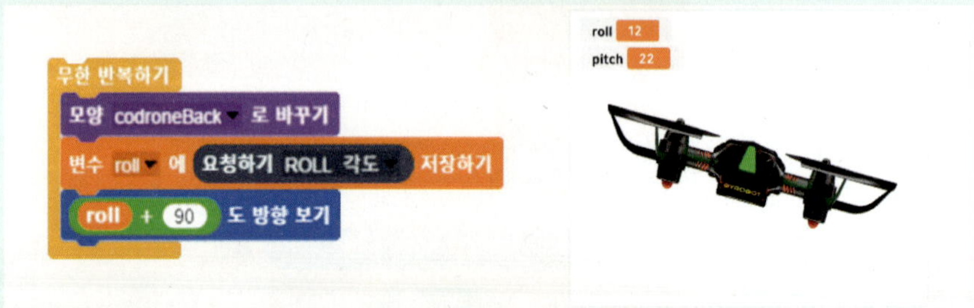

[그림 6-24] 드론의 뒷면 기울기 표현

[스크립트 설명]

피치와 롤 값은 각도(degree)로 수신되므로 그대로 '~도 방향 보기'블록에 결합하여 사용해도 좋다. 그러나 스프라이트 이미지의 영점과 실제 드론 동체의 영점은 다르므로 이 부분을 일치시키기 위해 90도씩 원래 수신 값에 더하여 이미지와 실제 드론의 영점을 맞추어 주었다.

ⓑ ⓡ항목의 스크립트와 ⓜ항목의 스크립트를 결합한다. 이 때 ⓜ항목의 스크립트에서 일부만을 드래그하여 분리해서 ⓡ에 결합하도록 한다.

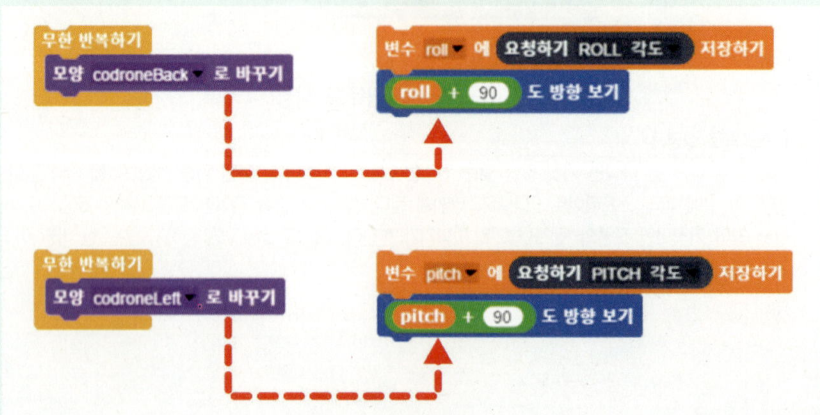

[그림 6-25] 추가하기

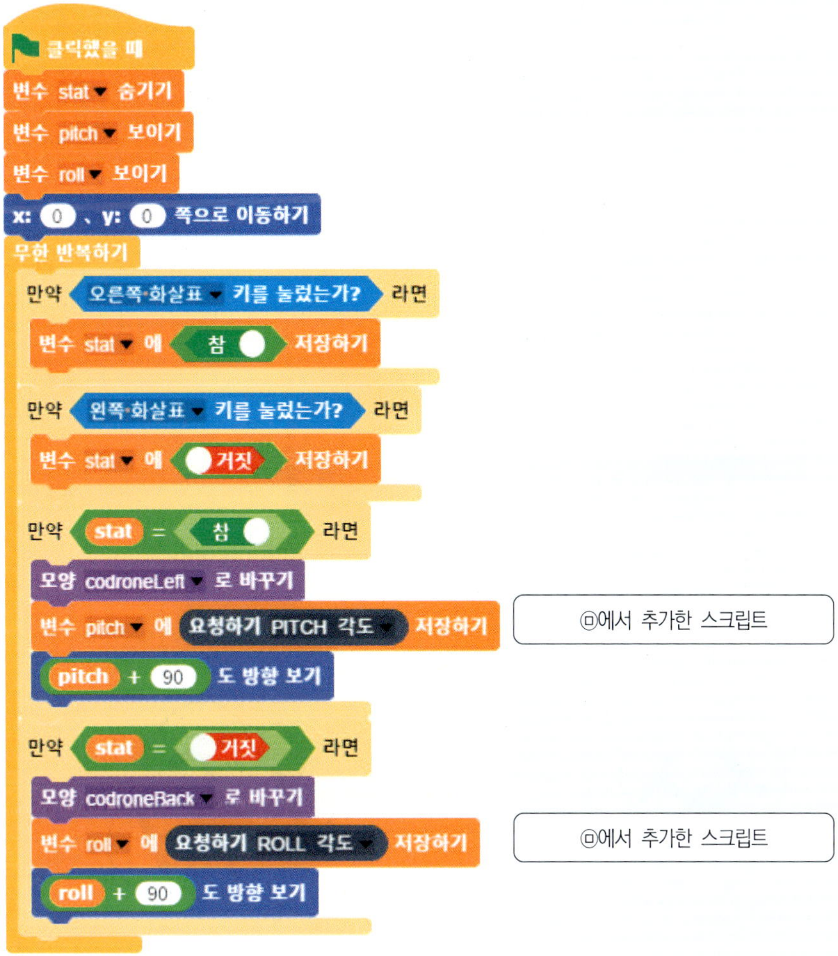

[그림 6-26] ⓞ에서 추가한 스크립트

ⓢ 드론을 연결한 후 깃발 버튼을 클릭하여 스크립트를 실행한다. 드론을 이륙시키거나 정지되어 있는 드론을 전후좌우로 기울이면서 캔버스 화면을 관찰한다.

학습 6

07 드론의 회전을 스프라이트로 나타내기를 구현하라.

① 드론의 윗면 그림을 스프라이트로 로드한다.

② 드론의 yaw값을 수신하여 변수(yaw)에 저장한다.

③ 변수에 저장한 yaw값을 이용하여 스프라이트를 회전시킨다.

④ 실제 드론의 방향과 스프라이트의 방향을 일치시키기 위해 보정 값을 더해주거나 빼준다.

㉠ 상단 프로젝트 버튼을 클릭 후 새로 만들기를 클릭하여 새 프로젝트를 시작한다.

㉡ 상단 프로젝트 버튼을 클릭 후 가져오기 선택해서 메뉴 → 모양 → robolink 항목 → codrone_up.png를 가져온다.

㉢ 변수 탭에서 변수 만들기 버튼을 클릭하여 yaw 변수 블록을 생성한다.

㉣ 아래와 같은 스크립트를 작성한다.

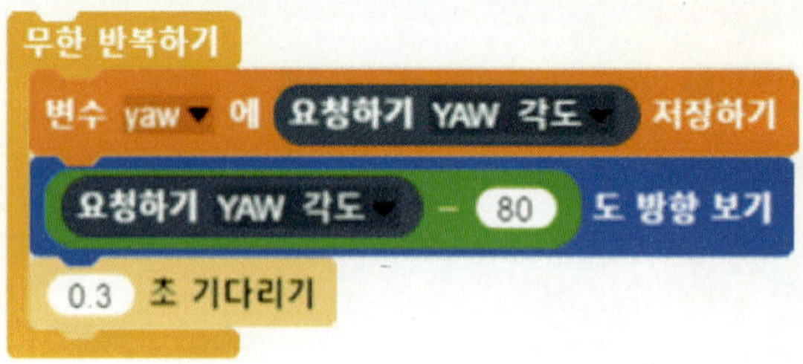

[그림 6-27] 영점을 기준으로 0~360도 각도로 출력

[스크립트 설명]
스크립트 방향을 일치시키기 위한 보정 값 -80은 사용자마다 달라질 수 있음에 유의해야 한다.

㉤ 드론을 연결한 후 깃발 버튼을 클릭하여 스크립트를 실행한다. 드론을 정지시킨 채로 손으로 잡고 왼쪽 혹은 오른쪽으로 돌리면서 스프라이트와 yaw 수신 값을 관찰해 본다.

도전과제

1) 아래 1번 블록은 드론의 배터리 상태를 퍼센트로 알려주는 블록이다. 30%이하로 떨어지면 2번 블록을 사용하여 드론과 연결된 스프라이트가 “low battery!!” 라고 말풍선으로 경고 메시지를 사용자에게 보낼 수 있도록 스크립트를 작성하여 보자.

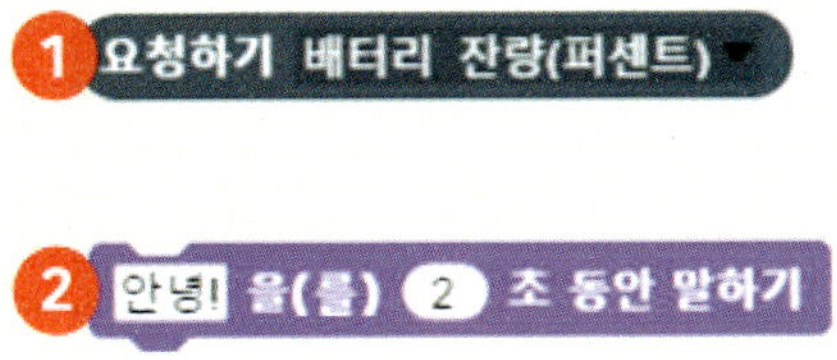

[그림 6-28] 배터리 상태를 퍼센트로 알려주는 블록

2) [그림 6-29]처럼 'ㄷ'자 모양으로 드론을 주행하여 가장 정확한 목표 지점에 도착할 수 있도록 한다. 드론의 높이는 50cm 이상의 일정한 고도로 비행하여야 한다.

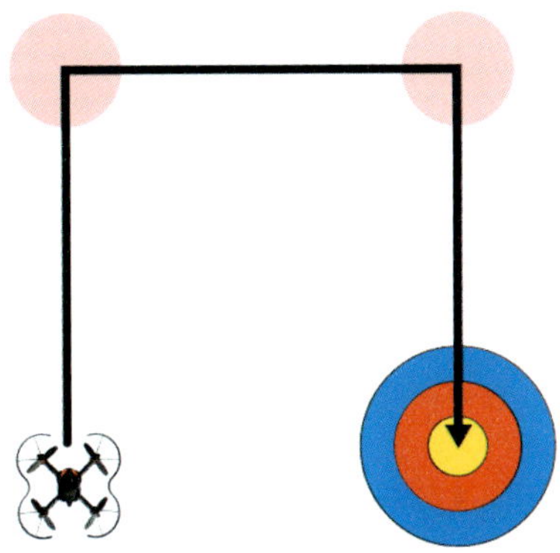

[그림 6-29] ㄷ'자 모양으로 드론을 주행

3) 아래 [그림 6-30]처럼 드론이 바닥에서부터 떠올라서 120cm 높이의 장애물을 넘어 목표지점에 도착할 수 있도록 하여 보자.

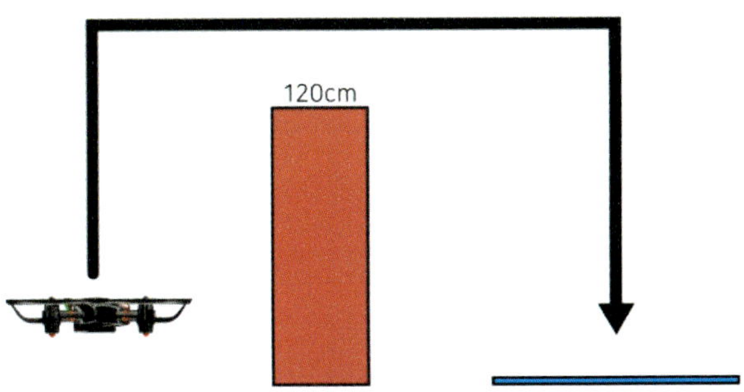

[그림 6-30] 120cm 높이의 장애물을 넘어 목표지점

4) 드론의 움직임에 따라 스프라이트를 조종할 수 있도록 스크립트를 작성해보자. 드론을 좌우로 회전하면 스프라이트 역시 좌우로 회전하고 드론을 위아래로 기울이면 스프라이트가 위아래로 움직일 수 있도록 한다. 또한 드론을 좌우로 기울이면 스프라이트도 왼쪽 혹은 오른쪽으로 움직일 수 있도록 한다.

학습활동.6 교수 · 학습 방법

교수 방법

- 로킷 브릭의 프로그램 제어(1)에 대한 관련 용어, 구성, 방식 이해 정도를 파악한 후 수업을 진행한다.
- 교수자의 주도로 로킷 브릭의 프로그램 제어(1) 등의 내용을 PPT 자료로 제시한 후 설명한다.
- 가능하면 사전에 개인별 학습 자료를 준비하여 모든 학생이 참여할 수 있는 문제 해결식 수업, 협력 수업이 가능하도록 한다.
- 로킷 브릭의 프로그램 제어(1) 전 과정을 작업의 순서에 따라 단계적으로 실습이 이루어질 수 있도록 지도한다.
- 교재를 통해 수업을 준비하는데 있어서 필요한 모든 정보나 팁, 힌트 등 도움이 될 만한 내용들을 확인할 수 있다.
- 학생들이 만들게 될 각 모델들은 수업시간에 중점적으로 다뤄질 부분과 어휘, 질문, 답을 포함하고 있으며 또한 탐구할만한 추가적인 아이디어들도 포함하고 있다.

학습 방법

- 로킷 브릭의 프로그램 제어(1)에 대한 관련 용어를 숙지하고, 드론의 제어 및 코딩에 대해 이해한다.
- 로킷 브릭의 프로그램 제어(1)의 각 단계별 중점 사항을 체계적으로 학습한다.
- 로킷 브릭의 프로그램 제어(1)의 수행순서의 전 과정을 실습한다.
- 로킷 브릭의 프로그램 제어(1)의 내용을 이해한다.
- 로킷 브릭의 프로그램 제어(1)를 이해하고 숙달이 될 때까지 학습한다.

학습활동.6 평가 및 피드백

평가 준거

- 평가자는 피평가자가 수행 준거 및 평가 내용에 제시되어 있는 내용을 성공적으로 수행할 수 있는 지를 평가해야 한다.

학습내용	평가항목	성취수준		
		상	중	하
로킷 브릭의 프로그램 제어(1)	로킷 브릭의 프로그램 제어(1)를 이해할 수 있다.			

평가 방법

• 작업 포트폴리오

학습내용	평가항목	성취수준		
		상	중	하
로킷 브릭의 프로그램 제어(1)	로킷 브릭의 프로그램 제어(1)를 이해할 수 있다.			

학습 6

• 필기시험

학습내용	평가항목	성취수준		
		상	중	하
로킷 브릭의 프로그램 제어(1)	로킷 브릭의 프로그램 제어(1)를 이해할 수 있다.			

• 체크리스트를 통한 관찰

학습내용	평가항목	성취수준		
		상	중	하
로킷 브릭의 프로그램 제어(1)	로킷 브릭의 프로그램 제어(1)를 이해할 수 있다.			

• 피드백

1. 작업 포트폴리오
   – 제출한 보고서를 평가한 후 주요 사항에 대하여 표시하여 돌려준다.
2. 필기 시험
   – 평가 결과 성적이 저조한 학생은 보고서 제출 기회를 부여한다.
3. 체크리스트를 통한 관찰
   – 실습 과정에서 평가한 후 개선해야 할 사항 등을 정리하여 돌려둔다.

학습 1	드론의 이해
학습 2	드론 시뮬레이터의 기초제어
학습 3	드론 시뮬레이터의 응용제어
학습 4	로킷 브릭의 기초
학습 5	로킷 브릭의 응용
학습 6	로킷 브릭의 프로그램 제어(1)
학습 7	**로킷 브릭의 프로그램 제어(2)**
학습 8	로킷 시뮬레이터의 구성 및 응용
학습 9	코드론을 위한 아두이노 설정
학습 10	코드론을 위한 아두이노 이해
학습 11	코드론을 위한 아두이노 기초 프로그래밍(1)
학습 12	코드론을 위한 아두이노 기초 프로그래밍(2)
학습 13	코드론을 위한 아두이노 응용 프로그래밍(1)
학습 14	코드론을 위한 아두이노 응용 프로그래밍(2)
부록	H/W, S/W 유지보수

학습 목표	7. 드론을 제어할 수 있는 여러 가지 프로그램을 작성하고 테스트 하면서 드론의 각종 센서에 대한 사용법과 비행 원리에 대해 더욱 깊이 이해할 수 있다.

7-1 고도 센서 응용 제어

드론이 비행할 때 고도를 측정하는 방법에는 다음과 같은 세 가지 센서 중 하나 이상을 사용한다.

1. 기압 센서

기압 센서는 다른 센서들에 비해 높은 고도까지 측정할 수 있으나 오차가 많고 온도 센서와 보정 데이터들을 조합하여 사용해야 의미있는 측정치를 얻을 수 있는 번거로움이 있다.

2. 초음파 센서

초음파 센서는 초음파가 물체에 부딪쳐 반사되는 시간을 측정하여 고도를 측정하는 방식으로서 드론에 가장 많이 사용되는 방식이나 굴절이 잘 되고 (초)소형 드론이 사용하기에는 센서의 크기나 전류 소비량이 큰 편이다.

3. 적외선 센서

코드론에서는 다음 그림과 같은 적외선 센서를 사용하여 고도를 측정한다.

코드론에 사용된 적외선 센서는 최대 2m의 고도를 측정할 수 있으며 저전력에 작은 크기의 SMD(표면 실장 방식)형식으로 부착되어 있어 빛의 간섭이 적은 실내용 소형 드론에 사용하기 적합하다.

[그림 7-1] 적외선 센서의 위치

드론을 연결한 후 [그림 7-2]과 같이 요청하기 블록 옵션을 '고도'로 선택하고 클릭하면 적외선 센서의 값을 관찰할 수 있다.

[그림 7-2] 요청하기 블록 옵션

7-2 PC 인터페이스(키보드, 마우스) 응용 제어

로킷 브릭은 PC와 드론이 실시간(Real Time)으로 연동하면서 드론을 제어하는 방식이기 때문에 PC에서 사용할 수 있는 키보드와 마우스 같은 유저 인터페이스(User Interface) 장치를 사용하여 드론을 제어할 수 있다.

1. 키보드로 제어하기

사용자 인터페이스 중 키보드 사용에 대한 블록은 관찰 탭에서 발견할 수 있다.

[그림 7-3] 키보드 사용 블록

마름모 형태의 블록은 조건 블록으로서 보통 조건 블록이나 반복 블록에 결합하여 사용한다. 특히 '~키를 눌렀는가' 블록은 선택한 키가 눌렸을 경우에는 '참'을 그렇지 않은 경우에는 '거짓'을 출력하여 준다.

다음의 스크립트는 키보드로 드론 모양의 스프라이트를 전후좌우 네 방향으로 움직이게 해준다.

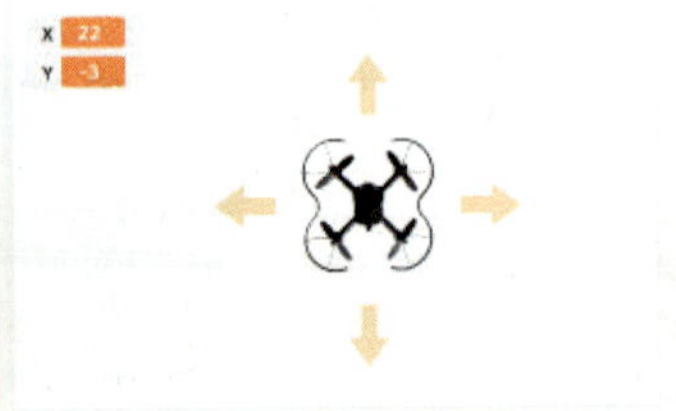

[스크립트 설명]

❶ 먼저 어떤 키든 입력된 키가 있는지를 검사한다. 어떤 키도 입력된 것이 없다면 어떠한 동작도 하지 않는다.

❷ 키들 중에 눌러진 것이 있다면 방향키들이 눌러졌는지를 검사해서 좌표 값을 계산한다.

❸ 계산한 좌표에 스프라이트를 위치시킨다.
참고로 여기서의 좌표는 캔버스의 중앙을 영점으로 갖는 직교 좌표계임을 잊지 않도록 하자.

[그림 7-4] 드론 모양의 스프라이트를 전후좌우 네 방향으로 이동

2. 키보드+마우스로 제어하기

마우스의 상태에 대해 알려주는 블록들 역시 키보드처럼 관찰 탭에서 가져올 수 있다.

〈표 7-1〉 마우스의 상태를 알려주는 블록

블록	블록 기능
마우스를 클릭했는가?	마우스 버튼을 클릭했는지를 참 혹은 거짓으로 알려준다. 캔버스 영역 밖에서의 클릭도 감지해준다.
마우스의 x좌표 마우스의 y좌표	마우스의 X, Y좌표 값을 소수점이 있는 실수 값으로 알려준다. 캔버스의 중심을 기준으로 하는 직교 좌표계의 값을 갖고 있으며 이 영점을 기준으로 캔버스 영역 밖에서의 좌표까지 포함한다.

다음 스크립트를 실행하면 캔버스 이곳저곳을 클릭하면 스프라이트가 클릭한 위치로 이동하는 것을 볼 수 있다.

마우스의 좌표 값은 저장하는 '마우스 X좌표' '마우스 Y좌표' 블록은 항상 현재 마우스의 위치(좌표)값을 갖고 있으며 계속 값을 갱신하고 있으나 위의 스크립트에서는 마우스를 클릭했을 때에만 마우스의 좌표 값을 스프라이트에 적용하여 이동시키도록 하였다.

[그림 7-5] 키보드+마우스로 제어하기

수행 내용

재료 · 자료

- Rokit Brick, 드론의 제어 및 코딩 관련 자료

기기(장비 · 공구)

- 컴퓨터, 코드론, BLE 보드, USB케이블

안전 · 유의사항

- 컴퓨터, 코드론, BLE 보드의 전원을 관리한다.

수행 순서

01 적외선 고도 측정 센서의 값을 캔버스에 나타내기(1)를 구현하라.

1) 펜을 내려 그림을 그릴 준비를 한다.
2) 고도 센서 값을 읽은 후 캔버스 아래 중앙으로부터 위로 선을 그린다.
3) 선의 길이는 고도 센서의 값에 비례하여 그릴 수 있도록 한다.
4) 선을 그린 후에는 센서 값도 그래프 옆에 표시하여 숫자로도 센서 값을 파악할 수 있도록 한다.

① 상단 프로젝트 버튼을 클릭 후 새로 만들기를 클릭하여 새 프로젝트를 시작한다.

② 펜 탭을 클릭하여 아래와 같이 블록들의 기능을 살펴본다.

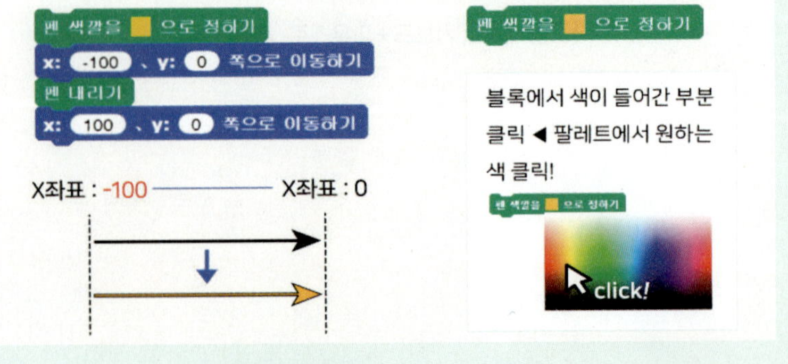

[그림 7-6] 선색 변경하여 선긋기

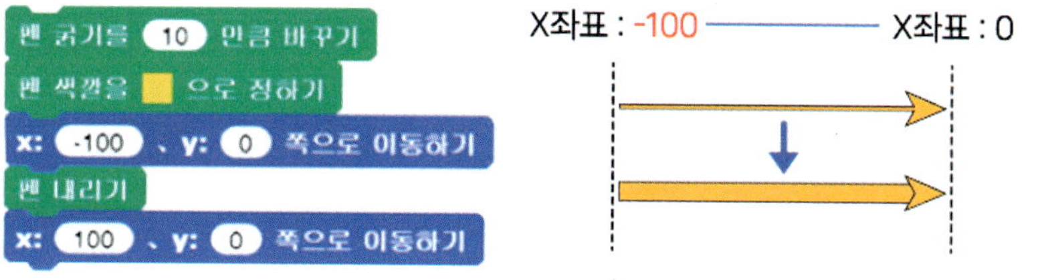

[그림 7-7] 두께를 변경하여 선 긋기

③ 변수 탭에서 변수 만들기 버튼을 클릭하여 ALT, HEIGHT 두 개의 변수블록을 생성한다.

④ 아래와 같이 스크립트를 작성한다.

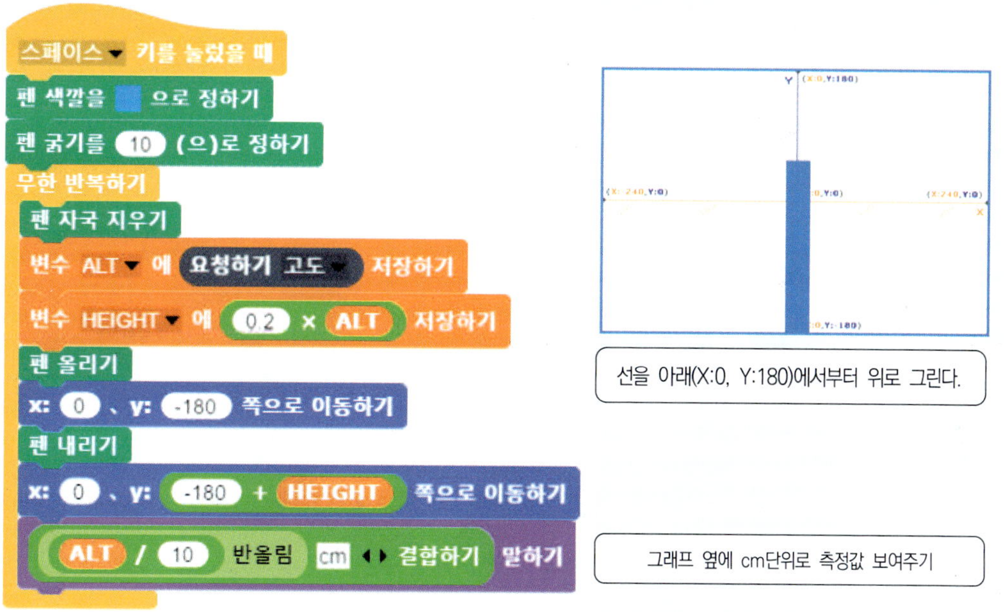

[그림 7-8] 적외선 고도 측정 센서의 값을 캔버스에 나타내기(1) 스크립트 작성

[스크립트 설명]

고도에 0.2를 곱하여 좌표에 범위 내에 표현될 수 있는 값으로 변환한다. 이렇게 해서 막대가 좌표의 범위를 넘지 않도록 한다.

⑤ 드론을 연결한 후 깃발 버튼을 클릭하여 스크립트를 실행한다. 드론을 손으로 잡고 물체들과 드론과의 거리를 재어 본다.

학습 7

02 적외선 고도 측정 센서의 값을 캔버스에 나타내기(2)를 구현하라.

1) 펜을 내려 그림을 그릴 준비를 한다.
2) 고도 센서 값을 읽은 후 캔버스 아래 왼쪽으로부터 위로 선을 그린다.
3) 선의 길이는 고도 센서의 값에 비례하여 그릴 수 있도록 한다.
4) 선을 그린 후에는 값도 그래프 옆에 표시하여 숫자로도 센서 값을 파악할 수 있도록 한다.
5) 그래프를 그린 후에는 X 좌표 값을 증가시켜 다시 선을 그려나간다.

① 상단 프로젝트 버튼을 클릭 후 새로 만들기를 클릭하여 새 프로젝트를 시작한다.

② 변수 탭에서 변수 만들기 버튼을 클릭하여 ALT, HEIGHT X 세 개의 변수블록을 생성한다.

[그림 7-9] ALT, HEIGHT X 세 개의 변수블록을 생성

③ 아래와 같이 스크립트를 작성한다.

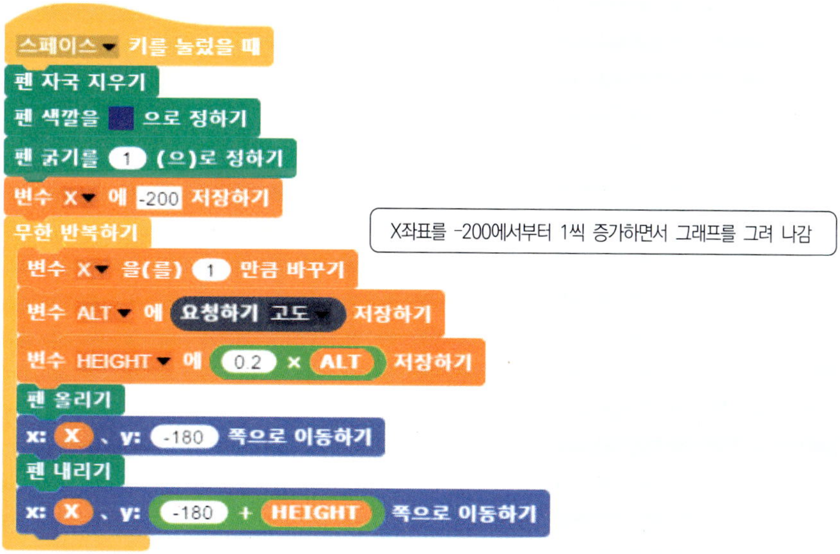

[그림 7-10] 적외선 고도 측정 센서의 값을 캔버스에 나타내기(2)스크립트 작성

④ ③의 스크립트에 아래 붉은색 네모 부분의 스크립트 추가하기

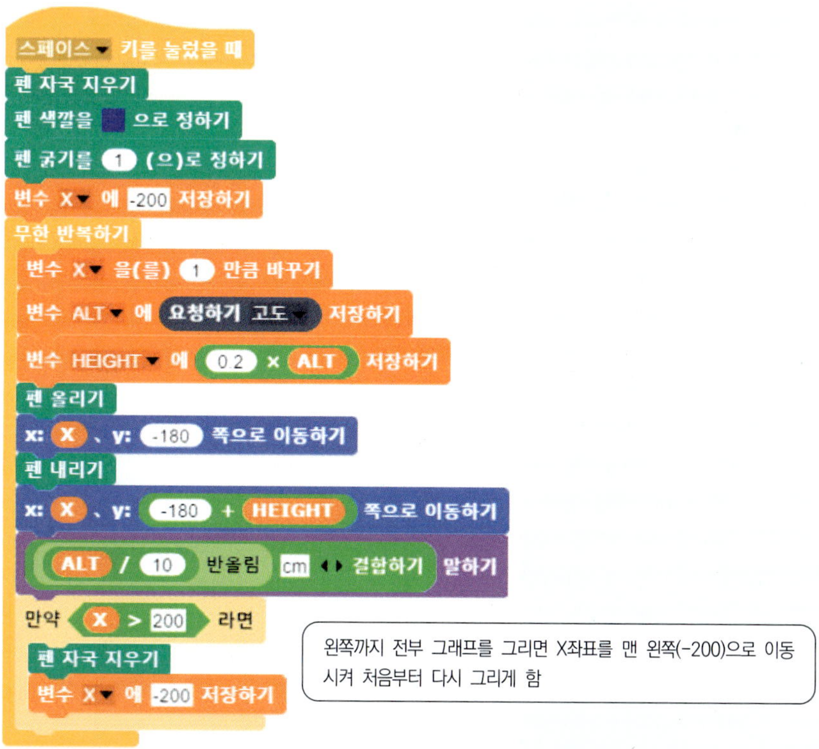

[그림 7-11] 붉은색 네모 부분의 스크립트 추가

학습
7

[스크립트 설명]
변수 X를 이용하여 좌표를 이동시키면서 그래프를 그린다. 이렇게 해서 시간에 따라 측정값이 변화하는 그래프를 그릴 수 있게 된다.
이 때 한 번 반복할 때마다 X를 얼마나 증가할 것인가에 따라

⑤ 첫 번째 예제와 마찬가지로 드론을 연결한 후 깃발 버튼을 클릭하여 스크립트를 실행한다. 드론을 손으로 잡고 물체들과 드론과의 거리를 재어 본다.

03 키보드로 드론 조종하기를 구현하라.

1) 임의의 키가 눌러졌는지 검사한다.
2) 드론 조종 키들이 눌려진 경우엔 눌려진 시간에 비례하여 자세 제어 각도들을 증가시키거나 감소시키도록 한다. 이 후 계산된 자세 제어 각도 값을 적용하여 드론에게 명령을 내린다.
3) 키가 눌러지지 않은 경우에는 모든 자세 제어 각도를 0으로 하여 드론에게 전송해서 드론이 호버링을 하도록 유도한다.
4) 선을 그린 후에는 센서 값도 그래프 옆에 표시하여 숫자로도 센서 값을 파악할 수 있도록 한다.

① 상단 프로젝트 버튼을 클릭 후 새로 만들기를 클릭하여 새 프로젝트를 시작한다.

② 변수 탭에서 변수 만들기 버튼을 클릭하여 Pitch, Roll, Yaw, Throttle, Inc 다섯 개의 변수블록을 생성한다.

roll	Roll 값을 저장. 키를 누를 때 -100 ~ 100사이에서 변화
pitch	Pitch 값을 저장. 키를 누를 때 -100 ~ 100사이에서 변화
yaw	Yaw 값을 저장. 키를 누를 때 -100 ~ 100사이에서 변화
throttle	Throttle 값을 저장. 키를 누를 때 -100 ~ 100사이에서 변화
inc	키를 눌렀을 때 각 자세 제어 값의 변화량. 값이 커질수록 자세 제어 값들이 빠르게 변화하게 된다.

③ 자세 제어 값에 따른 키보드 설정 : 각 자세 제어 값마다 감소와 증가 2개의 키를 사용하게 된다. 예를 들어 w 키는 눌렸을 때 Throttle값의 상승을, s 키는 Throttle 값이 하강하게 한다.

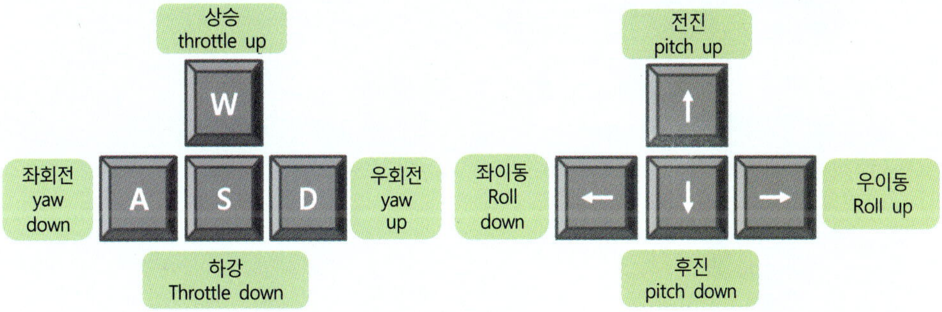

[그림 7-12] 자세 제어 값에 따른 키보드 설정

④ 아래와 같은 스크립트를 작성한다.

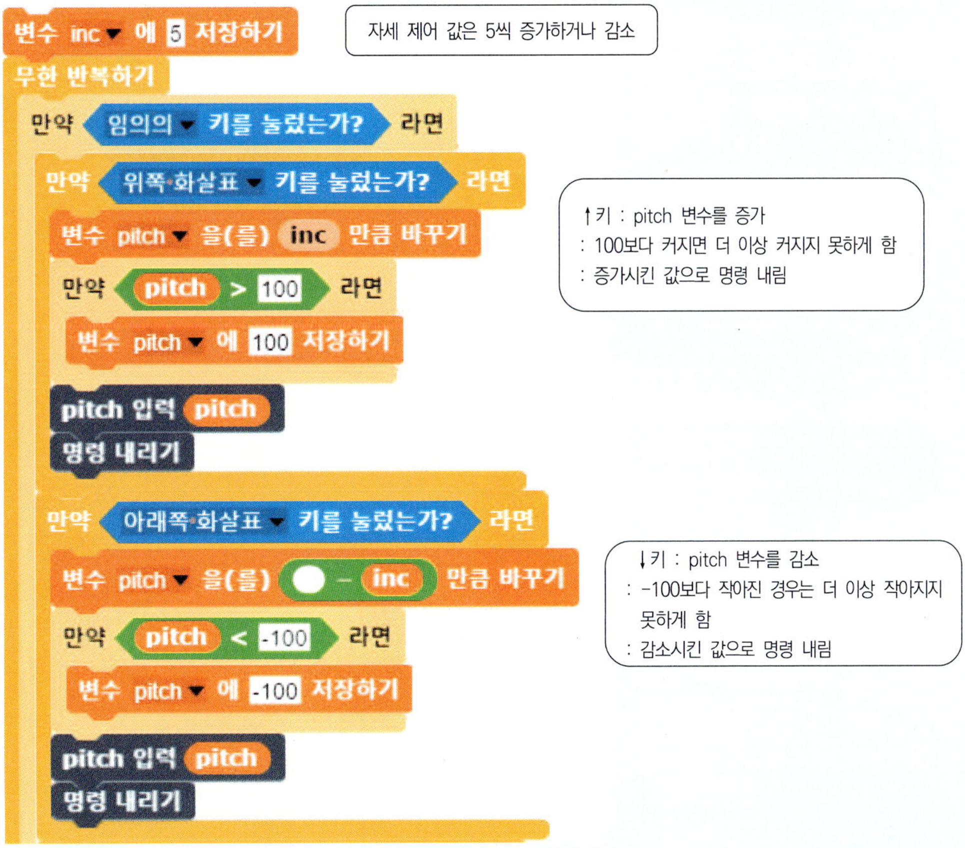

[그림 7-13] 키보드로 드론 조종하기(1) 스크립트 작성

학습 7

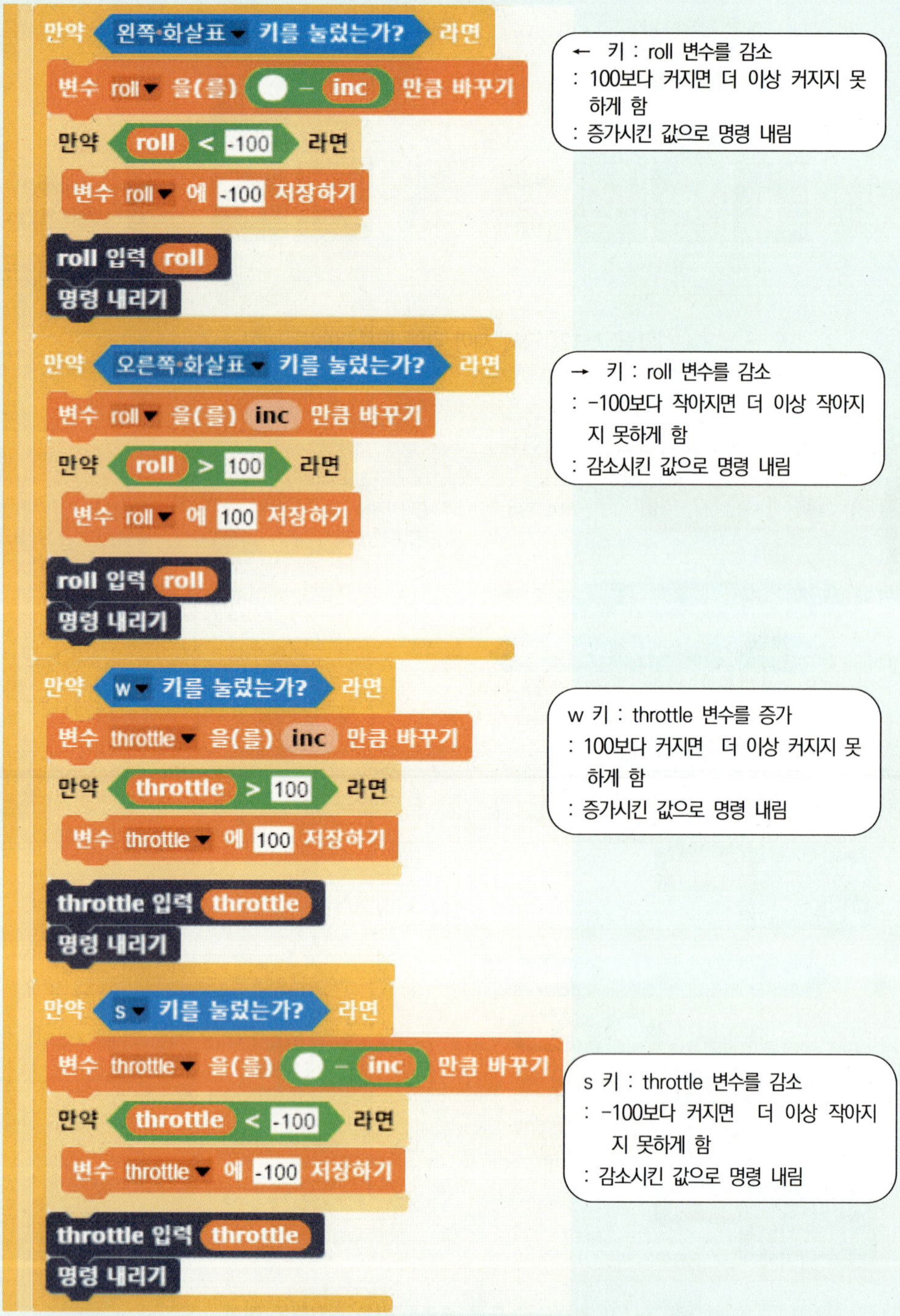

[그림 7-14] 키보드로 드론 조종하기(2) 스크립트 작성

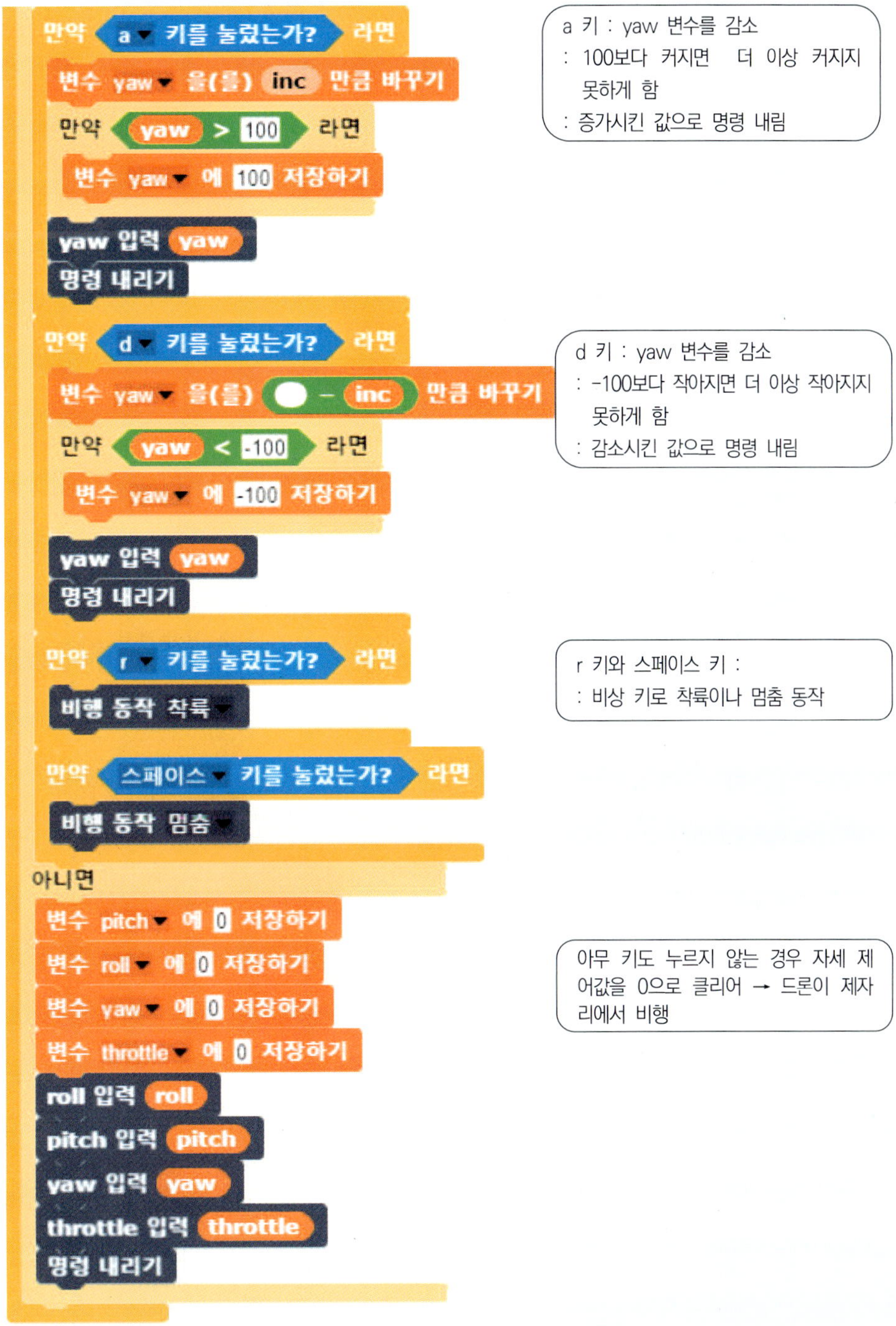

[그림 7-15] 키보드로 드론 조종하기(3) 스크립트 작성

[스크립트 설명]

무한반복 블록 안에 어떤 키든 눌려졌는지를 판단하는 조건 선택 블록이 들어가 있고 그 안에 또 어떤 키들이 눌려졌는지 검사하는 블록이 들어가 있는 형태의 스크립트이다. 어떤 키도 누르지 않은 경우에는 드론을 제자리에서 호버링 하기 위해 자세 제어 값을 모두 0으로 하여 전송하였다.

⑤ 드론을 연결한 후 스크립트를 클릭하여 실행한다. 먼저 w 키를 눌러 이륙을 한 후 다른 키를 사용하여 조종을 한다.

04 마우스로 드론 점프시키기를 구현하라.

1) 캔버스 중심에는 동그란 풍선 모양의 스프라이트가 놓여져 있다.
2) 마우스로 캔버스를 클릭하면 그 방향으로 풍선 모양이 움직인다.
3) 이 때 드론 역시 저공으로 비행하여 동일한 방향으로 움직인다. 이 때 마우스 버튼을 떼면 드론도 비행을 멈추게 되면서 점프를 하는 것과 같은 효과를 낸다.
4) 마우스 버튼을 떼면 스프라이트 역시도 영점으로 돌아가게 된다.

① 상단 프로젝트 버튼을 클릭 후 새로 만들기를 클릭하여 새 프로젝트를 시작한다.

② 변수 탭에서 변수 만들기 버튼을 클릭하여 mouseX, mouseY 두 개의 변수블록을 생성한다.

③ 메뉴 → 모양 → things 카테고리에서 Ball 시리즈 모양을 클릭하여 가져온다(다른 모양도 상관없음).

[그림 7-16] Ball 시리즈 모양을 클릭

④ 아래 스크립트를 작성한다.

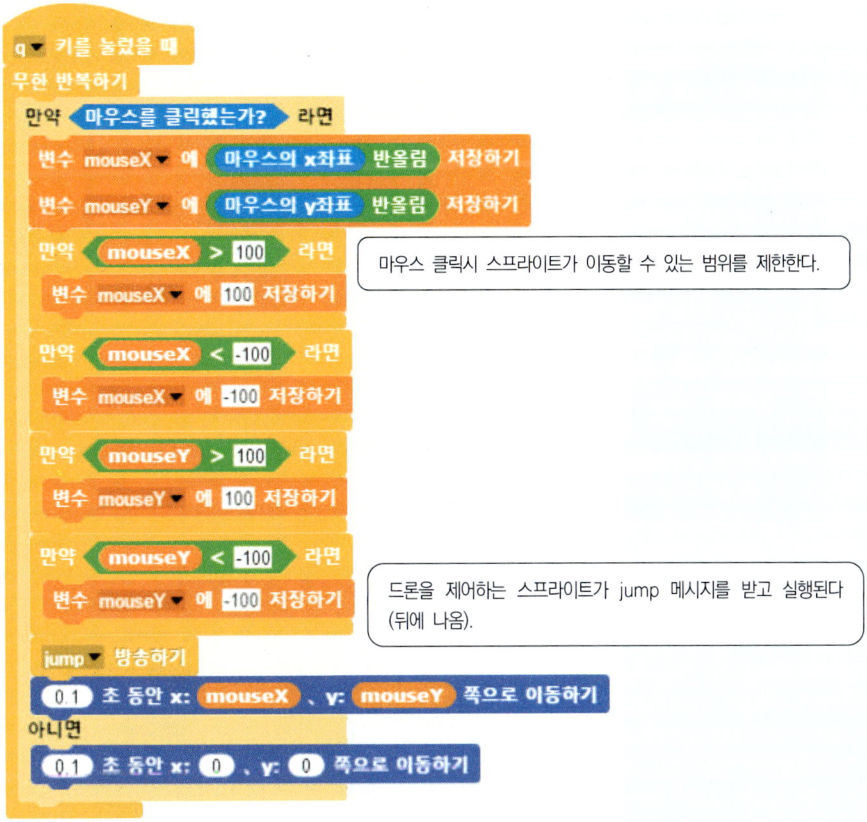

[그림 7-17] 마우스로 드론 점프시키기 스크립트 작성

[스크립트 설명]

마우스가 클릭되었을 때 공 모양 스프라이트는 마우스 좌표로 이동하지만 한계가 있어서 어느 이상 이동하지는 않으며 좌표 값을 저장할 때에도 -100~100 사이의 값만을 저장하게 된다.

⑤ q 키를 눌러 스크립트를 실행하여 보고 마우스로 스프라이트 부근을 클릭하여 보자. 공이 클릭하는 방향대로 움직이게 될 것이다.

⑥ 아래 스크립트를 작성한다.

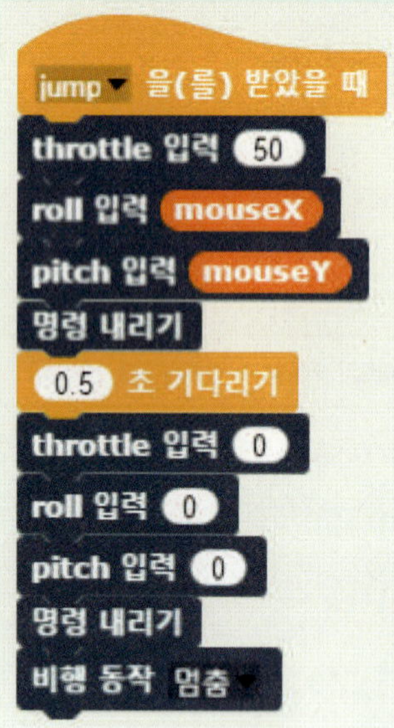

마우스의 좌표 값이 roll과 pitch에 적용되면서 드론이 나아갈 방향을 결정한다.

[그림 7-18] 스크립트 작성

[스크립트 설명]
jump 메시지를 받으면 실행되며 드론이 점프하는 효과를 내기 위해 저공비행 할 수 있도록 0.5초의 기다리기 시간을 주었다.

⑦ 드론을 연결하고 q키를 눌러 스크립트를 실행한 후 스프라이트 부근을 마우스로 클릭하여 본다. 이 때 다양한 방향으로 클릭하여 실제로 드론이 클릭한 방향으로 움직이는지 보도록 한다.

도전과제

① 드론이 비행할 때 드론의 아래쪽에 손을 대면 드론이 손으로 착륙할 수 있도록 스크립트를 작성하여 보자(고도 감지 기능을 사용할 것).

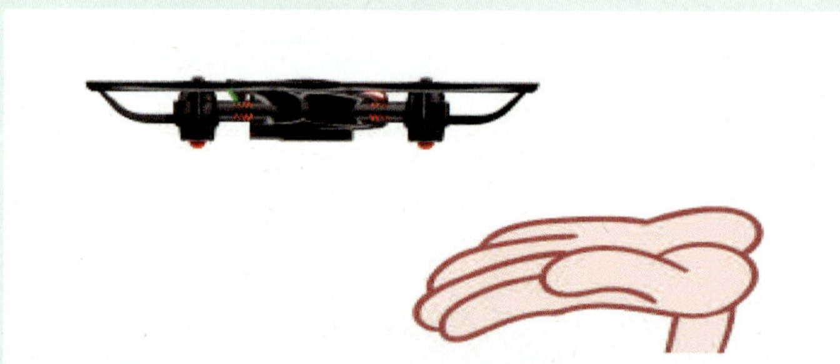

[그림 7-19] 손바닥에 착륙

② 드론이 전진하다가 벽을 감지하면 더 이상 앞으로 나아가지 않고 벽 부근에 착륙할 수 있도록 스크립트를 작성하여 보자(고도 감지 기능을 사용할 것).

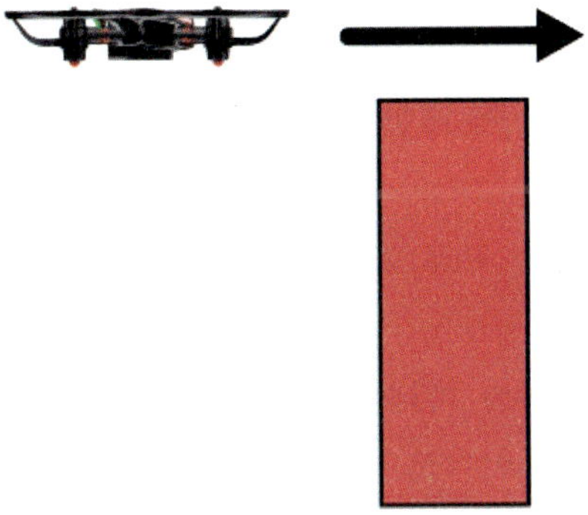

[그림 7-20] 벽 부근에 착륙

③ 키보드로 드론 조종하기 스크립트에 미세조종도 키보드로 할 수 있도록 기능을 추가해 보자. 미세조종 시 키보드 설정은 아래와 같다.

U : roll감소 | I : pitch 증가 | O : roll 증가
J : 쓰로틀 증가 | K : 피치 감소 | L : 쓰로틀 감소

[그림 7-21] 미세조종 키보드 설정

④ 마우스로 스프라이트를 클릭하면 드론이 위로 올라가도록 하여 보자. 이 때 빠르게 누르면 누를수록 위로 올라가는 힘이 세지고 그렇지 않은 경우는 가라앉도록 하는 드론으로 하는 펌프 게임을 만들어보자.

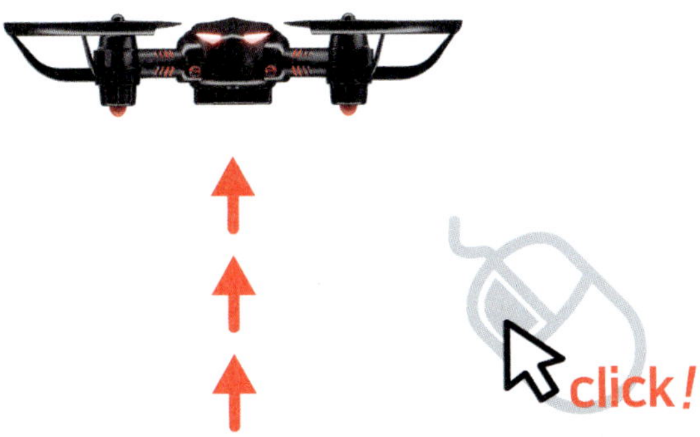

[그림 7-22] 마우스로 스프라이트를 클릭하면 드론이 위로 올라가도록 구현

학습활동.7 교수 · 학습 방법

교수 방법

- 로킷 브릭 프로그램 제어(2)에 대한 관련 용어, 구성, 방식 이해 정도를 파악한 후 수업을 진행한다.
- 교수자의 주도로 로킷 브릭 프로그램 제어(2) 등의 내용을 PPT 자료로 제시한 후 설명한다.
- 가능하면 사전에 개인별 학습 자료를 준비하여 모든 학생이 참여할 수 있는 문제 해결식 수업, 협력 수업이 가능하도록 한다.
- 로킷 브릭 프로그램 제어(2) 전 과정을 작업의 순서에 따라 단계적으로 실습이 이루어질 수 있도록 지도한다.
- 교재를 통해 수업을 준비하는데 있어서 필요한 모든 정보나 팁, 힌트 등 도움이 될 만한 내용들을 확인할 수 있다.
- 학생들이 만들게 될 각 모델들은 수업시간에 중점적으로 다뤄질 부분과 어휘, 질문, 답을 포함하고 있으며 또한 탐구할만한 추가적인 아이디어들도 포함하고 있다.

학습 방법

- 로킷 브릭 프로그램 제어(2)에 대한 관련 용어를 숙지하고, 로킷 브릭 프로그램 제어(2)에 대해 이해한다.
- 로킷 브릭 프로그램 제어(2)의 각 단계별 중점 사항을 체계적으로 학습한다.
- 로킷 브릭 프로그램 제어(2)의 수행순서의 전 과정을 실습한다.
- 로킷 브릭 프로그램 제어(2)의 내용을 이해한다.
- 로킷 브릭 프로그램 제어(2)를 이해하고 숙달이 될 때까지 학습한다.

학습활동.7 평가 및 피드백

평가 준거

- 평가자는 피평가자가 수행 준거 및 평가 내용에 제시되어 있는 내용을 성공적으로 수행할 수 있는 지를 평가해야 한다.

학습내용	평가항목	성취수준		
		상	중	하
로킷 브릭 프로그램 제어(2)	로킷 브릭 프로그램 제어(2)를 이해할 수 있다.			

평가 방법

- 작업 포트폴리오

학습내용	평가항목	성취수준		
		상	중	하
로킷 브릭 프로그램 제어(2)	로킷 브릭 프로그램 제어(2)를 이해할 수 있다.			

- 필기시험

학습내용	평가항목	성취수준		
		상	중	하
로킷 브릭 프로그램 제어(2)	로킷 브릭 프로그램 제어(2)를 이해할 수 있다.			

- 체크리스트를 통한 관찰

학습내용	평가항목	성취수준		
		상	중	하
로킷 브릭 프로그램 제어(2)	로킷 브릭 프로그램 제어(2)를 이해할 수 있다.			

- 피드백

1. 작업 포트폴리오
   - 제출한 보고서를 평가한 후 주요 사항에 대하여 표시하여 돌려준다.
2. 필기시험
   - 평가 결과 성적이 저조한 학생은 보고서 제출 기회를 부여한다.
3. 체크리스트를 통한 관찰
   - 실습 과정에서 평가한 후 개선해야 할 사항 등을 정리하여 돌려둔다.

학습 1	드론의 이해
학습 2	드론 시뮬레이터의 기초제어
학습 3	드론 시뮬레이터의 응용제어
학습 4	로킷 브릭의 기초
학습 5	로킷 브릭의 응용
학습 6	로킷 브릭의 프로그램 제어(1)
학습 7	로킷 브릭의 프로그램 제어(2)
학습 8	**로킷 시뮬레이터의 구성 및 응용**
학습 9	코드론을 위한 아두이노 설정
학습 10	코드론을 위한 아두이노 이해
학습 11	코드론을 위한 아두이노 기초 프로그래밍(1)
학습 12	코드론을 위한 아두이노 기초 프로그래밍(2)
학습 13	코드론을 위한 아두이노 응용 프로그래밍(1)
학습 14	코드론을 위한 아두이노 응용 프로그래밍(2)
부록	H/W, S/W 유지보수

학습 목표	8. 로킷 시뮬레이터의 구성 및 응용을 이해할 수 있다.

8-1 로킷 시뮬레이터의 개요

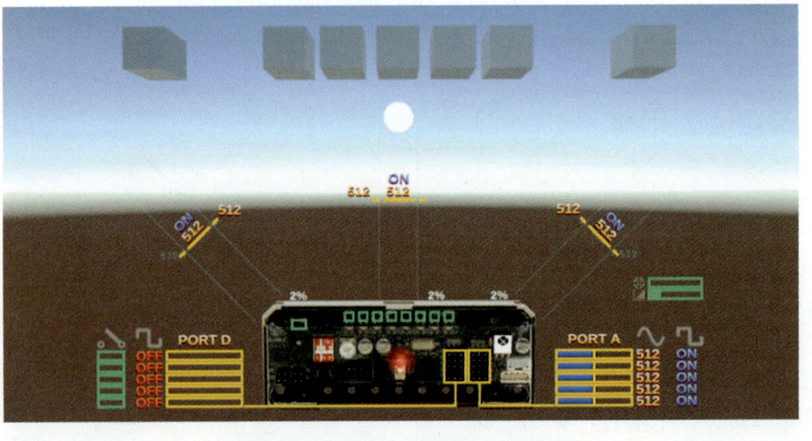

[그림 8-1] 로킷 시뮬레이터의 구성

다양한 환경에 적응하기 위하여 로킷 시뮬레이터(Rokit Simulator)는 인벤터 보드와 PC간의 다양한 콘텐츠를 통해 로봇, 드론, 게임 등을 유저가 원하는 대로 제어하고 소프트웨어를 재미있게 이해할 수 있는 프로그램이다.

[그림 8-2] 로킷 시뮬레이터의 응용

8-2 인벤터 보드

인벤터 보드(Inventor Board)는 IR 센서, Buzzer(버저), LED, 모터와 통신 제어 모듈 등이 모두 내장되어 있어 다양한 응용이 가능한 하드웨어(HW)이다.

스크래치, 아두이노를 비롯하여 자체 제작한 보드 전용 프로그램과 접목하여 다양한 기능을 수행해내는 전자 장치이다.

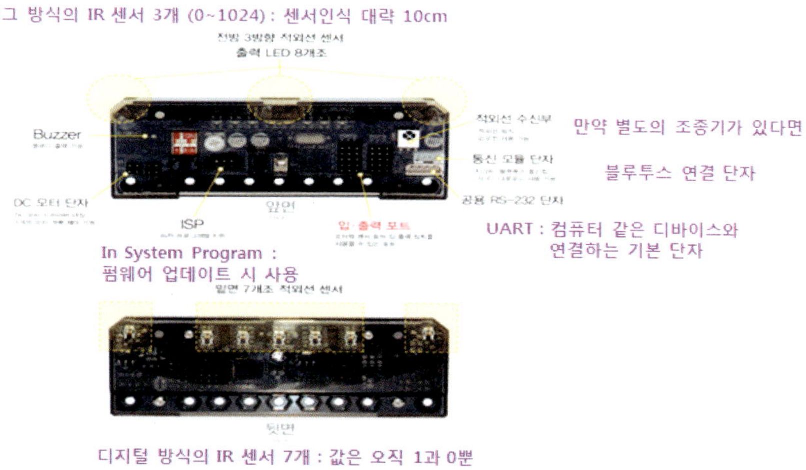

[그림 8-3] 인벤터 보드의 구성

8-3 소프트웨어와 하드웨어의 연결

PC와 인벤터 보드는 다음 그림처럼 통신 케이블로 연결되어야 한다. 하드웨어를 그림처럼 연결시킨 후, 드라이버를 설치하여 소프트웨어의 통신 상태를 확인한다.

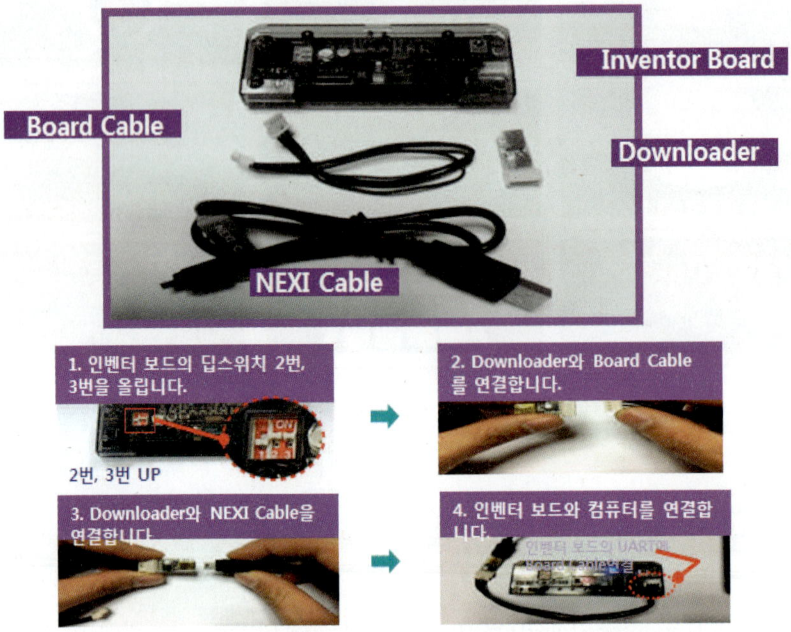

[그림 8-4] 소프트웨어(SW)와 하드웨어(HW)연결

8-4 로킷 시뮬레이터의 응용

1. 데이터 모니터링

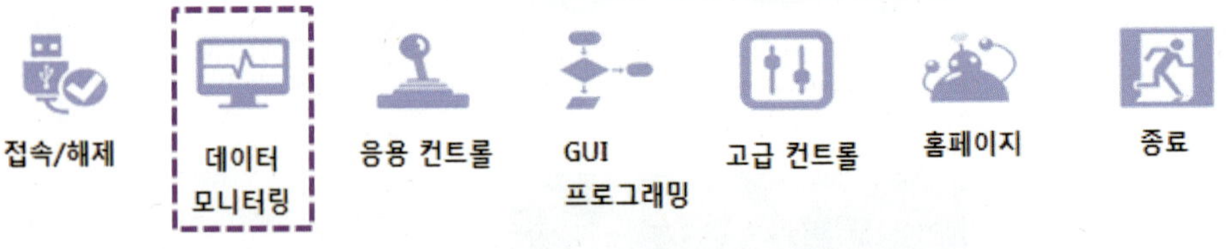

[그림 8-5] 로킷 시뮬레이터의 응용 메뉴(데이터 모니터링)

인벤터 보드에는 수많은 센서와 LED 모듈들이 내장되어 있다.

이 값을 통해 로봇 제어 보드의 원리와 용도를 정확히 이해하고 활용할 수 있다.

[그림 8-6] 인벤터 보드의 센서와 LED모듈

2. 응용 컨트롤

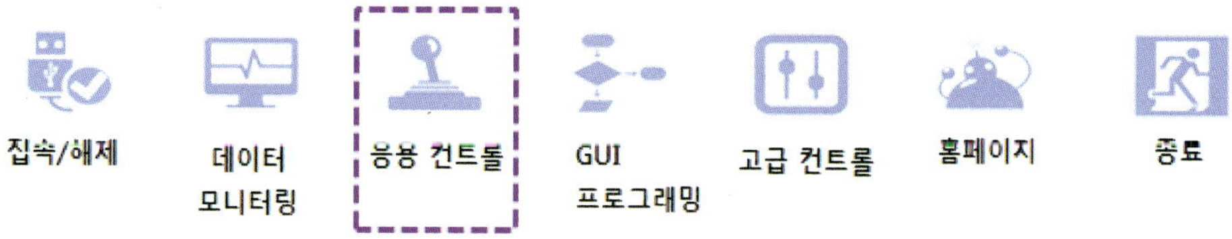

[그림 8-7] 로킷 시뮬레이터의 응용 메뉴(응용 컨트롤)

인벤터 보드를 이용한 시뮬레이션 게임을 통해 센서와 보드의 기능을 자연스럽게 이해할 수 있다.

[그림 8-8] 시뮬레이션 게임기능 메뉴

해당 버튼을 클릭하면 아래로 풀다운 메뉴가 나타나며 해당 컨트롤 화면으로 이동할 수 있다.

3. GUI 프로그래밍

GUI 프로그래밍 기능은 간단한 클릭만으로 로봇의 움직임 프로그래밍 가능이다.

[그림 8-9] 로킷 시뮬레이터의 응용 메뉴(GUI 프로그래밍)

지능적으로 움직이는 로봇의 원리를 프로그래밍 하여 시뮬레이션 해볼 수 있으며, 실제 로봇이 없어도 로봇의 기본 개념을 학습할 수 있다.

[그림 8-10] 실제 로봇 프로그래밍 시뮬레이션

해당 버튼을 클릭하면 아래로 풀다운 메뉴가 나타나며 해당 컨트롤 화면으로 이동할 수 있다.

수행 내용

재료 · 자료

- Rokit Simulator, 드론의 제어 및 코딩 관련 자료

기기(장비 · 공구)

- 컴퓨터, 코드론, BLE 보드, 스마트 인벤터 보드, USB케이블, 4핀 케이블

안전 · 유의사항

- 컴퓨터, 코드론, BLE 보드 및 스마트 인벤터 보드의 전원을 관리한다.

수행 순서

01 로킷 시뮬레이터의 데이터 모니터링 메뉴에서 디지털 IR 센서 수치 표시를 구현하라.

[그림 8-11] 데이터 모니터링 메뉴

1. 디지털 IR 센서 수치 표시

디지털은 0 또는 1과 같은 연속되지 않는 두개의 숫자로 정보를 생성하는 것을 뜻한다.

[그림 8-12] 인벤터 보드의 디지털 IR 7개 센서

보드 뒷면의 7개 센서는 디지털 IR 센서 이다. 감지 시에 앞면의 8개의 LED로 확인할 수 있으며 뒷면 가운데 센서가 앞면의 3, 4번 LED 두 개와 연결되어 있는 것이 특징이다.

[그림 8-13] 인벤터 보드의 앞면 8개 LED

02 로킷 시뮬레이터의 데이터 모니터링에서 아날로그 IR 센서 입력을 구현하라.

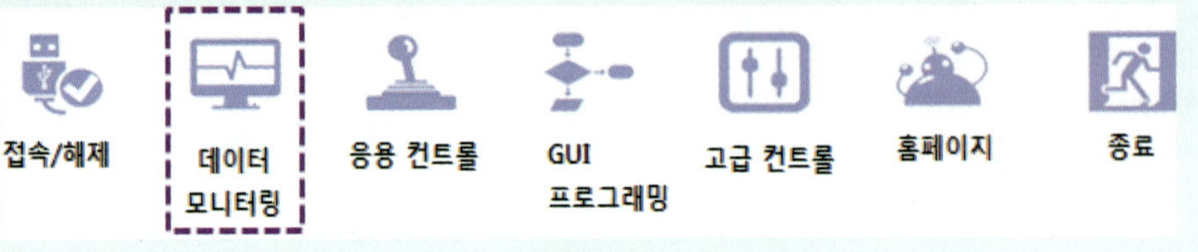

[그림 8-14] 데이터 모니터링 메뉴

1. 아날로그 IR 센서 수치 표시

아날로그는 끊김 없이 계속적으로 이어지는 숫자시스템으로, 보통 전자에서는 0~1023의 값을 가지고 있으며 이러한 특징은 디지털이 0과 1 으로만 이어져 있는 것과 차이가 있다.

IR 센서 이외에도 가변저항이나 초음파 센서 등 입력을 아날로그로 받는 것들이 모두 해당된다.

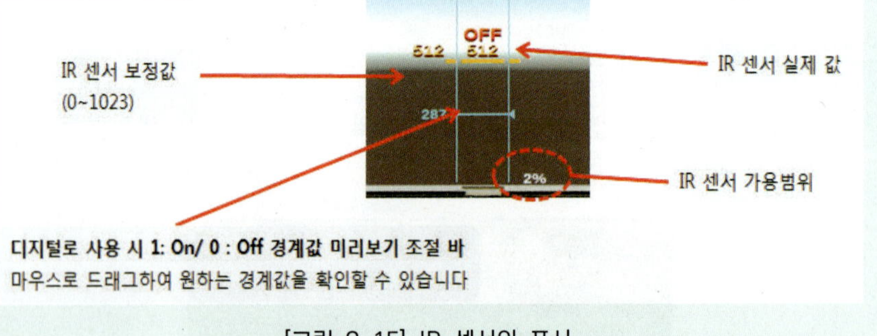

[그림 8-15] IR 센서의 표시

03 로킷 시뮬레이터의 데이터 모니터링에서 LED와 출력 모듈를 구현하라.

[그림 8-16] 데이터 모니터링 메뉴

1. 출력 기능

인벤터 보드에 내장된 LED와 추가로 외부에 연결된 출력모듈을 제어할 수 있다.

외부 LED 및 출력 모듈을 연결하고 ON/OFF 제어하고 7개의 LED도 ON/OFF 제어한다. 소리나 LED, 7-Segment와 같은 출력 모듈을 제어 가능하다.

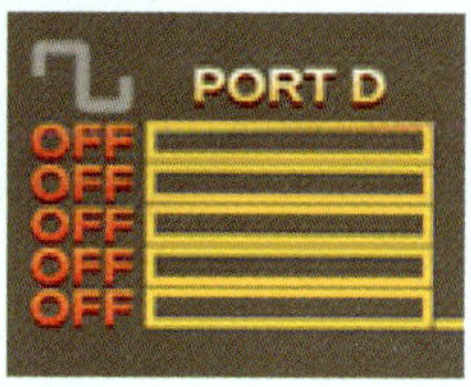

[그림 8-17] 외부 LED 및 출력 모듈을 연결하고 ON/OFF 제어

[그림 8-18] 7개의 LED ON/OFF 제어

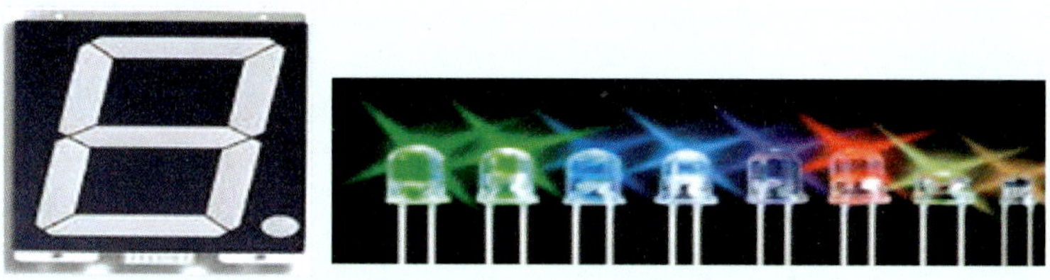

[그림 8-19] LED, 7-Segment와 같은 출력 모듈을 제어

04 로킷 시뮬레이터의 데이터 모니터링에서 DC모터를 구현하라.

[그림 8-20] 데이터 모니터링 메뉴

1. 모터 제어 기능

DC 모터는 바퀴와 같이 회전하는 모터로, 속도 값과 방향 값에 변화를 주면 다양한 구동이 가능하다.

[그림 8-21] DC모터 제어

슬라이더 바의 눈금에 따라 속도와 방향이 결정된다.

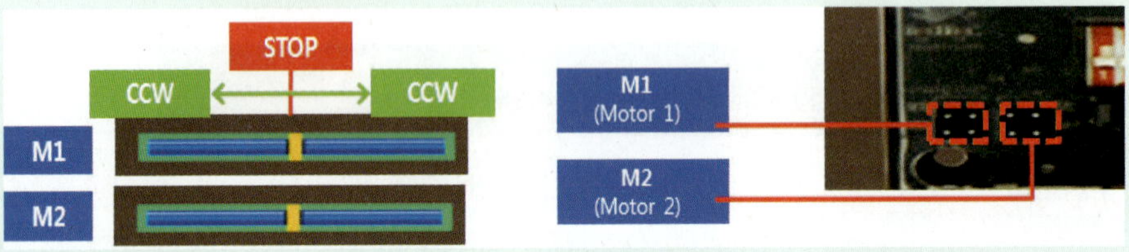

[그림 8-22] 속도와 방향이 결정

05 응용 컨트롤의 공 막기를 구현하라.

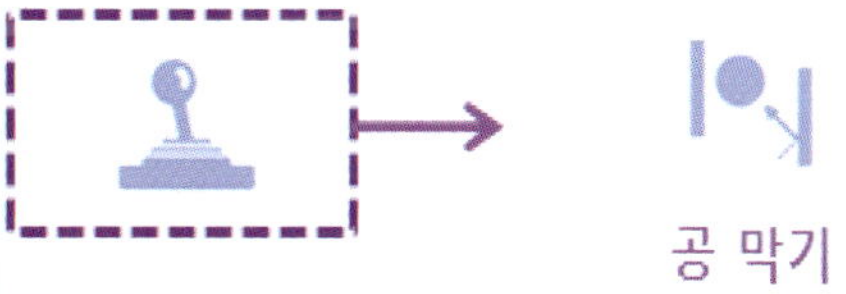

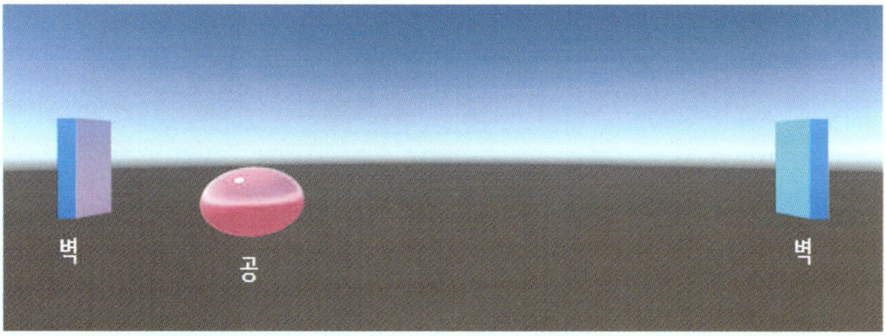

[그림 8-23] 응용 컨트롤의 공 막기

인벤터 보드의 좌우 IR 센서를 감지하여 아날로그 방식으로 화면 양쪽 벽을 움직여준다. 벽을 자유롭게 움직여 공이 화면 밖으로 나가지 못하게 한다.

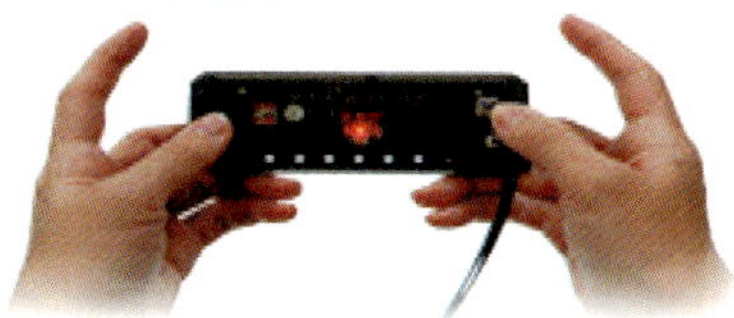

[그림 8-24] IR 센서를 감지하는 거리에 따라 공을 막는 벽의 높이의 변화

IR 센서를 감지하는 거리에 따라 공을 막는 벽의 높이가 달라진다.

[그림 8-25] 중앙 IR 센서를 약 2초 정도 감지하면 공의 상태가 리셋

중앙 IR 센서를 약 2초 정도 감지하면 공의 상태가 리셋이 된다.

06 응용 컨트롤의 슈팅을 구현하라.

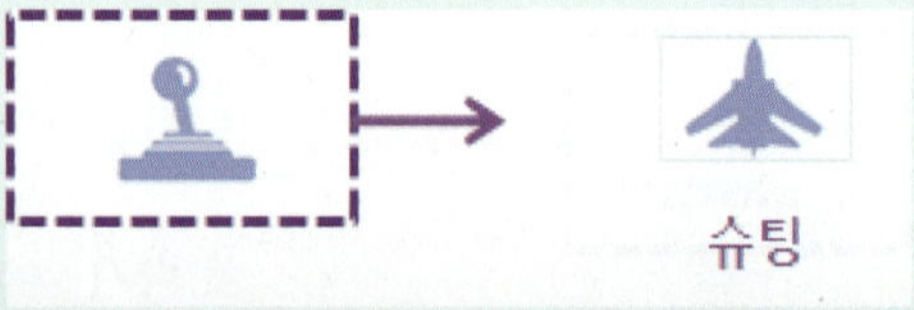

[그림 8-26] 응용 컨트롤의 슈팅을

인벤터 보드의 좌우 IR 센서를 감지하여 비행기를 좌우로 움직인다(디지털 방식). 비행기에서 발사되는 미사일로 날아오는 공을 파괴한다. 비행기는 좌우 5단계의 정해진 위치로 이동하게 된다.

아날로그 센서 이지만 일정 범위를 기준으로 디지털 ON/OFF로 작동한다.

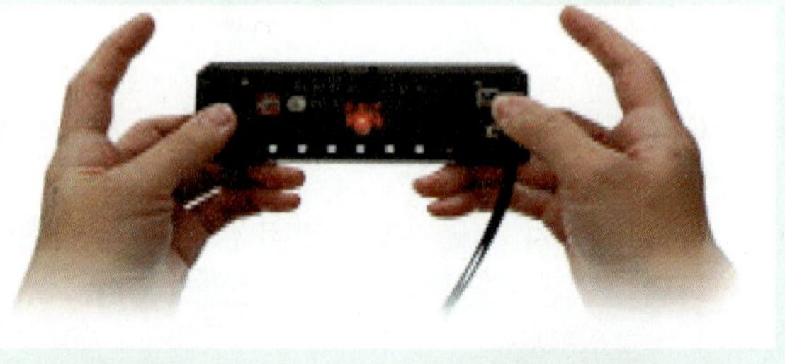

[그림 8-27] 아날로그 센서로서 일정 범위 기준의 디지털 ON/OFF 작동

07 응용 컨트롤의 수리검을 구현하라.

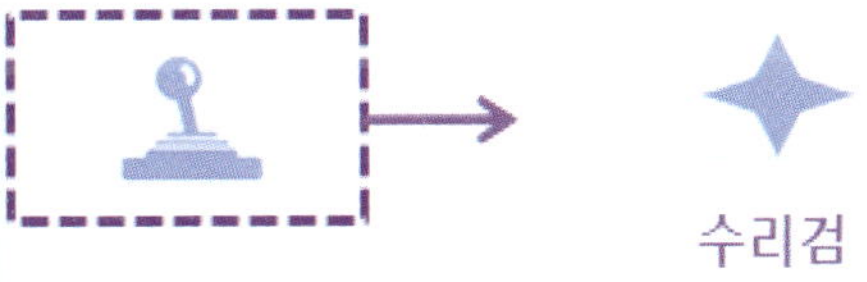

[그림 8-28] 응용 컨트롤의 수리검

인벤터 보드의 하단 중앙에 위치한 IR 센서 5개(양 끝단 센서는 사용하지 않음)를 이용하여 표창을 던진다. 손가락을 움직여 5개의 센서들을 순차적으로 감지시키면, 각 센서 사이에 입력되는 시간을 속도로 바꾸어 수리검의 속도를 계산한다.

[그림 8-29] 손가락을 움직여 센서들 감지

보드를 뒤집어 잡고 적당한 속도로 수리검을 던지듯 손가락을 밀어낸다.

학습 8

08 응용 컨트롤의 미로를 구현하라.

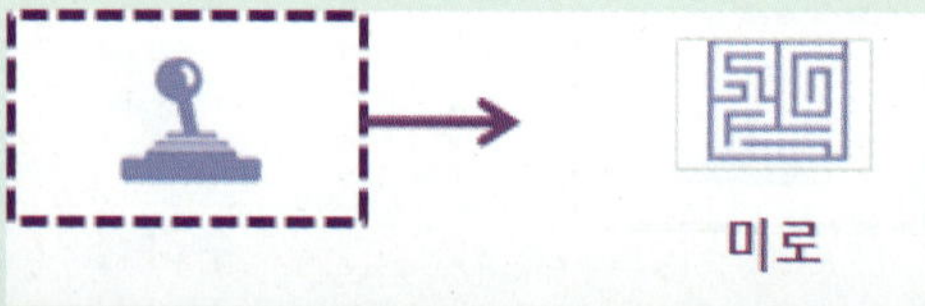

[그림 8-30] 응용 컨트롤의 미로

인벤터 보드의 좌우 IR 센서만으로 로봇을 움직여 미로를 탐험한다. 화면의 로봇은 두 개의 IR 센서를 이용하여 총 4가지 동작을 할 수 있다.

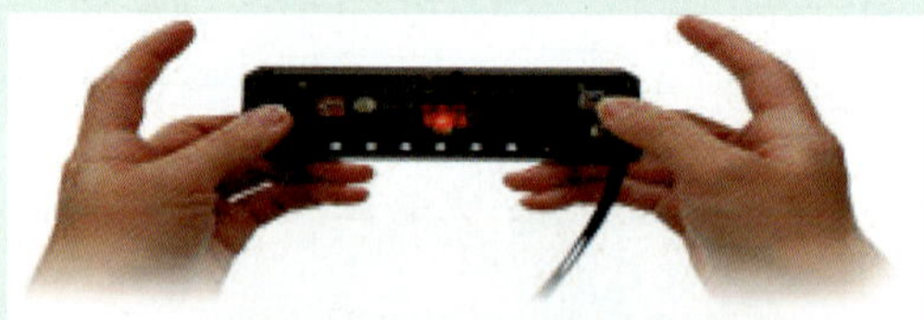

[그림 8-31] IR 센서를 이용한 4가지 동작

① 센서를 모두 가리지 않으면 전진
② 양쪽 두 센서를 모두 가리면 후진
③ 왼쪽 센서를 가리면 좌회전
④ 오른쪽 센서를 가리면 우회전

09 응용 컨트롤의 펌프를 구현하라.

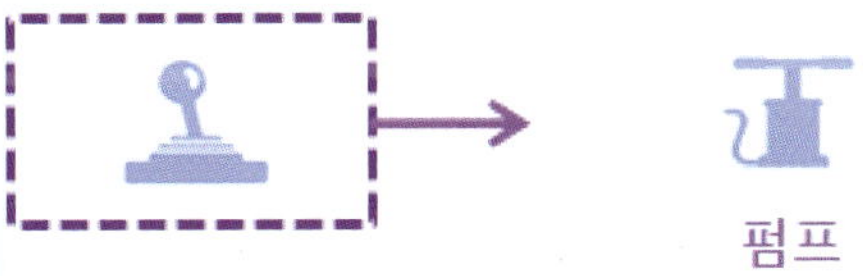

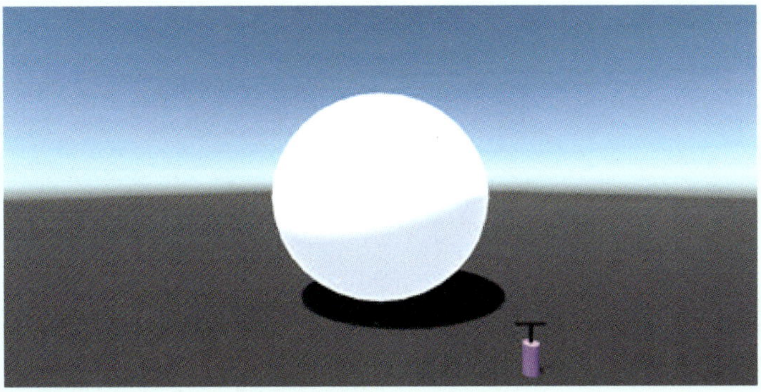

[그림 8-32] 응용 컨트롤의 펌프

인벤터 보드의 하단 중앙에 위치한 디지털 IR 센서 5개(양 끝단 센서는 사용하지 않음)를 이용하여 펌프를 움직여준다. 손가락을 이용하여 센서들을 순차적으로 왕복하여 감지시키면, 각 센서 사이에 입력되는 위치에 따라 펌프도 같은 위치로 움직인다.

[그림 8-33] 손가락 이용하여 센서들을 왕복하여 감지

① 왼쪽 손가락을 가로로 눕혀 디지털 센서에 대고 오른손으로 보드를 수직으로 잡아 펌프질 하듯 서로 상하운동 한다.

② 왼쪽 손가락은 위치를 고정시켜준다.

10 응용 컨트롤의 드론을 구현하라.

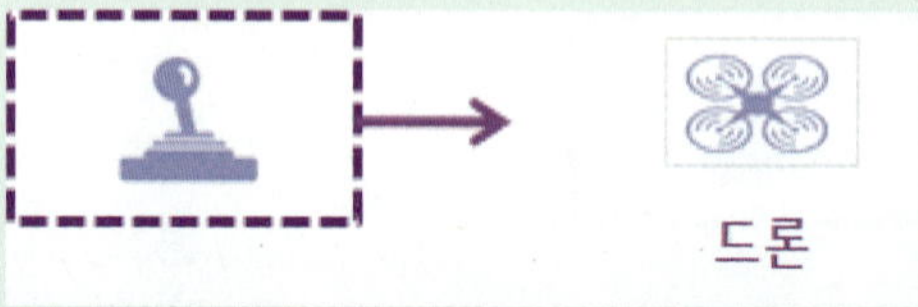

[그림 8-34] 응용 컨트롤의 드론

인벤터 보드의 좌우, 중앙 IR 센서와 양쪽 끝 두 개의 디지털 센서를 사용하여 화면의 드론을 조종한다. 다음 페이지의 드론 정밀 제어 방법을 확인해야 한다.

[그림 8-35] 중앙 IR 센서와 양쪽 끝 두 개의 디지털 센서를 사용

11 응용 컨트롤의 드론 정밀 제어 방법을 분석하라.

a. 보드의 중앙 IR 센서가 아래쪽으로 향하게 잡은 후, 바닥과의 보드의 거리를 변화시키며 화면 속 드론의 상승과 하강을 컨트롤 한다.

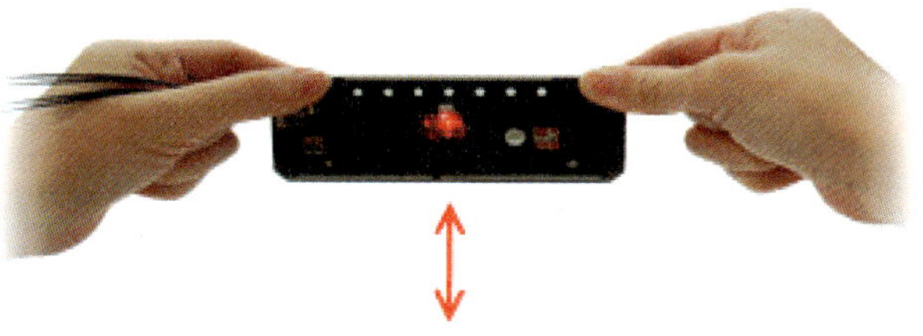

b. "a."처럼 보드를 잡은 후, 보드를 좌우로 기울여서 양쪽 IR 센서가 바닥과의 거리를 인식해 드론이 좌우로 움직일 수 있도록 해준다.

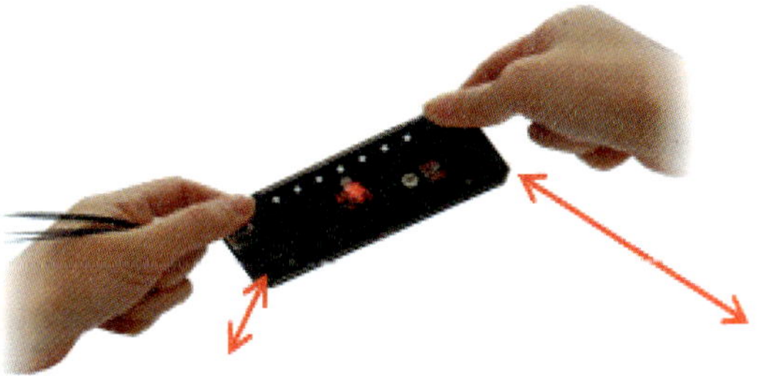

c. 뒷면의 양쪽 끝 두 개의 디지털 센서는 각각 드론의 전진 후진을 컨트롤 한다.

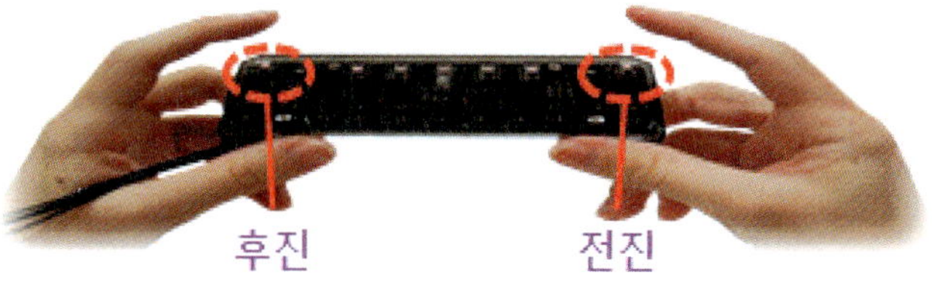

d. 중앙의 디지털 센서는 멀리 이동한 드론을 다시 제자리로 돌아오게 하는 역할을 한다.

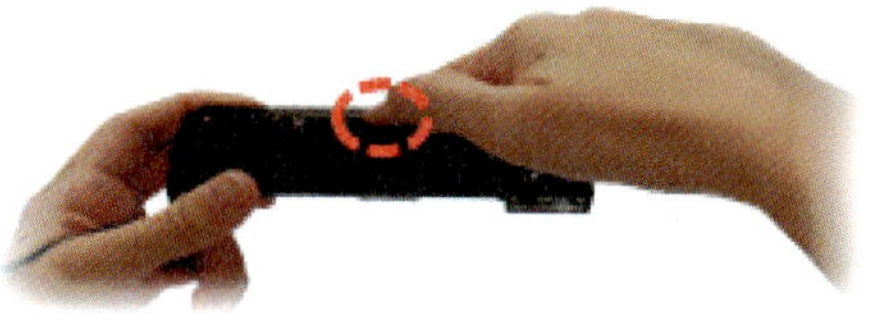

[그림 8-36] 응용 컨트롤의 드론 정밀 제어 방법

학습 8

12 어보이더 미로찾기를 구현하라.

[그림 8-37] 어보이더 미로찾기

전방에 위치한 2개 이상의 물체 감지 센서를 통해 물체를 감지한다. 동시에 미로에 부딪히지 않고 벽을 피해서 길을 찾는 기능을 손쉽게 프로그래밍하고 원리를 학습할 수 있다.

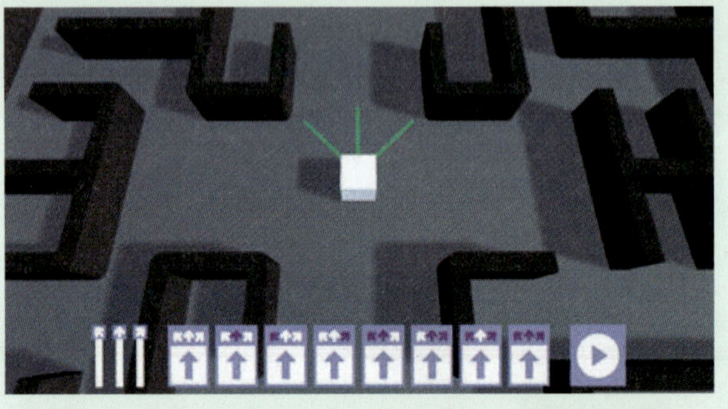

[그림 8-38] 2개 이상 물체 감지 센서 통해 물체를 감지

장애물 감지 센서의 감지 상황에 따라 해당 동작을 지정하여 로봇이 미로를 막힘없이 돌아다닐 수 있도록 프로그래밍 한다.

세 개의 슬라이더 바를 조절하여 물체 감지 센서의 감지 거리를 변경할 수 있다.

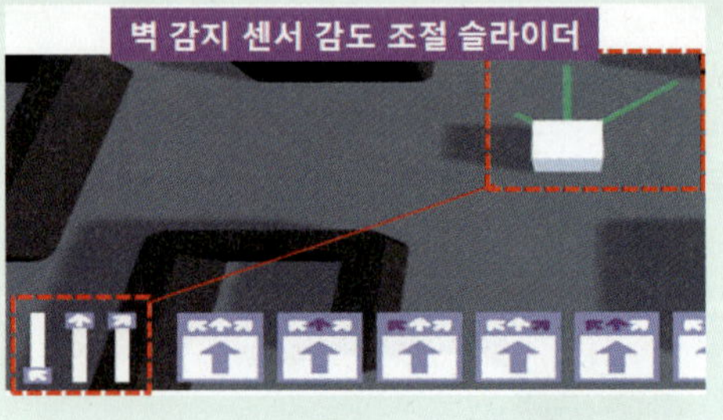

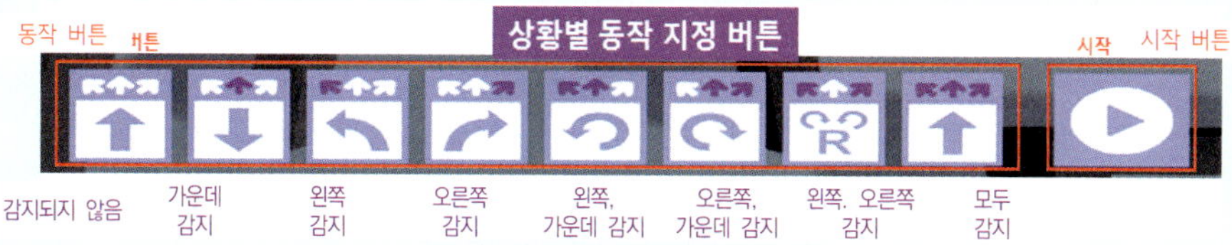

[그림 8-39] 물체 감지 센서의 감지 거리를 변경

각 센서를 감지한 상황에 따라 지정된 동작을 입력할 수 있다. 동작 버튼을 클릭하면 입력한 동작을 변경할 수 있으며, 우측의 시작버튼 을 누르면 각 상황에 맞는 동작을 실행한다.

13 라인트레이서를 구현하라.

[그림 8-40] 라인트레이서 구현

전방에 위치한 2개 이상의 물체 감지 센서를 통해 물체를 감지한다. 동시에 라인을 따라 움직이는 로봇을 손쉽게 프로그래밍하고 원리를 학습할 수 있다.

[그림 8-41] 라인을 따라 움직이는 로봇

로봇이 처해있는 교차로 모양과 그에 따른 동작을 순차적으로 지정하여 원하는 곳으로 로봇을 이동시킨다.

상황별 교차로의 모양과 그에 따른 로봇의 동작을 순차적으로 작성한다. 현재 로봇이

처한 라인의 상황과 동작패턴을 잘 생각해서 프로그램을 작성해보도록 한다.

프로그래밍 셀의 좌측 실행 항목 부분에 체크☑하여 로봇 동작을 실행시킬 셀을 활성화한다.

[그림 8-42] 교차로 모양/로봇의 동작

시작 버튼을 눌러 로봇을 작동시켜 준다.

[그림 8-43] 시작 버튼

14 추락방지로봇을 구현하라.

[그림 8-44] 추락방지로봇을 구현

뒷면 세 개의 센서를 이용하여 낭떠러지를 감지하고 회피하는 로봇이다. 하얀 바닥 위에서 구동되어야 하는 추락방지 로봇의 원리는 청소기 로봇에도 그대로 적용할 수 있다.

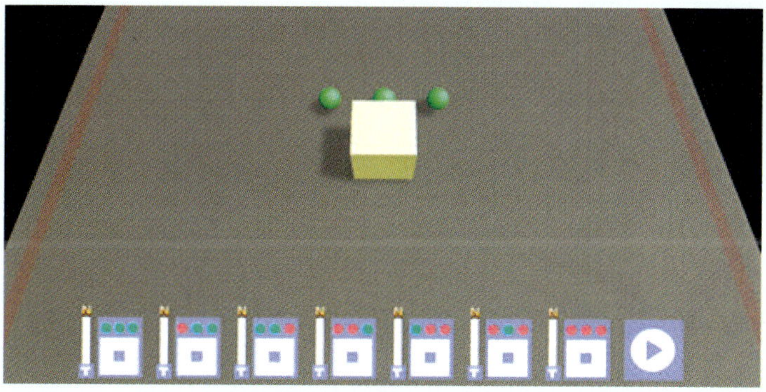

[그림 8-45] 낭떠러지를 감지하고 회피하는 로봇

낭떠러지 감지 센서의 감지 상황에 따라 해당 동작을 지정하여 로봇이 화면 속의 경기장 밖으로 떨어지지 않고 자유롭게 움직일 수 있도록 프로그래밍 한다.

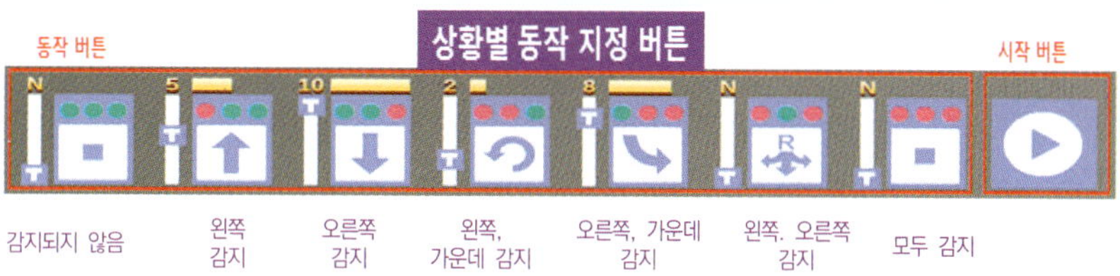

[그림 8-46] 상황별 동작 지정 버튼

각 센서를 감지한 상황에 따라 지정된 동작을 입력할 수 있다. 동작 버튼을 클릭하면 입력된 동작을 변경할 수 있으며, 각 버튼 좌측의 슬라이더  를 사용하여 해당 동작의 지속 시간을 변경할 수 있다(0-1.0초).

우측의 시작버튼을 누르면 각 상황에 맞는 동작을 실행한다.

[그림 8-47] 시작 버튼

항상 기본 설정을 모두 마친 다음 시작 버튼을 눌러 로봇을 작동시키고, 동작을 멈춘 후에 설정을 바꿀 수 있다.

학습활동.8 교수 · 학습 방법

교수 방법

- 로킷 시뮬레이터의 구성 및 응용에 대한 관련 용어, 구성, 방식 이해 정도를 파악한 후 수업을 진행한다.
- 교수자의 주도로 로킷 시뮬레이터의 구성 및 응용 등의 내용을 PPT 자료로 제시한 후 설명한다.
- 가능하면 사전에 개인별 학습 자료를 준비하여 모든 학생이 참여할 수 있는 문제 해결식 수업, 협력 수업이 가능하도록 한다.
- 로킷 시뮬레이터의 구성 및 응용 전 과정을 작업의 순서에 따라 단계적으로 실습이 이루어질 수 있도록 지도한다.
- 교재를 통해 수업을 준비하는데 있어서 필요한 모든 정보나 팁, 힌트 등 도움이 될 만한 내용들을 확인할 수 있다.
- 학생들이 만들게 될 각 모델들은 수업시간에 중점적으로 다뤄질 부분과 어휘, 질문, 답을 포함하고 있으며 또한 탐구할만한 추가적인 아이디어들도 포함하고 있다.

학습 방법

- 로킷 시뮬레이터의 구성 및 응용에 대한 관련 용어를 숙지하고, 로킷 시뮬레이터의 구성 및 응용에 대해 이해한다.
- 로킷 시뮬레이터의 구성 및 응용의 각 단계별 중점 사항을 체계적으로 학습한다.
- 로킷 시뮬레이터의 구성 및 응용의 수행순서의 전 과정을 실습한다.
- 로킷 시뮬레이터의 구성 및 응용의 내용을 이해한다.
- 로킷 시뮬레이터의 구성 및 응용을 이해하고 숙달이 될 때까지 학습한다.

학습활동.8 평가 및 피드백

평가 준거

- 평가자는 피평가자가 수행 준거 및 평가 내용에 제시되어 있는 내용을 성공적으로 수행할 수 있는 지를 평가해야 한다.

평가 방법

- 작업 포트폴리오

학습내용	평가항목	성취수준		
		상	중	하
로킷 시뮬레이터의 구성 및 응용	로킷 시뮬레이터의 구성 및 응용을 이해할 수 있다.			

- 작업 포트폴리오

학습내용	평가항목	성취수준		
		상	중	하
로킷 시뮬레이터의 구성 및 응용	로킷 시뮬레이터의 구성 및 응용을 이해할 수 있다.			

- 필기시험

학습내용	평가항목	성취수준		
		상	중	하
로킷 시뮬레이터의 구성 및 응용	로킷 시뮬레이터의 구성 및 응용을 이해할 수 있다.			

- 체크리스트를 통한 관찰

학습내용	평가항목	성취수준		
		상	중	하
로킷 시뮬레이터의 구성 및 응용	로킷 시뮬레이터의 구성 및 응용을 이해할 수 있다.			

- 피드백

1. 작업 포트폴리오
   - 제출한 보고서를 평가한 후 주요 사항에 대하여 표시하여 돌려준다.
2. 필기시험
   - 평가 결과 성적이 저조한 학생은 보고서 제출 기회를 부여한다.
3. 체크리스트를 통한 관찰
   - 실습 과정에서 평가한 후 개선해야 할 사항 등을 정리하여 돌려둔다.

학습 1	드론의 이해
학습 2	드론 시뮬레이터의 기초제어
학습 3	드론 시뮬레이터의 응용제어
학습 4	로킷 브릭의 기초
학습 5	로킷 브릭의 응용
학습 6	로킷 브릭의 프로그램 제어(1)
학습 7	로킷 브릭의 프로그램 제어(2)
학습 8	로킷 시뮬레이터의 구성 및 응용
학습 9	**코드론을 위한 아두이노 설정**
학습 10	코드론을 위한 아두이노 이해
학습 11	코드론을 위한 아두이노 기초 프로그래밍(1)
학습 12	코드론을 위한 아두이노 기초 프로그래밍(2)
학습 13	코드론을 위한 아두이노 응용 프로그래밍(1)
학습 14	코드론을 위한 아두이노 응용 프로그래밍(2)
부 록	H/W , S/W 유지보수

학습 목표	9. 코드론을 위한 아두이노 설정을 이해할 수 있다.

9-1 아두이노의 이해

1. 아두이노의 개념

아두이노(Arduino)는 오픈 소스를 기반으로 마이크로컨트롤러로 완성된 보드와 관련 개발 도구 및 환경을 말한다.

2005년 이탈리아의 IDII(Interaction Design Institutelvera)에서 하드웨어에 익숙지 않은 학생들이 자신들의 디자인 작품을 손쉽게 제어할 수 있게 하려고 고안된 아두이노는 처음에 AVR을 기반으로 만들어졌으며, ATmega AVR 계열의 보드가 현재 가장 많이 판매되고 있다. ARM 계열의 Cortex-M0(Arduino M0 Pro)과 Cortex-M3(Arduino Due)를 이용한 제품도 존재한다.

[그림 9-1] 아두이노 보드

아두이노는 다수의 스위치나 센서로 부터 값을 받아들여, LED나 모터와 같은 외부 전자 장치들을 통제함으로써 환경과 상호작용이 가능한 물건을 만들어 낼 수 있다. 임베디드 시스템 중의 하나로 쉽게 개발할 수 있는 환경을 이용하여, 장치를 제어할 수 있다.

2. 아두이노 통합 개발 환경

아두이노 통합 개발 환경(IDE : Integrated Development Environment)은 코딩, 디버그, 컴파일, 배포 등 프로그램 개발에 관련된 모든 작업을 하나의 프로그램 안에서 처리하는 환경을 제공하는 소프트웨어이다.

3. 아두이노의 장점과 응용분야

아두이노의 가장 큰 장점은 마이크로컨트롤러를 쉽게 동작시킬 수 있다는 것이다. 아두이노는 컴파일된 펌웨어를 USB를 통해 쉽게 업로드 할 수 있다. 또한, 아두이노는 다른 모듈에 비해 비교적 저렴하고, 윈도를 비롯해 맥 OS X, 리눅스와 같은 여러 OS를 모두 지원한다. 아두이노 보드의 회로도가 CCL에 따라 공개되어 있으므로, 누구나 직접 보드를 만들고 수정할 수 있다.

아두이노 응용 분야는 로봇 장난감, 로봇 교육 프로그램, 차량용 하드웨어와 소프트웨어 등의 응용분야에서 사용하고 있다.

9-2 인벤터 보드를 활용한 아두이노

1. 인벤터 보드(Inventor Board)개요

인벤터 보드는 IR 센서, Buzzer(버저), LED, 모터와 통신 제어 모듈 등이 모두 내장되어 있어 다양한 응용이 가능한 하드웨어(HW)이다.

스크래치, 아두이노를 비롯하여 자체 제작한 보드 전용 프로그램과 접목하여 다양한 기능을 수행하는 전자 장치이다.

아두이노 Uno와 달리 회로를 직접 구성하거나 쉴드 사용 없이 센서, LED, 부저, 모터 드라이브 등 입력, 출력 모듈 등이 내장되어있어 손쉽게 활용이 가능하다.

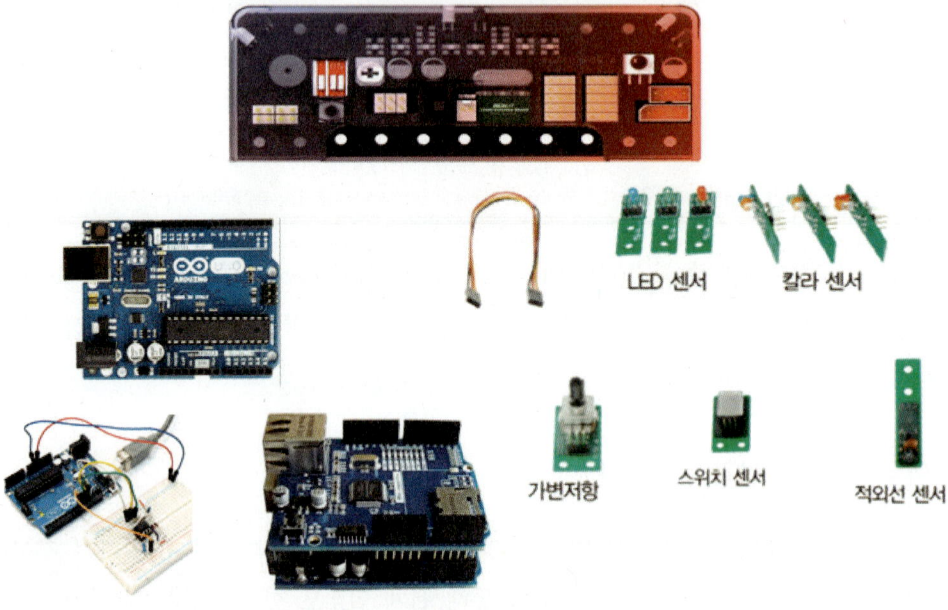

[그림 9-2] 인벤터 보드의 내장 하드웨어

2. 인벤터 보드의 구성

인벤터 보드는 다음과 같은 구성을 가지고 있으며, 아두이노를 베이스로 사용자가 원하는 통합 프로그램을 업로드하여 PC없이 보드 자체로 전원만 넣으면 원하는 구동이 되며, 또한 PC와 연결하여 쌍방향 통신을 통하여 코딩이나 게임등 사용자가 원하는 구동이 용이한 일체형 제어 컨트롤러이다.

[그림 9-3] 인벤터 보드의 구성

3. 인벤터 보드의 활용

① Rokit Simulator : 인벤터 보드를 PC와 USB 통신을 통한 인터렉션 체감 및 시뮬레이션용으로 활용한다.

② Rokit Brick : 인벤터 보드를 PC와 USB 통신을 통한 블록형 SW 코딩용으로 제어 활용한다.

③ Arduino : 아두이노 프로그램으로 인벤터 보드에 프로그램을 업로드하여 Stand Alone으로 활용한다.

④ Unplugged : PC없이 진행하는 알고리즘 중심의 로봇 코딩 교육용으로 활용한다.

수행 내용

재료 · 자료

- Arduino, 드론의 제어 및 코딩 관련 자료

기기(장비 · 공구)

- 컴퓨터, 코드론, BLE 보드, 스마트 인벤터 보드, USB케이블, 4핀 케이블

안전 · 유의사항

- 컴퓨터, 코드론, BLE 보드 및 스마트 인벤터 보드의 전원을 관리한다.

수행 순서

01 아두이노로 코드론을 제어하기 위해 준비물을 분석하라.

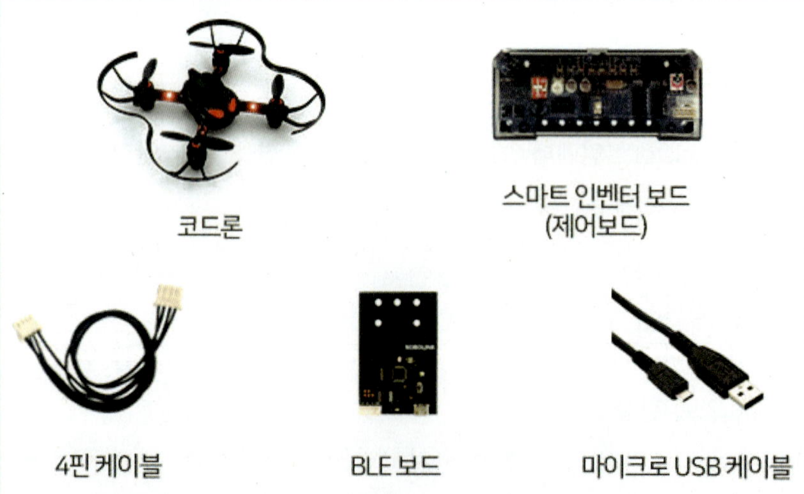

[그림 9-4] 코드론을 제어하기 위해 준비물

① 코드론 : 아두이노로 동작시 인벤터 보드에서 주는 명령에 따라 동작한다.

② 스마트 인벤터 보드 : 아누이노로 작성한 프로그램을 업로드하여 코드론을 제어할 수 있다.

③ BLE 보드 : 아두이노 사용시 BLE 보드는 2가지 용도로 사용된다. BLE 보드의 스위치로 용도를 변경할 수 있다.

- 스마트 보드와 PC를 연결하여 프로그램 업로드용으로 사용된다.
- 스마트보드의 스위치로 용도를 변경할 수 있다.

④ 4핀 케이블 : 스마트 보드와 BLE 보드를 연결하는 케이블이다.

⑤ 마이크로 USB 케이블 : BLE 보드와 PC를 연결하는 케이블이다.

02 코드론의 업로드 하는 과정을 구현하라.

1. 보드연결하기

① USB케이블로 BLE 보드와 PC를 연결한다.

[그림 9-5] USB 케이블로 BLE 보드와 PC를 연결

학습 9

② BLE 보드와 제어기 연결하기

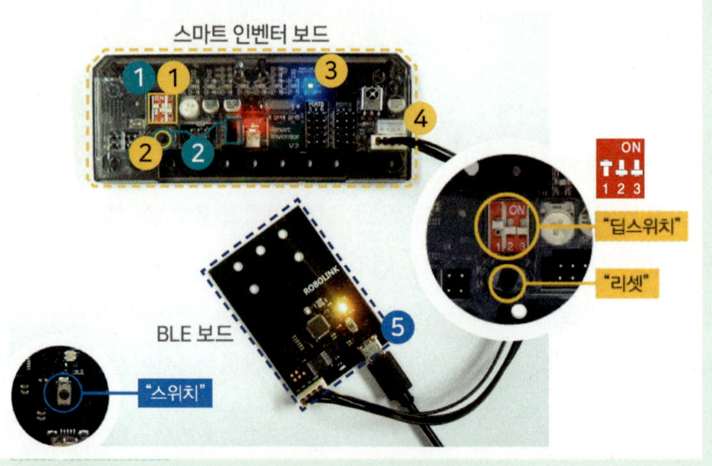

[그림 9-6] BLE 보드와 제어기 연결

스마트 인벤터 보드(제어보드)	BLE 보드
❶ 딥 스위치의 1번을 위로 올린다.	❺ 스위치를 눌러 모드를 전환한다. 업로드 모드; 스위치를 한 번 누른다. (노란색 불빛이 깜빡인다.)
❷ 리셋 버튼을 누른다.	
❸ 파란 LED가 깜빡이는지 확인한다.	* 만약 불빛이 빨강색으로 바뀐다면 스위치를 다시 한 번 눌러서 노란색 불빛으로 바꿔준다.
❹ 만약 파란 LED가 깜빡인다면 "업로드 대기 상태"이다. 이 상태일 때 인벤터 보드에 예제를 업로드할 수 있다.	빨강색 불빛은 "페어링 대기 모드(드론 연결 모드)"로 로킷 브릭이나 드론 시뮬레이터와 같이 PC로 조작하는 경우에 사용한다.

[프로그램 실행]

❶ 업로드 완료 후 딥 스위치 1번을 내린다. 

❷ 리셋 버튼이나 On/Off 스위치로 스마트 인벤터 보드를 리부트하여 보드에 업로드한 프로그램을 실행한다.

03 아두이노 시작하기 위해 아두이노 IDE(아두이노 개발 도구)를 설치하는 과정을 구현하라

1. 아두이노 시작하기

① 로보링크 sw 웹사이트에 접속한다(http://www.robolinksw.com/).

② 다운로드 버튼을 누른다.

[그림 9-7] 아두이노 다운로드 메뉴 선택하기

③ 아두이노 Windows Download(아두이노 IDE + Add-on)을 다운로드 한다(Add-on에는 아두이노에서 코드론을 사용할 수 있도록 보드 정보와 라이브러리, 예제가 포함된다).

[그림 9-8] 아두이노 Windows Download 다운로드

④ 파일을 저장 (혹은 다른 이름으로 저장) 한다.

[그림 9-9] arduino-1.8.5_with_RokitArduino-1.16 파일 저장

⑤ 다운로드 완료가 되면 열기 버튼을 누른다.

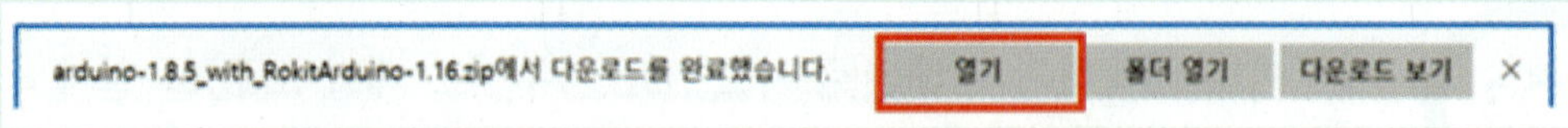

[그림 9-10] 열기 버튼 클릭

⑥ 압축을 해제한다.

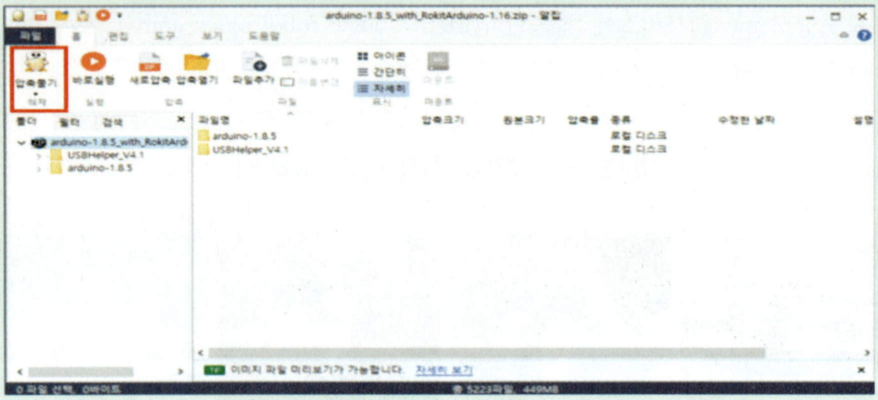

[그림 9-11] 압축을 해제

⑦ 압축이 해제된 폴더를 열어 아두이노 파일을 실행한다.

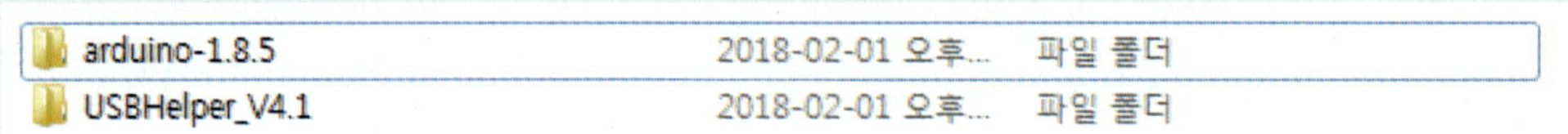

[그림 9-12] 아두이노 파일을 실행

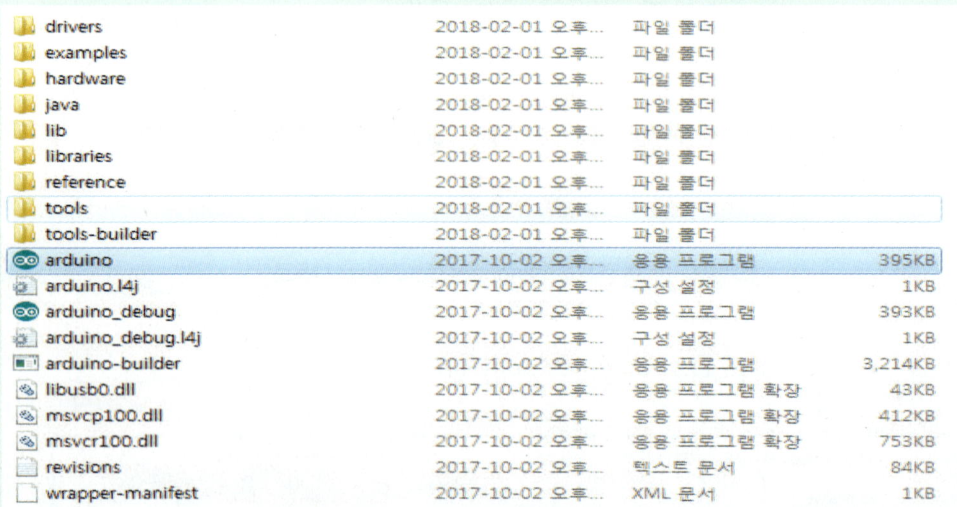

[그림 9-13] 아두이노 파일을 클릭

⑧ 아두이노 파일을 더블 클릭하면 아두이노 프로그램이 준비된다.

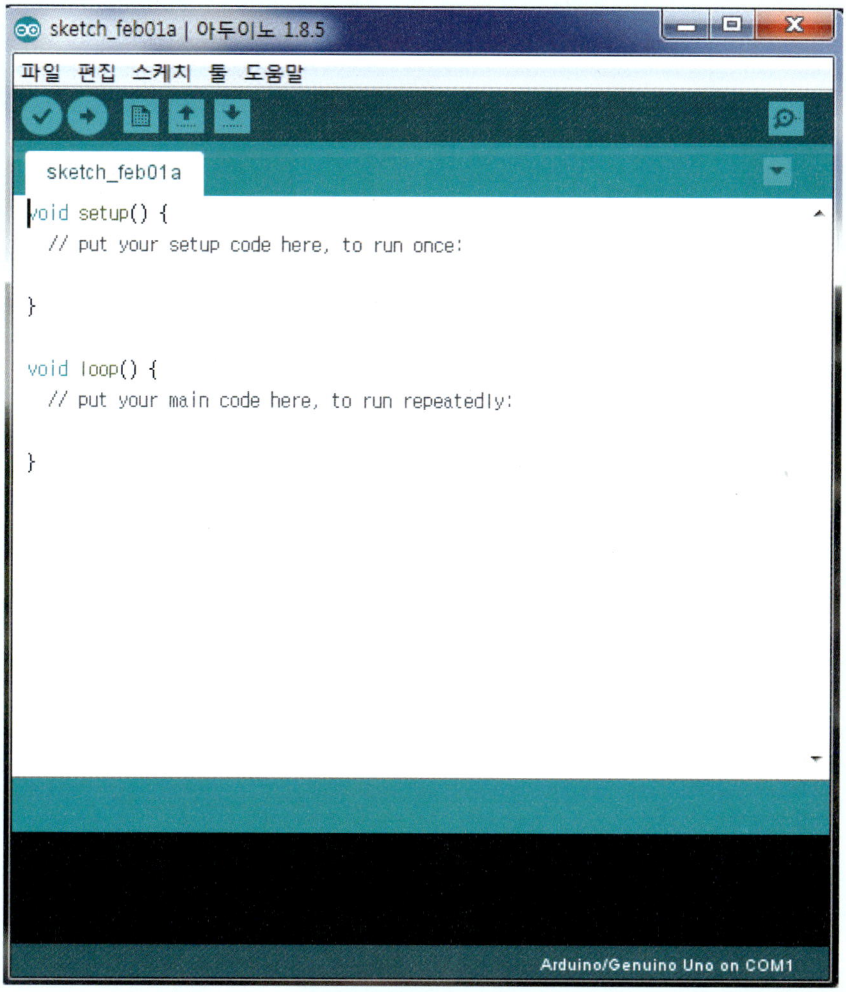

[그림 9-14] 아두이노(arduino) 프로그램 준비상태

2. 보드선택

① 아두이노 IED 메뉴의 툴에서 보드를 "Rokit-SmartInventor-mega32_V2"로 선택한다.

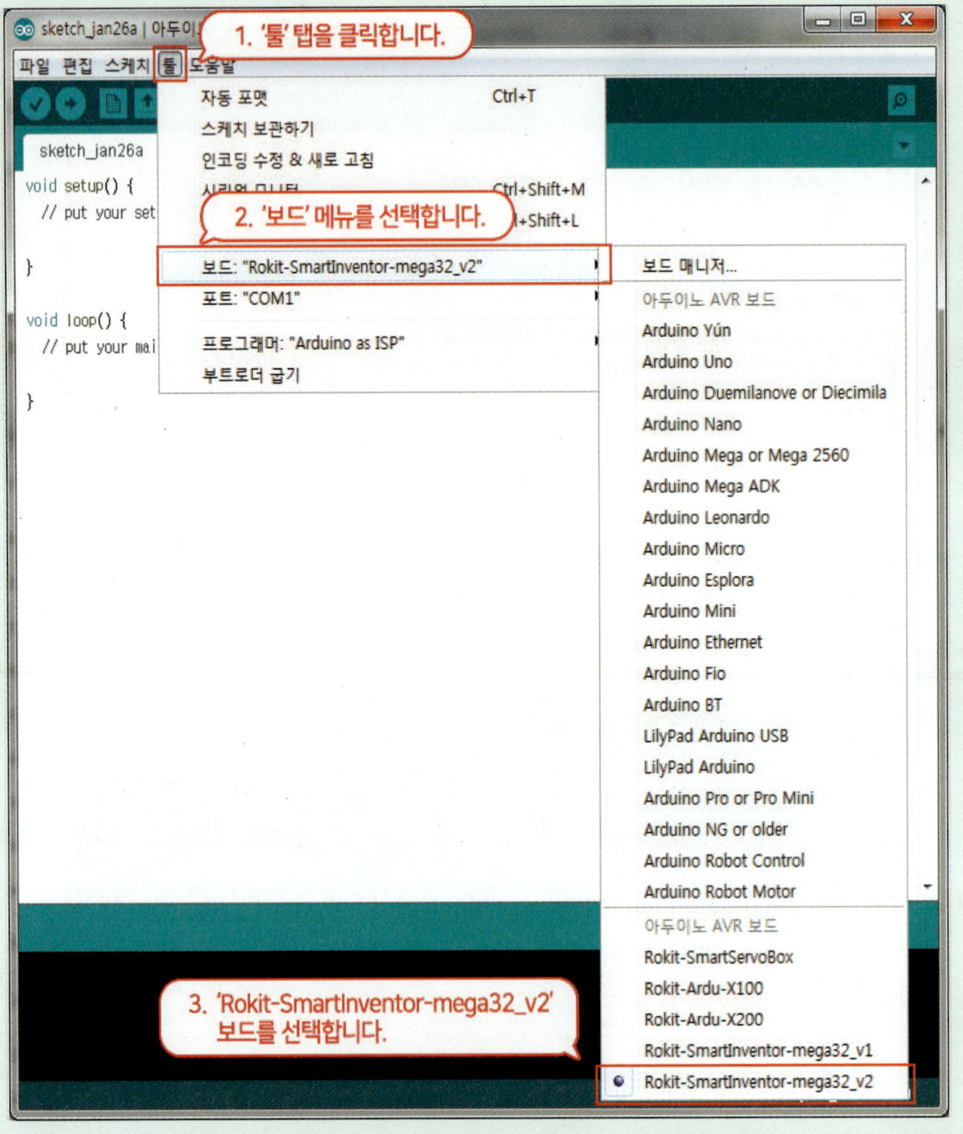

[그림 9-15] "Rokit-SmartInventor-mega32_V2"로 선택한다.

3. 포트 선택

① BLE 보드가 연결된 포트를 선택한다.

② BLE 보드 드라이버가 설치되어 있어야 한다.

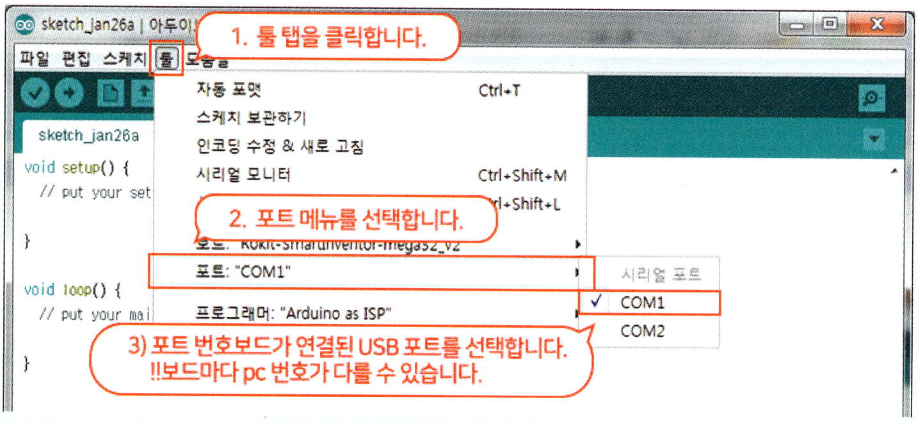

[그림 9-16] 포트 선택

4. 예제 선택

① 업로드할 스케치 예제를 선택한다.

② 혹은 자신이 작성한 스케치 파일도 좋다.

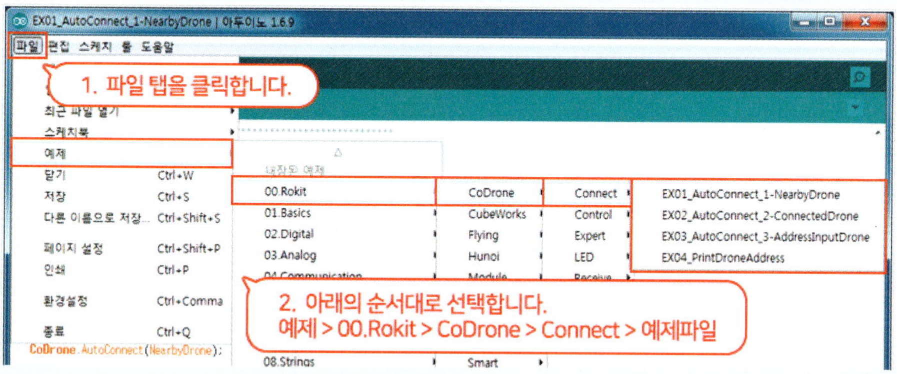

[그림 9-17] 예제 선택

5. 업로드

① 모든 준비가 완료되면 업로드 아이콘을 누른다. 진행이 되지 않는다면, 원인을 확인 해보고, "코드론의 업로드 하는 과정을 구현하라.

② BLE 보드와 제어기 연결하기" 부분을 참고하여 진행한다.

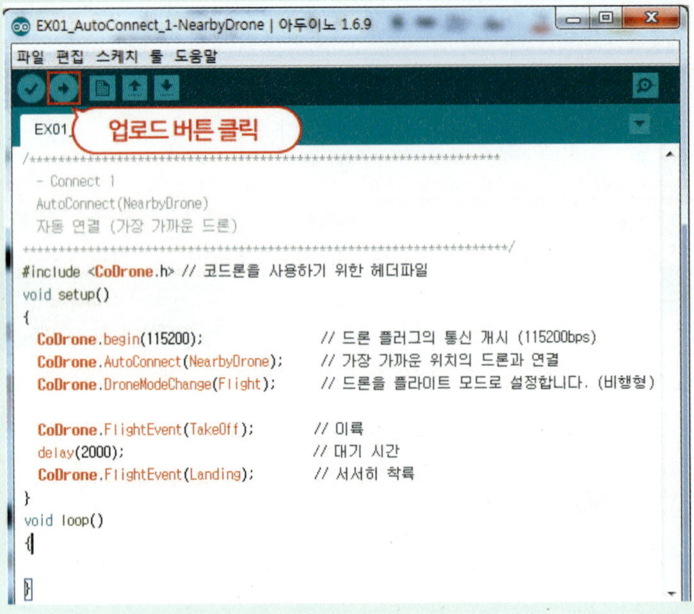

[그림 9-18] 업로드 아이콘 클릭

③ 정상적으로 완료된 경우 다음과 같이 업로드 완료라고 표시된다.

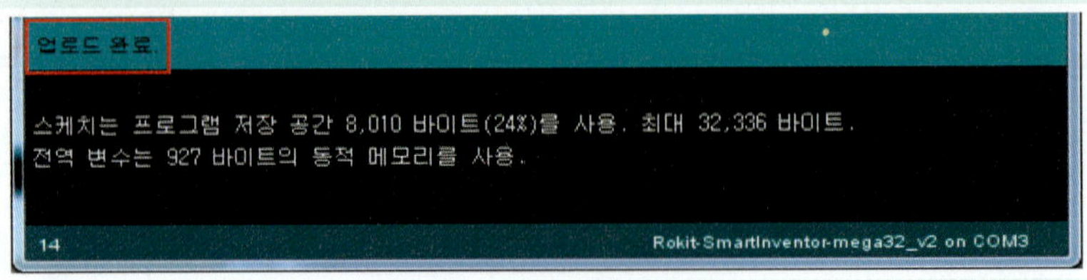

[그림 9-19] 업로드 완료

6. 작동방법과 작동모습

① 딥 스위치 1번을 내려 놓으면 업로드 한 프로그램이 동작한다.

[그림 9-20] 작동방법과 작동모습

학습활동.9 교수 · 학습 방법

교수 방법

- 코드론을 위한 아두이노 설정에 대한 관련 용어, 구성, 방식 이해 정도를 파악한 후 수업을 진행한다.
- 교수자의 주도로 코드론을 위한 아두이노 설정 등의 내용을 PPT 자료로 제시한 후 설명한다.
- 가능하면 사전에 개인별 학습 자료를 준비하여 모든 학생이 참여할 수 있는 문제 해결식 수업, 협력 수업이 가능하도록 한다.
- 코드론을 위한 아두이노 설정 전 과정을 작업의 순서에 따라 단계적으로 실습이 이루어질 수 있도록 지도한다.
- 교재를 통해 수업을 준비하는데 있어서 필요한 모든 정보나 팁, 힌트 등 도움이 될 만한 내용들을 확인할 수 있다.
- 학생들이 만들게 될 각 모델들은 수업시간에 중점적으로 다뤄질 부분과 어휘, 질문, 답을 포함하고 있으며 또한 탐구할만한 추가적인 아이디어들도 포함하고 있다.

학습 방법

- 코드론을 위한 아두이노 설정에 대한 관련 용어를 숙지하고, 드론의 제어 및 코딩에 대해 이해한다.
- 코드론을 위한 아두이노 설정의 각 단계별 중점 사항을 체계적으로 학습한다.
- 코드론을 위한 아두이노 설정의 수행순서의 전 과정을 실습한다.
- 코드론을 위한 아두이노 설정의 내용을 이해한다.
- 코드론을 위한 아두이노 설정을 이해하고 숙달이 될 때까지 학습한다.

학습활동.9 평가 및 피드백

평가 준거

- 평가자는 피평가자가 수행 준거 및 평가 내용에 제시되어 있는 내용을 성공적으로 수행할 수 있는 지를 평가해야 한다.

학습 9

평가 방법

학습내용	평가항목	성취수준		
		상	중	하
코드론을 위한 아두이노 설정	코드론을 위한 아두이노 설정을 이해할 수 있다.			

• 작업 포트폴리오

학습내용	평가항목	성취수준		
		상	중	하
코드론을 위한 아두이노 설정	코드론을 위한 아두이노 설정을 이해할 수 있다.			

• 필기시험

학습내용	평가항목	성취수준		
		상	중	하
코드론을 위한 아두이노 설정	코드론을 위한 아두이노 설정을 이해할 수 있다.			

• 체크리스트를 통한 관찰

학습내용	평가항목	성취수준		
		상	중	하
코드론을 위한 아두이노 설정	코드론을 위한 아두이노 설정을 이해할 수 있다.			

• 피드백

1. 작업 포트폴리오
   - 제출한 보고서를 평가한 후 주요 사항에 대하여 표시하여 돌려준다.
2. 필기시험
   - 평가 결과 성적이 저조한 학생은 보고서 제출 기회를 부여한다.
3. 체크리스트를 통한 관찰
   - 실습 과정에서 평가한 후 개선해야 할 사항 등을 정리하여 돌려둔다.

학습 목표

10. 코드론을 위한 아두이노 이해를 이해할 수 있다.

10-1 아두이노 기초

아두이노(Arduino)는 C/C++ 문법으로 기술되므로 C/C++에 대한 언어에 대한 이해가 필요하다.

① setup과 loop
② 핀 맵에 대한 개념
③ 입력과 출력에 대한 개념
④ Digital 장치 제어
⑤ Analog 장치 제어
⑥ Time 제어 방법

그 외의 기본 정보는 레퍼런스 메뉴를 참조 바란다.

더 상세한 기초 지식을 원한다면 아두이노 공식 홈페이지(https://www.arduino.cc/)에서 다양한 프로그래밍 스킬에 관한 정보를 얻을 수 있다.

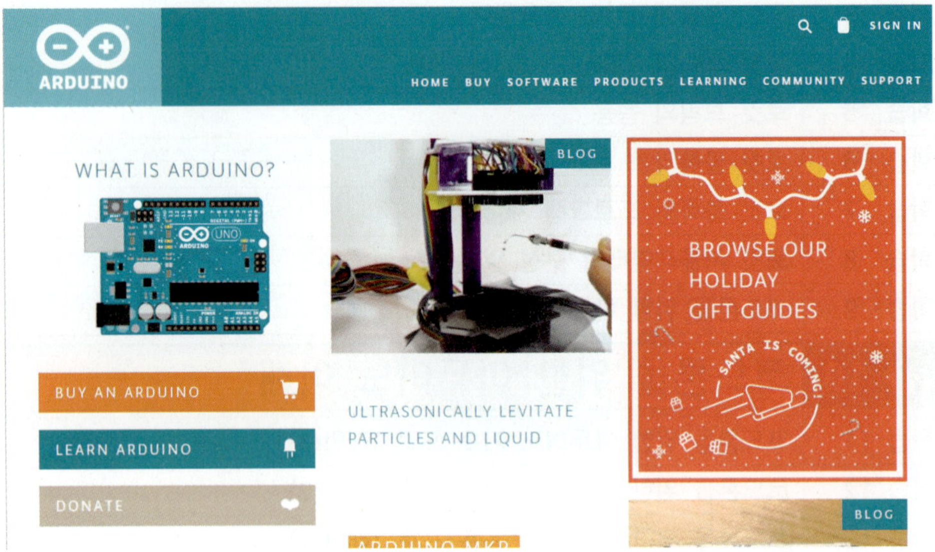

[그림 10-1] 아두이노 홈페이지

또한 코드론의 아두이노 관련 자료는 로보링크 sw 웹사이트의 [코드론] ▶ 아두이노 페이지에서 확인할 수 있다.

[그림 10-2] 로보링크의 코드론 아두이노 페이지

수행 내용

재료 · 자료

• Arduino, 드론의 제어 및 코딩 관련 자료

기기(장비 · 공구)

• 컴퓨터, 코드론, BLE 보드, 스마트 인벤터 보드, USB케이블, 4핀 케이블

안전 · 유의사항

• 컴퓨터, 코드론, BLE 보드 및 스마트 인벤터 보드의 전원을 관리한다.

수행 순서

01 아두이노 기초 이해하기의 Setup과 Loop에 대하여 분석하라.

아두이노 프로그래밍을 위해서는 Setup과 Loop라 부르는 함수의 내용을 기술해야 한다. 가장 기본적인 아두이노 프로그램의 코드는 다음과 같다.

```
void setup()
{
}

void loop()
{
}
```

[그림 10-3] Setup과 Loop라 부르는 함수의 내용

만약, Setup과 Loop 중 하나라도 코드에 없다면 아두이노 IDE는 에러를 내기 때문에 반드시 기술해야 한다.

학습 10

1. Setup에 기술할 내용

Setup함수는 프로그램 시작 시 최초 한번 호출된다. 따라서 이곳에는 초기화나 프로그램 동작에 필요한 준비 동작을 넣어야 한다.

2. Loop에 기술할 내용

Loop함수는 Setup이 호출된 이후 프로그램 동작 중에 계속 반복 호출된다. 반복되는 주기는 정확히 알 수 없고 가능한 자주 호출되기 때문에 시간적으로 정확하게 작동해야 할 필요성이 있을 때에는 Time과 관련된 함수들을 이용해서 흐름 제어를 해야 한다.

02 아두이노 기초 이해하기의 핀 맵에 대한 개념에 대하여 분석하라

핀(Pin)이란, IC끼리 연결할 수 있도록 나와 있는 하드웨어 인터페이스를 의미한다.

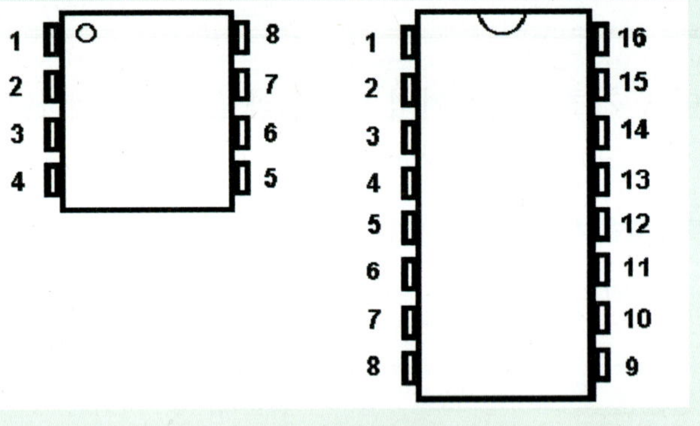

[그림 10-4] IC에서 Pin의 모습

하드웨어는 핀과 핀을 연결(Wiring)하는 방식으로 제어된다. IC에서의 Pin을 물리적 핀(Physical Pin)이라 부르며 각 핀에는 고유한 번호를 가지고 있다. 핀 맵은 이와 같은 핀을 번호순으로 나열한 것을 의미한다.

아두이노에서는 제어기에 연결된 다른 하드웨어 기기를 프로그램 상에서 호출하기 위해 이 핀의 개념을 이용한다. 아두이노에서는 물리적 핀 번호를 사용하지 않고 별도로 정의된 아두이노 핀 맵을 사용한다. 따라서, 프로그래머는 이 아두이노 핀 맵을 알고 있어야 한다.

아두이노 핀 맵은 제어기 제조사에서 정한 것이기에 알려줘야 하며 스마트 인벤터 보드 또한 핀 맵을 갖고 있으므로 해당 제어기의 매뉴얼을 참고하여 핀 맵을 알아야 한다.

03 아두이노 기초 이해하기의 입력과 출력에 대한 개념에 대하여 분석하라.

입력(Input)과 출력(Output)의 개념은 다음과 같다.

1. 입 력

① 입력은 다음과 같이 이해할 수 있다.

- Verify : 어떤 정보를 확인하는 행위
- Read : 어떤 정보를 읽는 행위
- Receive : 어떤 정보를 전달받는 행위

② 이와 같은 개념으로 아두이노에서는 다음과 같이 활용된다.

- 센서의 값을 확인하는 것
- 외부 장치의 상태를 확인하는 것
- 메모리에 저장된 데이터를 확인하는 것
- 두 장치가 통신할 때 상대 장치로부터 정보를 받는 것

2. 출 력

① 출력은 다음과 같이 이해할 수 있다.

- Action : 어떤 동작을 시키는 행위
- Write : 어떤 정보를 기술하는 행위
- Send : 어떤 정보를 전달하는 행위

② 이와 같은 개념으로 아두이노에서는 다음과 같이 활용된다.

- 디스플레이 장치 제어하는 것
- 구동 장치(모터 등) 제어하는 것
- 메모리에 데이터를 저장하는 것
- 두 장치가 통신할 때 상대 장치에게 정보를 전달하는 것

04 아두이노 기초 이해하기의 Digital 장치 제어에 대하여 분석하라

1. Digital

두 가지 상태로 정보를 전달하는 방식을 의미한다. 두 가지 상태의 예는 다음과 같다.

① 0과 1

② 참과 거짓(True/False)

③ On과 Off

④ HIGH와 LOW

이 개념은 TTL(Transistor-Transistor Logic)에서 출발한 것으로 5V를 기준으로 0V와 5V로 상태를 나누는 것에서 출발하며 이로 인해 Digital 신호가 만들어진다.

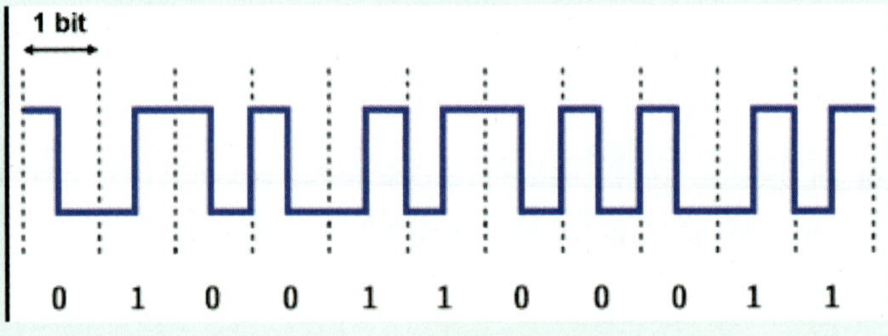

[그림 10-5] Digital 신호

2. Digital 장치의 예

Digital 장치는 두 가지 상태로 제어될 수 있는 것으로 대표적인 것은 다음과 같다.

① Output : LED 장치(On/Off로 상태 제어)

② Input : Button 장치(눌림/안 눌림으로 상태 체크)

3. Digital Read/Write

Digital 방식으로 신호를 주고받는 Pin이 따로 있다. 해당 Pin에 대해서는 각 제어기 매뉴얼을 참고해야 한다.

Digital Pin을 통해 출력을 하려면 digitalWrite함수를 사용하고 입력을 하려면 digitalRead 함수를 사용해야 한다.

```
int digitalRead(int pin);
void digitalWrite(int pin, int value);
```

[그림 10-6] Digital Read/Write 함수

여기서 Pin은 아두이노 핀 맵의 핀 번호를 뜻하며 value는 HIGH/LOW로 사용된다.

4. Pin 모드 설정

Digital Pin은 일반적으로 입력과 출력을 겸할 수 있다. 따라서 입력으로 사용할 지 출력으로 사용할 지 미리 설정해야 하는데 이것을 Pin 모드라 부른다.

아두이노에서는 이 Pin 모드를 pinMode함수를 이용해서 설정할 수 있다.

```
void pinMode(int pin, int mode);
```

[그림 10-7] DigitalRead함수

여기서 Pin은 설정할 아두이노 핀 맵의 핀 번호를 뜻하고 모드는 INPUT/OUTPUT/INPUT_PULLUP 중 선택할 수 있다.

① Pin 모드를 Input으로 설정했다면 DigitalRead를 사용해야 한다.

② Pin 모드를 Output으로 설정했다면 DigitalWrite를 사용해야 한다.

5. INPUT과 INPUT_PULLUP의 차이

INPUT과 INPUT_PULLUP은 모두 pinMode를 Input용도로 설정해준다. 그러나 이 두 가지는 하드웨어 회로가 다르기 때문에 구별되어야 한다.

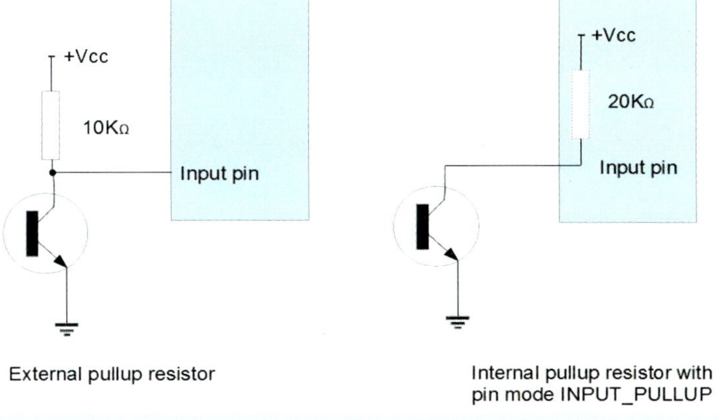

[그림 10-8] 내부 Pull-up과 외부 Pull-up 회로

학습 10

풀업(Pull-up)이란 말은 기본 상태를 HIGH로 만들어준다는 것이며 이 반대인 풀다운(Pull-down)이란 말도 존재한다. 일반적으로 Digital Input장치를 만들 때는 풀업을 사용한다. 다만, 전원을 내부에서 공급받느냐 외부에서 공급받느냐에 따라 차이가 생기게 되며 이를 아두이노에서는 INPUT과 INPUT_PULLUP으로 구분한다.

① INPUT : 외부 풀업(Pull-up)을 사용함.

② INIPUT_PULLUP : 내부 풀업(Pull-up)을 사용함.

Digital Input장치를 사용할 때 INPUT인지 INPUT_PULLUP인지 확인해야 한다.

05 아두이노 기초 이해하기의 Analog 장치 제어에 대하여 분석하라

Analog 장치 제어는 다음과 같다.

1. Analog

Digital은 2가지 상태(0V와 5V)만 존재하지만, Analog는 0V에서 5V까지 사이의 상태가 모두 존재한다.

0V에서 5V까지 몇 가지 상태로 나누느냐가 바로 해상도(Resolution)인데, 아두이노에서는 8bit(256)과 10bit(1024) 해상도로 Analog를 표현한다.

2. Analog Input

Digital Pin과 달리 Analog Pin은 Input과 Output을 겸용으로 사용할 수 없고 Input과 Output 전용 Pin으로 존재한다. Analog Input은 ADC(Analog Digital Converter)라 부르는 하드웨어 장치를 통해 사용할 수 있다. Analog Input을 사용하기 위해서는 analogRead함수를 사용한다.

```
int analogRead(int pin);
```

[그림 10-9] analogRead함수

Pin은 Analog Input으로 사용할 아두이노 핀 맵의 핀 번호를 의미하며 ADC란 이름으로 고정되어 있다. ADC 핀들은 A0, A1, A2… 등의 이름으로도 사용될 수 있다.

몇 개의 ADC핀이 존재하는 지는 해당 제어기 매뉴얼을 참고하라.

analogRead의 결과 값은 10bit 해상도로 반환되기에 0~1023까지의 수로 표현된다. 0이 0V이고 1023이 5V가 되기에 1은 약 0.00097V(1/1024)의 값을 의미한다.

3. Analog Output

Analog Input은 ADC란 장치에 의해 사용할 수 있는 반면, Analog Output은 PWM이란 장치를 이용해 사용할 수 있다.

PWM은 Pulse Width Modulation의 약자로 Pulse의 폭(Width)을 조절하여 정보를 전달하는 방식을 의미한다. 원칙은 DAC(Digital Analog Converter)에 의해 Analog Output을 만드는 게 맞지만 DAC는 하드웨어적으로 비용이 많이 필요하기에 PWM을 이용해서 Analog Output을 흉내 내는 것이다.

PWM을 이용하면 평균 전압을 조종할 수 있어서 Analog Output 제어 시 많이 사용한다. PWM핀은 하드웨어적으로 정해져있기에 해당 제어기 매뉴얼을 참고하여 Analog Output을 사용할 핀을 찾아야 한다.

아두이노에서 Analog Output은 analogWrite함수를 이용해서 사용할 수 있다.

```
void analogWrite(int pin, int value);
```

[그림 10-10] analogWrite함수

여기서 pin은 아두이노 팬 맵에서 PWM 사용이 가능한 핀 번호를 의미하며 value는 PWM의 Level을 말한다. Analog Output은 8bit 해상도로 제어되기에 0~255값을 가지고 0은 0V를 의미하고 255는 5V를 말한다. 1은 약 0.0039V(1/256) 값을 표현한다.

4. Analog 제어가 필요한 경우

① 센서의 값을 Analog로 받아 정도를 알 수 있다.

② LED등의 밝기를 조절할 수 있다.

③ DC 모터를 구동할 때 속도를 조절할 수 있다.

06 아두이노 기초 이해하기의 Time 제어 방법에 대하여 분석하라.

Time 제어 방법은 다음과 같다.

프로그램을 만들다보면 논리적 절차와 순서도 중요하지만 시간에 대해 흐름을 맞춰야 할 경우가 필요한데, 이것을 Time 제어라 부른다.

Time제어를 위해서는 다음 중 어떤 방식으로 할 지 먼저 결정해야 한다.

① 원하는 시간이 될 때까지 아무것도 안하며 기다릴 것인가? (비동기 방식)

② 다른 일을 하며 시간이 다 되었는지 감시할 것인가? (동기 방식)

일반적으로 비동기 방식은 프로그램이 간단하지만 효율적이지 못하고 동기 방식은 프로그램이 복잡해져서 구현하기 어렵지만 자원을 효율적으로 사용할 수 있다.

1. 비동기 방식 Time 제어

아두이노에서는 비동기 방식 Time 제어를 위해 delay함수를 제공한다.

```
void delay(int millisec);
void delayMicroseconds(unsigned int mirosec);
```

[그림 10-11] 비동기 방식 Time 제어를 위해 delay함수를 제공

Delay함수는 시간을 밀리초(msec)단위로 정할 수 있으며 지정한 시간 동안 멈추고 아무것도 안 하게 된다. delayMicroseconds는 마이크로초(usec) 단위로 기다릴 시간을 정할 수 있다.

예를 들어 1초 단위로 LED를 On/Off를 반복한다고 하면 다음과 같이 기술될 수 있다.

```
void loop()
{
    // LED를 On시킴
    delay(1000);    // 1초(1000ms)동안 멈춤
    // LED를 Off시킴
    delay(1000);
}
```

[그림 10-12] 1초 단위로 LED를 On/Off를 반복

프로그램 코드는 매우 간단하지만 대부분의 시간을 아무것도 안하고 멈추고 있어야 하기 때문에 자원을 효율적으로 쓰지 못하는 단점이 있다.

2. 동기 방식 Time 제어

동기 방식은 비동기 방식과 달리 Time을 기다리는 동안 다른 일을 할 수 있다. 아두이노에서는 동기 방식 Time제어를 위해 Millis와 Micros함수를 제공한다.

```
unsigned long millis();
unsigned long micros();
```

[그림 10-13] Millis와 Micros함수를 제공

아두이노는 내부적으로 사용자 프로그램과 상관없이 시간을 재는 기능을 갖고 있는데, 이것을 타이머 인터럽트라 부른다. 동기 방식은 프로그램이 시간을 기다리는 것이 아니라 아두이노 내부의 시간 기능을 통해 확인하며 기다리는 것을 말한다.

만약, 1초 동안 LED를 On/Off시키는 프로그램을 만든다면 동기 방식으로 다음과 같이 기술될 수 있다.

```
unsigned long time; //물어본 시간을 저장할 변수

void setup()
{
    time = millis(); //프로그램 시작 전에 시간을 저장한다.
}

void loop()
{
    unsigned long time2 = millis(); //현재 시간을 저장한다.

    if(time2 - time &gt;= 1000) //전에 저장한 시간과 현재 시간 차가 1초를 넘었는가?
    {
        // LED를 On 혹은 Off시킨다.
        time = time2; //다음 비교를 위해 현재 시간을 저장한다.
    }
}
```

[그림 10-14] 1초 동안 LED를 On/Off시키는 프로그램을 만든다면 동기 방식

동기 방식은 아두이노에게 시간을 물어보고 이전에 물어본지 얼마나 지났는지를 확인하는 것이라 이해될 수 있다. 이 방식은 비동기 방식에 비해 복잡하지만, 시간을 기다리는 동안 여러 가지 일을 할 수 있으므로 매우 효율적이라 할 수 있다.

학습활동.10 교수 · 학습 방법

교수 방법

- 코드론을 위한 아두이노의 이해에 대한 관련 용어, 구성, 방식 이해 정도를 파악한 후 수업을 진행한다.
- 교수자의 주도로 코드론을 위한 아두이노의 이해 등의 내용을 PPT 자료로 제시한 후 설명한다.
- 가능하면 사전에 개인별 학습 자료를 준비하여 모든 학생이 참여할 수 있는 문제 해결식 수업, 협력 수업이 가능하도록 한다.
- 코드론을 위한 아두이노의 이해 전 과정을 작업의 순서에 따라 단계적으로 실습이 이루어질 수 있도록 지도한다.
- 교재를 통해 수업을 준비하는데 있어서 필요한 모든 정보나 팁, 힌트 등 도움이 될 만한 내용들을 확인할 수 있다.
- 학생들이 만들게 될 각 모델들은 수업시간에 중점적으로 다뤄질 부분과 어휘, 질문, 답을 포함하고 있으며 또한 탐구할만한 추가적인 아이디어들도 포함하고 있다.

학습 방법

- 코드론을 위한 아두이노의 이해에 대한 관련 용어를 숙지하고, 드론의 제어 및 코딩에 대해 이해한다.
- 코드론을 위한 아두이노의 이해의 각 단계별 중점 사항을 체계적으로 학습한다.
- 코드론을 위한 아두이노의 이해의 수행순서의 전 과정을 실습한다.
- 코드론을 위한 아두이노의 이해의 내용을 이해한다.
- 코드론을 위한 아두이노의 이해을 이해하고 숙달이 될 때까지 학습한다.

학습활동.10 평가 및 피드백

평가 준거

- 평가자는 피평가자가 수행 준거 및 평가 내용에 제시되어 있는 내용을 성공적으로 수행할 수 있는 지를 평가해야 한다.

학습내용	평가항목	성취수준		
		상	중	하
코드론을 위한 아두이노의 이해	코드론을 위한 아두이노의 이해를 이해할 수 있다.			

평가 방법

- 작업 포트폴리오

학습내용	평가항목	성취수준		
		상	중	하
코드론을 위한 아두이노의 이해	코드론을 위한 아두이노의 이해를 이해할 수 있다.			

- 필기시험

학습내용	평가항목	성취수준		
		상	중	하
코드론을 위한 아두이노의 이해	코드론을 위한 아두이노의 이해를 이해할 수 있다.			

- 체크리스트를 통한 관찰

학습내용	평가항목	성취수준		
		상	중	하
코드론을 위한 아두이노의 이해	코드론을 위한 아두이노의 이해를 이해할 수 있다.			

- 피드백

1. 작업 포트폴리오
   - 제출한 보고서를 평가한 후 주요 사항에 대하여 표시하여 돌려준다.
2. 필기시험
   - 평가 결과 성적이 저조한 학생은 보고서 제출 기회를 부여한다.
3. 체크리스트를 통한 관찰
   - 실습 과정에서 평가한 후 개선해야 할 사항 등을 정리하여 돌려둔다.

학습 10

학습 목표	11. 코드론을 위한 아두이노 기초 프로그래밍(1)을 이해할 수 있다.

11-1 스마트 인벤터 보드의 구성

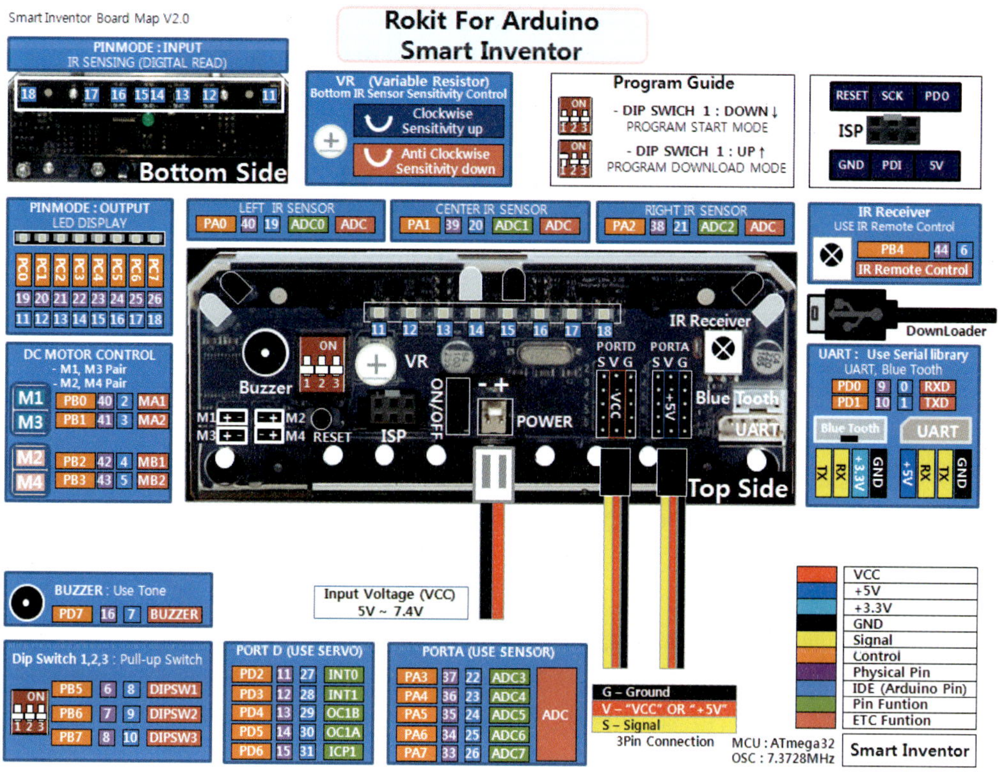

[그림 11-1] 스마트 인벤터 보드의 핀맵

11-2 아두이노 기초 프로그래밍

1. LED 제어하기

프로그래밍을 배울 때 처음 작성했던 “Hello World!” 코드처럼 아두이노를 이용한 하드웨어 제어 방법을 배울 때 가장 처음에 다루는 장치이다. LED는 Light Emitting Diode의 약자로 발광 다이오드라고 하며 빛을 내는 역할을 한다.

1) 스마트 인벤터 보드 내장 LED 사용하기

스마트 인벤터 보드에는 8개의 LED가 내장되어 있다. 이 내부 LED역시 제어가 가능하다. 아래 붉은색 사각형으로 표시된 부분이 내부 LED이며 각각의 핀 번호가 표시되어 있다(11번~18번).

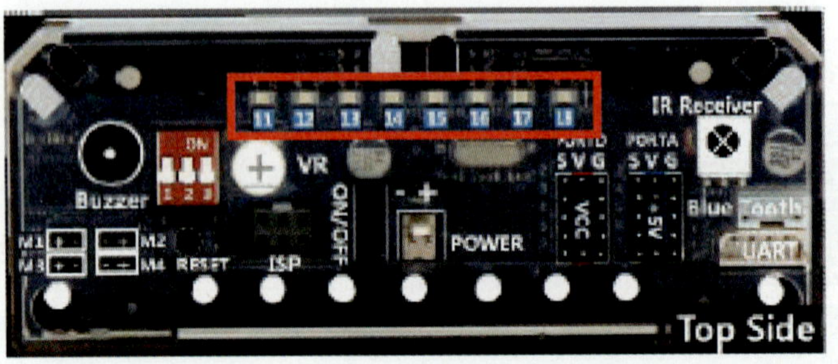

[그림 11-2] 인벤터 보드의 LED 제어

2) 아두이노 함수 설명

```
pinMode(핀번호, OUTPUT);
:핀의 용도를 결정한다. 입력과 출력 두 가지의 용도를 설정할 수 있는데 LED 모듈은 출력 장치이므로 먼저 아래와 같이 핀의 모드를 출력으로 설정하여야 한다.

digitalWrite(핀번호, HIGH); // LED가 켜진다.
digitalWrite(핀번호, LOW); // LED가 꺼진다.
:핀에 신호를 보낸다. 신호는 HIGH, LOW 두 가지가 있으며 LED 제어에서는 HIGH 신호에서는 LED가 켜지고 LOW신호 일 때에는 LED가 꺼진다.

delay(시간)
:일정 시간만큼 기다리게 한다. 시간의 단위는 1/1000초(ms)이다.
```

2. ADC 사용하기

ADC(Analog to Digtial Converter)는 전기적인 아날로그 량을 디지털 량으로 변환시키는 장치이다. 자연계의 현상들을 전자적인 방법으로 측정하면 대체로 전류나 전압의 연속적인 값으로 나타내어지고 이것을 컴퓨터가 처리하기 위해서는 디지털 신호로 변환 되어져야 한다. 스마트 인벤터 보드의 ADC 장치는 아래 그림처럼 배치되어 있다.

1) 스마트 인벤터 보드 내장 ADC 사용하기

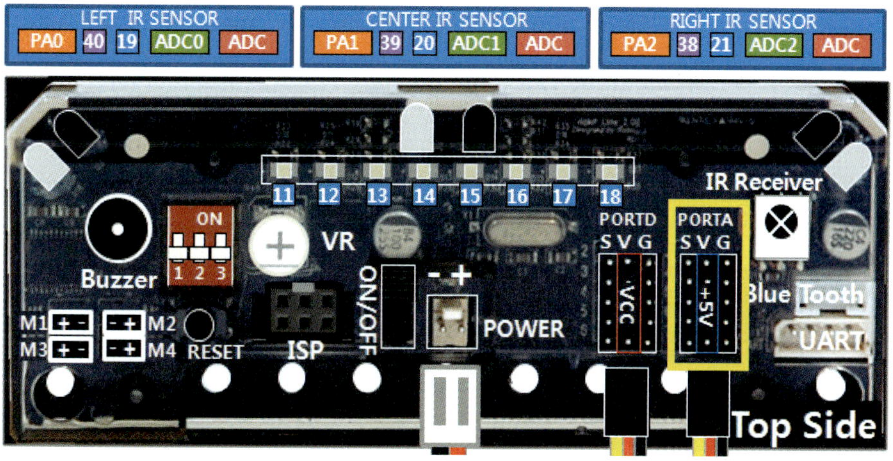

[그림 11-3] 인벤터 보드의 ADC 제어

ADC의 기능을 갖고 있는 핀은 19번부터 26번까지이며 19번은 A0, 20번은 A1, 21번은 A2로 정의되어 있다. 이런 식으로 핀 번호 대신 A0, A1,…. A7을 사용해도 된다. 내장된 전방 적외선 센서 3개는 19번, 20번, 21번이며 나머지 22번부터 26번은 외부 ADC 장치와 연결할 수 있도록 구성하였다.

PORTA (USE SENSOR)				
PA3	37	22	ADC3	ADC
PA4	36	23	ADC4	
PA5	35	24	ADC5	
PA6	34	25	ADC6	
PA7	33	26	ADC7	

[그림 11-4] 인벤터 보드의 ADC 핀 설정

2) 아두이노 함수 설명

```
analogRead(pin);
pin: 아날로그 핀 번호
반환: 0 ~ 1023 정수 값
```

위의 함수는 0~5V 이내의 아날로그 입력 값을 0~1023 사이의 디지털 값으로 반환하여 준다. 핀 번호는 핀 맵의 번호를 사용해도 되지만 앞에서도 언급한 것처럼 A0, A1, A2와 같은 기호를 사용할 수 있다.

학습 11

3. 스위치 사용하기

스위치(Switch) 모듈은 눌렸을 때 일정한 신호를 제어기에 전달하는 장치이다. 스마트 인벤터 보드에는 딥 스위치 모듈(아래 왼쪽)이 내장되어 있는데 3개의 스위치가 한 개의 모듈로 이루어져 있는 형태이다.

1) 스마트 인벤터 보드 내장 스위치 사용하기

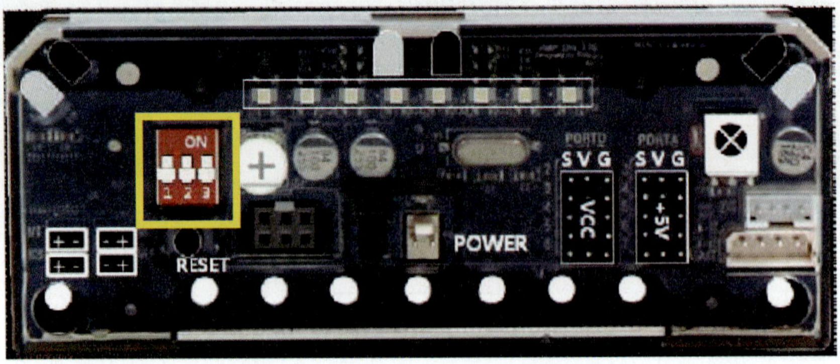

[그림 11-5] 인벤터 보드의 스위치 제어

[그림 11-6]처럼 딥 스위치 모듈은 내부 모듈이므로 핀이 지정되어 있어서 8번이 1번 스위치, 2번이 9번 스위치, 10번이 3번 스위치로 되어 있으며 각 핀의 상태를 읽어 해당 스위치의 on/off 상태를 파악할 수 있다.

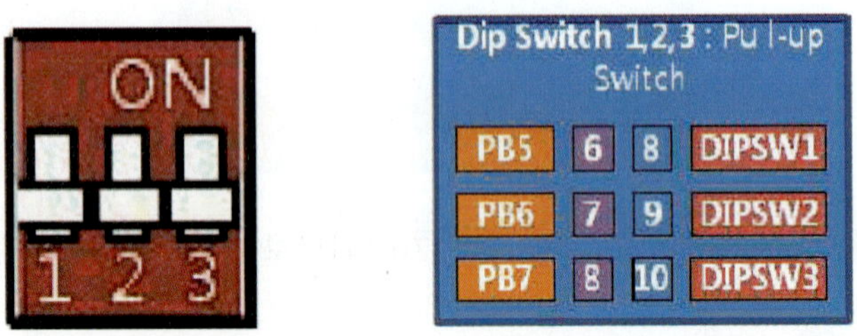

[그림 11-6] 인벤터 보드의 딥 스위치 설정

2) 아두이노 함수 설명

pinMode(핀 번호, INPUT);
pinMode(핀 번호, INPUT_PULLUP);
스위치는 입력 장치에 해당하므로 스위치와 연결된 핀을 입력(INPUT)으로 설정하여야 한다. 그러나 스위치의 회로 구성 상태에 따라 풀업 상태의 입력을 (INPUT_PULLUP)해 주어야 하는 경우도 있다. 스마트 인벤터 보드의 내장 딥 스위치가 바로 이 경우에 해당 되므로 본 장치를 사용하고자 한다면 INPUT_PULLUP으로 파라미터를 설정해 주어야 한다.

digitalRead(pin);
pin: 디지털 핀 번호
반환: HIGH(1), LOW(0)
핀의 상태를 읽어오는 함수로서 디지털 형식의 값인 1 아니면 0의 값으로 알려준다.

4. Serial 통신

Serial 통신은 직렬 통신이라고도 부른다. 컴퓨터와 컴퓨터 간 혹은 컴퓨터와 주변 장치 간에 데이터를 주고 받을 때에 비트 단위로 전송을 하는 방식을 취하는데 하나의 통신선으로 한 주기에 한 비트씩 차례로 보내는 방식이 바로 시리얼 통신 방식이다.

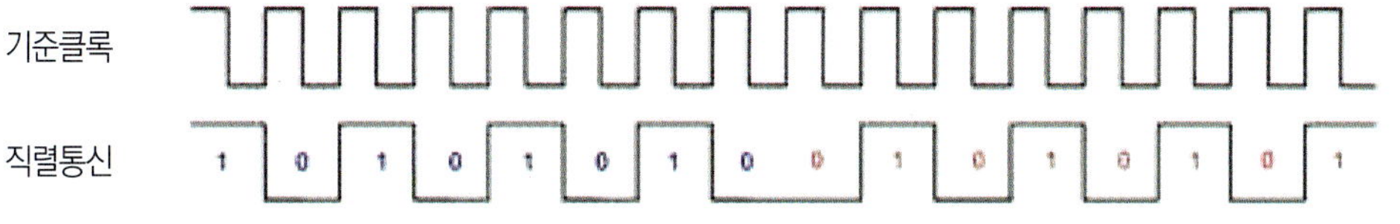

[그림 11-7] 직렬통신 파형

[그림 11-7]에서처럼 일정한 주기를 가진 클록이 주어지면 이 클록을 기준으로 0과 1의 신호를 주기에 맞추어서 보내게 된다. 따라서 기준 클록의 주기를 짧게 하면 통신 속도가 빨라지고 반면에 주기를 길게 하면 통신 속도 역시 느려지게 된다.

시리얼 통신을 하는 장치들은 보통 4개의 핀으로 이루어진다(비동기식). 전원 핀(V와 G), 그리고 Tx 핀과 Rx 핀이다. Tx는 데이터를 송신하는 송신측(Transceiver)핀이고 Rx는 데이터를 수신하는 수신측(Receiver)핀이다. 혹은 V 핀을 구성하지 않고 Tx와 Rx 그리고 GND핀으로만 되어 있는 경우도 있다.

학습 11

1) 연결 방법

시리얼 통신의 배선 예가 다음 그림에 나타나 있다.

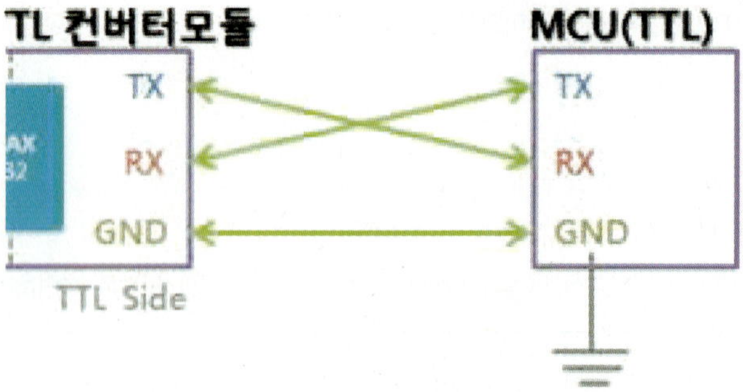

[그림 11-8] 시리얼 통신 배선방법

2) 시리얼 통신 방법의 예

이 예에서처럼 컴퓨터와 컴퓨터 간, 혹은 컴퓨터와 주변 장치 간에 시리얼 통신 장치를 배선할 때에는 아래 그림에서처럼 MCU의 Tx를 통신하고자 하는 주변장치의 Rx와 연결하여야 한다.

하지만 스마트 인벤터 보드에서는 시리얼 통신 장치들을 연결할 수 있도록 커넥터들을 구성해 놓았으므로 배선 방법을 고민하지 않고 편리하게 사용할 수 있다. PC와 시리얼 통신하기 위해 연결하는 경우, 아래 그림에서처럼 스마트 인벤터 보드의 UART 소켓에 BLE 보드를 연결한 것으로 배선은 완료된다.

[그림 11-9] BLE 보드와 제어기 연결

3) 스마트 인벤터 보드 내장 UART 사용하기

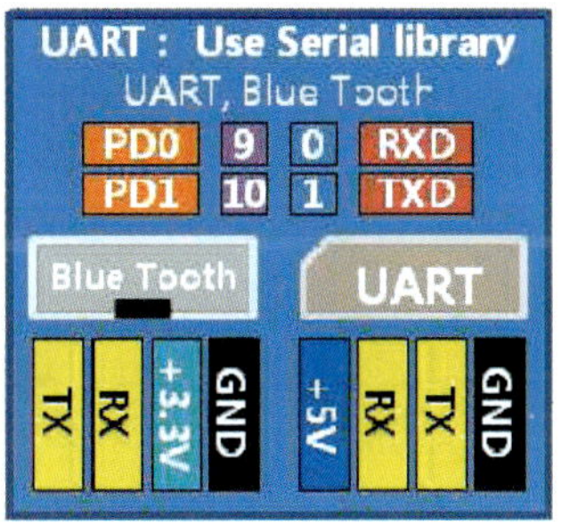

[그림 11-10] 인벤터 보드의 UART 설정

스마트 인벤터 보드에서 시리얼 통신 소켓은 두 개가 설치되어 있다. 하나는 블루투스 모듈을 연결할 수 있으며 블루투스 구동 전압인 3.3V를 공급할 수 있도록 하였다. 다른 하나는 USB 업로더나 임의의 시리얼 통신 장치를 연결하기 위하여 사용하는 소켓으로 스마트 인벤터 보드의 기본 구동전압인 5V를 사용한다. 유의해야 할 것은 사용자의 편의를 위해서 소켓을 두 개로 구성하였지만 하나의 시리얼 통신포트를 공유한다는 점이다. 따라서 두 개의 소켓에 모두 통신 장치를 연결하여 동시에 사용할 수는 없다.

4) 아두이노 함수 설명

Serial.begin(bps);
시리얼 통신 포트를 열고 통신 속도(기준 클럭)를 결정하는 함수이다. 여기서 bps(bit persecond)는 통신 속도인데 2400 / 4800 / 9600 / 14400 / 19200 / 38400 / 57600 / 115200bps를 사용할 수 있다.

Serial.available();
현재 수신된 바이트의 개수를 반환한다. 아두이노는 64바이트의 용량을 지닌 시리얼 데이터 수신 버퍼를 운영하는데 수신된 바이드들을 우선 이 버퍼에 저징한 후 아직 읽지 않은 데이터의 개수를 이 함수를 통해 알려준다.

Serial.read();
버퍼에 저장된 수신 바이트 중 가장 먼저 저장된 1개의 바이트를 읽어 온다.
Serial.readbytes(buffer, length);
Buffer: 수신된 바이트들을 저장할 버퍼 이름
Length: 읽어올 바이트의 개수

학습 11

수신된 바이트들을 동시에 여러 개 읽어올 때 사용한다. 배열 변수로 정의된 버퍼의 이름과 읽기를 희망하는 바이트의 개수를 지정해서 함수를 호출하면 실제로 읽어온 바이트의 개수를 반환하게 된다.

Serial.println(val);
시리얼 통신 포트를 통해 ASCII 문자열 데이터를 출력하는 함수이다. 예를 들면
Serial.print(50); -> ASCII 문자열 "50"을 송신한다(값 50을 송신하는 것이 아님).
Serial.print("Hello world") -> ASCII 문자열 "hello world"를 송신한다. 이렇게 송신을 마친 후에는 라인피드와 캐리지 리턴에 해당하는 ASCII코드를 전송하여 줄 바꿈을 해준다. 만약 이러한 줄 바꿈을 원치 않는 경우에는 Serial.print()를 사용하면 된다.

Serial.write(val);
하나의 바이트를 송신한다. 따라서 피라메터 val에는 0~255의 숫자가 들어가야 한다. ASCII 문자열을 보내는 print()와는 달리 실제 이진 데이터를 송신한다.

void serialEvent() { 문장1, 문장2,… }
이 함수를 사용하면 바이트가 수신될 때마다 자동으로 중괄호 내의 문장들이 실행된다. 보통 이 함수 안의 문장들에는 Serial.read()가 포함되어 수신된 바이트를 읽는 코드가 포함되어 있다. 이렇게 데이터를 수신하면 데이터를 수신하기 위해 특정 루프를 계속 돌리거나, 혹은 계속 대기하는 방식보다 더 효율적인 방식이라고 할 수 있을 것이다.

5. BUZZER 소리내기

부저 혹은 피에조 장치(Piezo Device)는 전기 에너지를 진동으로 바꾸어주는 장치의 일종으로서 공기 진동을 발생시켜 소리를 만들어 낸다. 소리에는 높낮이가 있고 이 높낮이는 1초 동안 스피커가 몇 번 진동하며 공기를 진동하는 지의 여부에 따라 결정된다. 이처럼 1초 동안 진동하는 진동수를 Hz라 하며 이 진동수에 의해 형성되는 소리의 높낮이를 피치(Pitch)라 한다. 아두이노에서는 tone이라는 함수를 이용하여 제어기에 연결된 스피커를 일정한 주파수로 진동시켜 소리를 만들어 낼 수 있다.

1) 스마트 인벤터 보드 내장 버저 사용하기

Buzzer는 보드 안에 내장되어 있다. 아두이노 7번 핀으로 사용된다.

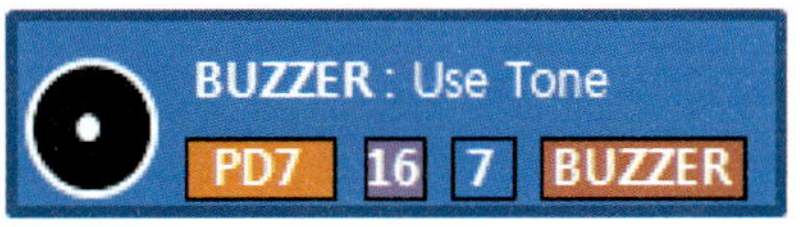

[그림 11-11] 인벤터 보드의 버저 설정

2) 아두이노 함수 설명

- Buzzer

비프음을 만들어 내는 tone함수는 따로 라이브러리를 추가하지 않고서도 사용할 수 있다. 다만 피치 데이터를 한데 묶은 pitches.h 파일을 필요로 하는 예제가 있으며 그렇지 않은 예제도 있으므로 예제를 실행하기 전에 먼저 살펴볼 필요가 있다. pitches.h 파일은 아두이노 IDE의 tone예제 폴더(예제 → DIGITAL → toneMelody)에 함께 포함되어 있는 것을 사용하거나 아두이노 홈페이지에서 얻을 수 있다.

tone(pin, frequency)
tone(pin, frequency, duration)

tone() 함수의 첫 번째 파라메터인 pin은 스피커와 연결된 핀을 의미한다.
Frequency에는 피치를 입력한다. duration은 음이 재생되어야 하는 시간으로서 밀리세컨드(1/1000초) 단위로 입력한다.

noTone(pin)
해당 핀의 음 생성 신호를 멈춘다. 다른 음계를 연주하고 싶다면 이 함수를 사용하여 일단 기존의 음 생성을 멈추어야 한다.

학습 11

6. 7조 센서(바닥 센서) 사용하기

스마트 인벤터 보드의 특징 중 하나는 라인 트레이서 로봇을 쉽게 만들 수 있도록 바닥의 7개의 IR 센서를 배치하였다는 점이다.

바닥에 있는 7개의 IR 센서는 센서로부터 1cm 이내의 물체를 감지하여 단순히 HIGH(감지됨) 나 LOW(감지 안됨)으로 알려주거나 흰색 바탕의 검은 색을 감지하여 HIGH(감지 안됨)나 LOW(감지됨)로 검은색 감지 여부를 알려준다.

1) 스마트 인벤터 보드 내장 버저 사용하기

바닥의 7조 센서는 제어기 윗부분의 가변 저항을 돌려서 감도를 조절할 수 있다. 7조 센서를 처음 사용하거나 환경이 바뀐 경우에는 반드시 감도를 조절하여야 한다.

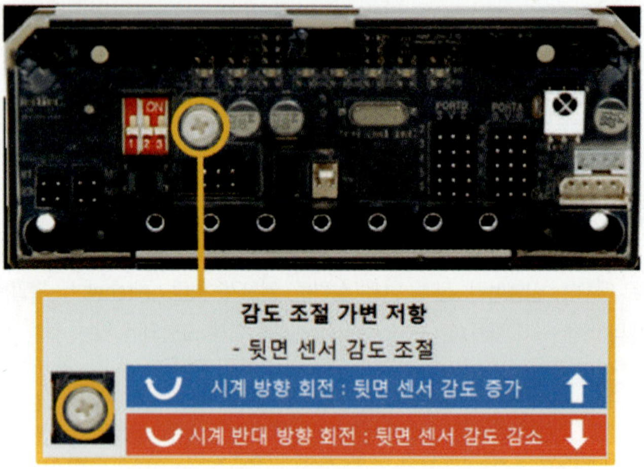

[그림 11-12] 7개조 센서 감도 조절 방법

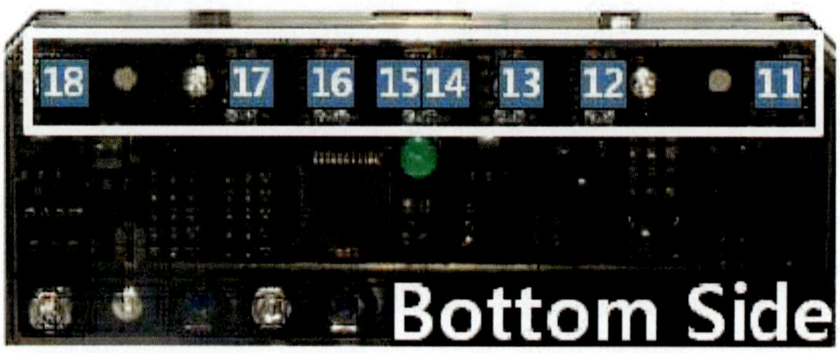

[그림 11-13] 7조 센서(바닥 센서) 사용

2) 아두이노 함수 설명

digitalRead(pin);
pin: 디지털 핀 번호
반환: HIGH(1), LOW(0)
핀의 상태를 읽어오는 함수로서 디지털 형식의 값인 HIGH(1) 아니면 LOW(1)의 값으로 알려준다. HIGH일 때에는 물체가 감지되었거나 검은색이 감지되지 않은 경우이며 LOW일 때에는 물체가 감지되지 않았거나 검은색이 감지된 경우이다.
여기서 유의해야 할 것은 14번과 15번 핀은 가운데 센서에 연결되어 있어 가운데 센서를 감지하면 핀의 상태가 동일하게 변경된다는 것이다.

7. DC 모터 제어

DC모터는 바퀴 구동형 로봇을 만들 때 필요한 모터로서 360도 무한 회전하는 모터이다.

1) 스마트 인벤터 보드 내장 DC 사용하기

DC모터의 연결 핀의 위치는 아래와 같다.

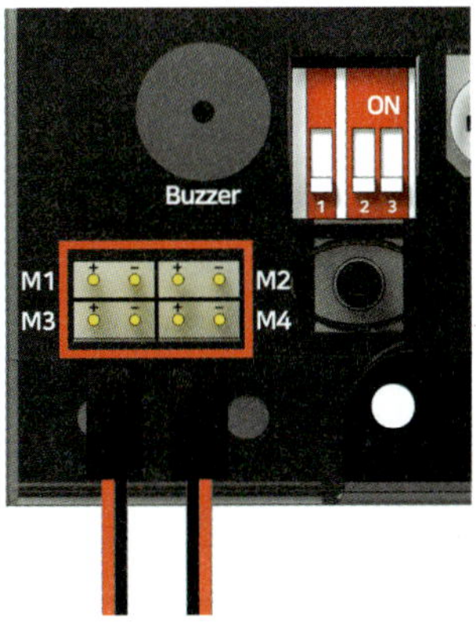

[그림 11-14] DC모터 핀 연결

붉은색 사각형으로 표시된 위치가 DC모터가 연결되는 핀이다.

2개의 DC모터를 제어할 수 있다. M1과 M2는 DC모터를 별도로 제어할 수 있는 핀이지만 M1과 M3는 하나의 DC모터 드라이버를 공유하고 있어 별개로 제어할 수 없으므로 M1이나 M3 어디에나 연결해도 상관이 없다. M2와 M4 역시 동일한 DC모터 드라이버를 공유하고 있어 각각 별도로 제어할 수 없다. 배선할 때 극성은 위의 그림처럼 연결하면 된다.

학습 11

2) 라이브러리 추가하기

DC모터를 제어할 수 있도록 라이브러리가 필요하다(SmartInventor 라이브러리). 하지만 로보링크에서 ADD-ON 된 아두이노 파일을 사용하면 별도의 추가 과정 없이 사용이 가능하다.

3) 아두이노 함수 설명

```
SmartInventor.DCMotorUse();
DC 모터를 사용할 수 있도록 초기화한다.
```

SmartInventor.DCMotor(모터 선택, 회전 방향, 속도);
DC 모터를 개별 제어한다.

모터는 각각 M1, M2를 선택하여 입력할 수 있다.
회전 방향 : CW: 정회전 / CCW: 역회전 / STOP: 빠른정지 / LOOSE: 느린 정지
속도는 0부터 100까지의 값을 사용한다.

- 모터 회전 방향 원리
1개의 DC 모터를 구동하는 데 2개의 Logic 신호가 필요하며, 이 Logic 신호는 모터의 방향을 결정하는데 사용된다.

스마트 인벤터 보드에서는 DC 모터 드라이버가 내장되어 있으므로 logic핀 역시 고정되어 있다. M1(M3)는 2번과 3번 핀이, M2(M4)는 4번과 5번 핀이 할당되어 있다.

다음의 그림을 보면 C와 D 두개의 핀에서 신호가 드라이버로부터 들어오고 있으며 각 핀의 신호상태에 따라 정회전, 역회전, 모터정지, 혹은 브레이크로 기능이 달라진다.

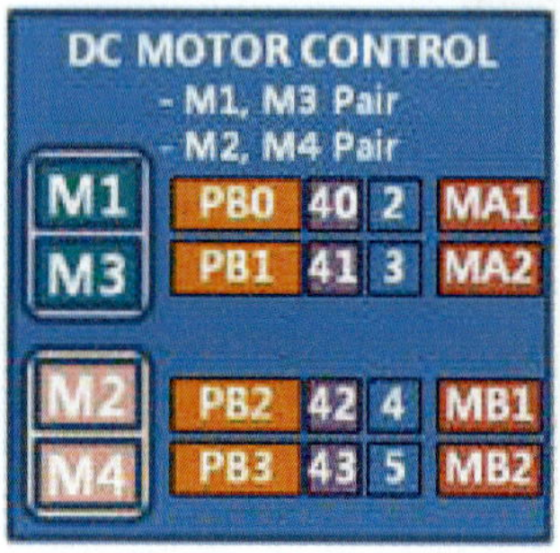

Inputs		Function
V_{en} = H	C = H ; D = L	Forward
	C = L ; D = H	Reverse
	C = D	Fast Motor Stop
V_{en} = L	C = X ; D = X	Free Running Motor Stop

L = Low H = High X = Don't care

[그림 11-15] DC모터 제어 사양

8. 서보 모터 제어

RC서보모터는 계속 회전하는 것이 아닌 각도를 제어할 수 있는 모터를 의미한다. 가장 많이 쓰이는 서보 모터는 PWM으로 제어하는 RC서보 모터이다.

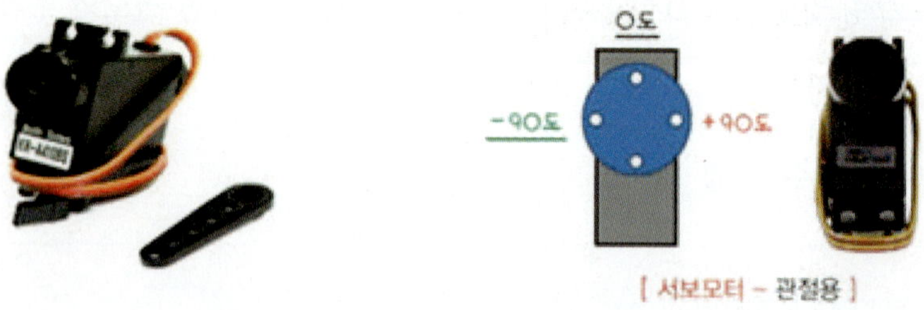

[그림 11-16] RC서보 모터

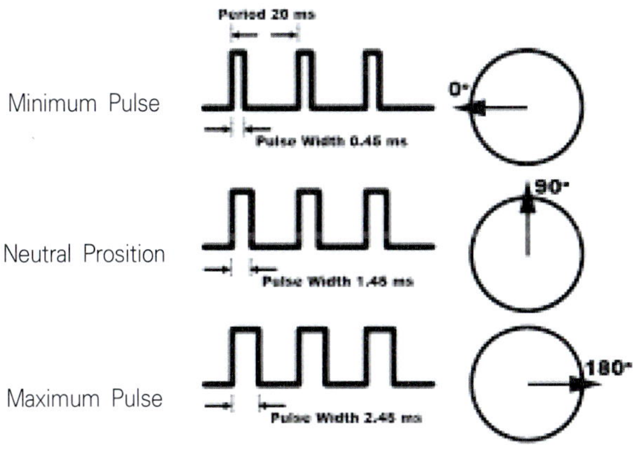

[그림 11-17] 서보모터 PWM과 각도(Angle) 관계

1) 스마트 인벤터 보드 내장 서보모터 사용하기

연결방법은 서보 모터의 연결 핀의 위치는 아래와 같다.

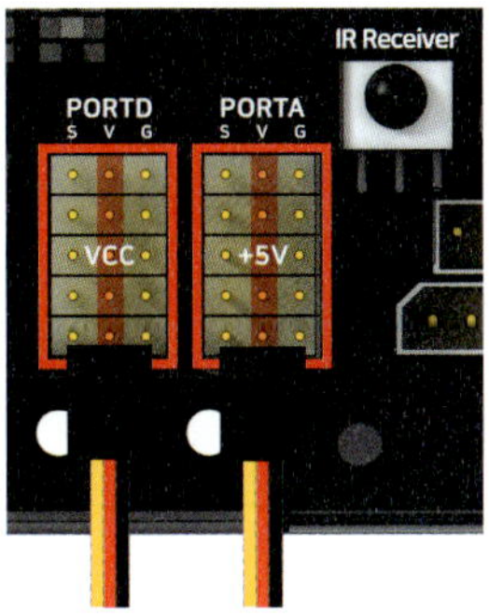

[그림 11-18] 서보 모터의 연결 핀의 연결

주황색(PORTD)과 파란색(PORTA) 사각형의 위치가 서보모터를 연결하는 핀의 위치이다. 주황색 핀과 파란색 핀의 차이는 전압에 있는데 주황색 핀에 연결하는 경우에는 서보모터에 외부 배터리 전압이 그대로 공급되고 파란색 핀에 연결하는 경우에는 5V전압이 서보모터에 공급된다. 만약 제어기에 연결된 배터리전압이 7V 인데 연결한 서보모터의 정격전압이 5V인 경우 서보모터의 파손이나 작동시 떨림이나 과열이 발생할 수 있으므로 주황색 위치에 연결할 때에는 유의해야 한다.

학습 11

2) 라이브러리 추가하기

서보모터를 제어할 수 있도록 라이브러리가 필요하다(servo 라이브러리). 하지만, 로보링크에서 ADD-ON 된 아두이노 파일을 사용하면 별도의 추가 과정없이 사용이 가능하다.

3) 아두이노 함수 설명

각각의 서보모터들을 제어하기 전에 먼저 아래와 같이 객체를 생성해야 한다.

```
Servo myservo1;
Servo myservo2;
```

서보모터 객체의 이름은 임의로 정할 수 있다.

- 멤버함수: Servo모터

attachPin(핀 번호)

서보모터를 제어할 핀들을 설정한다. 서보모터를 연결한 핀의 번호를 파라메터로 입력하면 된다. 예를 들어 27번과 28번에 서보모터를 연결하였다면 아래와 같이 입력하면 될 것이다.

```
myservo1.attach(27);
myservo2.attach(28);
```

myservo1.write(서보모터각도)

파라미터에는 0~180도의 서보모터의 각도 값이 들어가는데 서보모터의 제조사나 종류마다 서보모터가 실제 동작할 수 있는 각도 값은 다양하며 같은 값을 입력하였어도 서보모터의 종류마다 움직이는 각도의 위치는 다 다를 수 있다. 따라서 이 파라미터의 값은 사실상 상대 값이라고 보아야한다.

myservo1.detach( );

서보모터를 사용하다가 어떤 이유로 인가 제어기의 전원이 켜져있는 상태에서 서보모터의 축력을 풀어야 할 경우도 있다. 이와 같은 경우엔 다음과 같은 멤버 함수를 사용한다. 이때 서보모터의 축을 돌려보면 힘이 풀려 쉽게 돌아가는 것을 볼 수 있다.

9. IR 리모컨 사용하기

적외선 LED 송신 방식의 IR 리모컨은 빛(적외선)의 깜빡임으로 데이터를 송신하는 방식으로서 TV나 VCR과 같은 가전기기 등에 흔히 사용된다. 리모컨에서 데이터를 전송하면 수신모듈에는 포토트랜지스터를 사용해서 빛의 깜빡임을 검출하여 이를 통해 전달받은 정보를 제어기가 해독하게 된다. 스마트 인벤터 보드에서는 이와 같은 방식으로 전용 IR 리모컨을사용할 수 있게 설계 되었다.

1) 스마트 인벤터 보드 내장 IR 리모컨 사용하기

IR 리모컨 수신부는 보드에 내장되어 있으며 6번 핀과 연결되어 있다. 따라서 배선을 하거나 연결을 따로 할 필요가 없다.

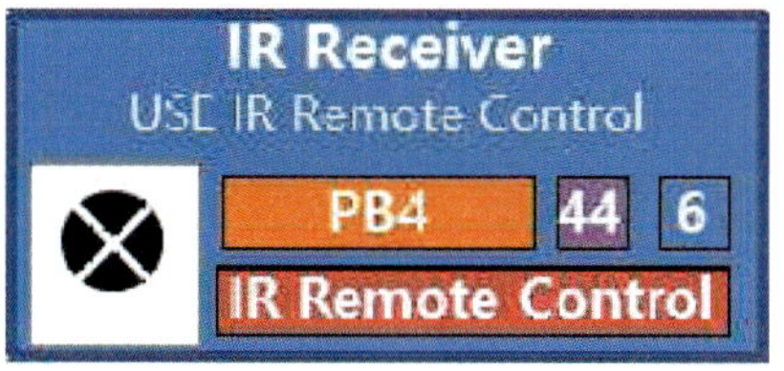

[그림 11-19] 인벤터 보드의 IR Receiver 설정

2) IR 리모컨 채널변경

로보링크 IR 리모컨은 최대 4개의 채널을 사용할 수 있다. 로봇은 여러 대가 동시에 움직여야 할 경우가 있는데 이 때 채널이 모두 동일하다면 간섭을 일으켜 조종하는데 많은 어려움이 있을 것이다.

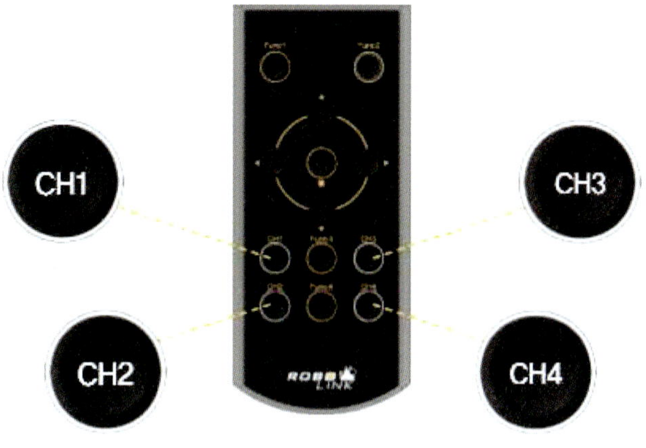

[그림 11-20] IR 리모컨 4채널

4개의 채널을 사용할 수 있다는 것은 최대 4대까지 로봇을 동시에 각각 다른 리모컨으로 제어할 수 있다는 뜻이다. 따라서 리모컨을 사용할 때 로봇이 정상적으로 동작하지 않는 경우엔 먼저 채널 변경 부분을 살펴보아야 한다.

리모컨 버튼 중 CH1~CH4 버튼(이하 채널버튼)은 채널을 바꿀 수 있는 기능을 갖고 있는데 이 버튼을 4~5초 이상 누르게 되면 각 버튼에 할당된 채널로 리모컨 세팅이 변경된다. 리모컨의 채널 변경버튼을 계속 누르고 있으면 약 4~5초 후에 리모컨 LED가 잠깐 점멸을 하고 이후에는 변경된 채널로 리모컨이 신호를 보내게 된다. 이렇게 리모컨 세팅이 변경된 후에는 제어기의 수신 채널도 리모컨에 맞추어 주어야 한다. 제어기는 딥 스위치(Dip Switch)로 수신채널을 변경할 수 있으며 변경방법은 다음 그림과 같다.

학습 11

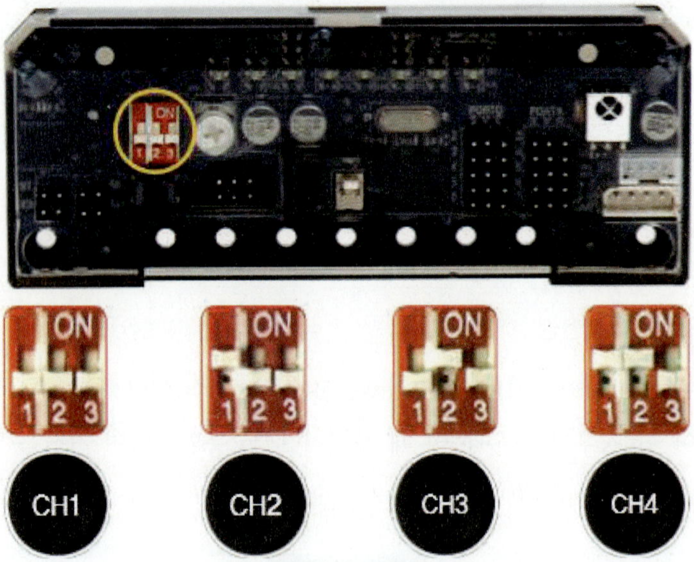

[그림 11-21] 스마트 인벤터 보드의 리모컨 채널 스위치 설정

만약 리모컨이 CH3으로 설정되어 있다면 제어기에서도 위의 그림에서처럼 딥 스위치 1번을 아래로 내리고 2번을 위로 올려서 채널 설정을 하면 된다.

유의해야 할 채널은 2번 채널인데 만약 2번 채널을 사용하였다가 리셋 버튼을 눌러 초기화 하거나 전원이 꺼졌다 켜진 경우 아두이노 업로드 모드로 진입할 수 있기 때문이다. 이 때에는 일단 1번 스위치를 아래로 내려 어플리케이션을 실행시킨 후 다시 스위치 1번을 올려 채널을 바꾸는 것이 좋다.

프로그래밍을 위해서는 먼저 정의된 버튼의 이름을 알고 있어야 한다.

각 버튼의 이름은 아래와 같다.

[그림 11-22] 리모컨 버튼이름

3) 라이브러리 추가

IR 리모컨을 제어할 수 있도록 라이브러리가 필요하다(SmartInventor 라이브러리). 하지만 로보링크에서 ADD-ON된 아두이노 파일을 사용하면 별도의 추가 과정 없이 사용이 가능하다.

4) 아두이노 함수

SmartInventor.TVRemoconUse();
// 로보링크 IR 리모컨을 사용할 수 있도록 초기화한다.

SmartInventor.TVRemoconData();
// 리모컨에서 송신하는 버튼 데이터 값을 받는다. 버튼 데이터는 항상 1byte로 고정되어 있으며, 어떠한 버튼도 눌려지지 않아서 데이터를 받지 않은 경우에는 0을 출력한다.

학습 11

수행 내용

재료 · 자료

• Arduino, 드론의 제어 및 코딩 관련 자료

기기(장비 · 공구)

• 컴퓨터, 코드론, BLE 보드, 스마트 인벤터 보드, USB케이블, 4핀 케이블

안전 · 유의사항

• 컴퓨터, 코드론, BLE 보드 및 스마트 인벤터 보드의 전원을 관리한다.

수행 순서

01 LED를 켜고 끄기를 구현한다. 아래 예제는 아두이노 스케치에 포함된 Blink예제와 동일한 것으로 8개의 LED 중 양 끝에 있는 LED(11번, 18번)를 일정한 간격으로 깜빡이게 하는 예제를 작성해 본다.

173쪽 2번 인벤터 보드와 PC 연결방법을 참조한다.

```
void setup()
{
pinMode(11, OUTPUT);                // 해당 핀을 출력으로 설정
pinMode(18, OUTPUT);                // 해당 핀을 출력으로 설정
}
void loop()
{
digitalWrite(11, HIGH);             // LED를 켠다.
digitalWrite(18, HIGH);             // LED를 켠다.
delay(1000);                        // 1초 기다리기

digitalWrite(11, LOW);              // LED를 끈다.
digitalWrite(18, LOW);              // LED를 끈다.
delay(1000);                        // 1초 기다리기
}
```

delay 파라미터는 1/1000(ms)초 단위 이며 LED를 켜고 끄는 시간을 조절하기 위해서는 delay 시간을 줄이거나 늘리면 된다.

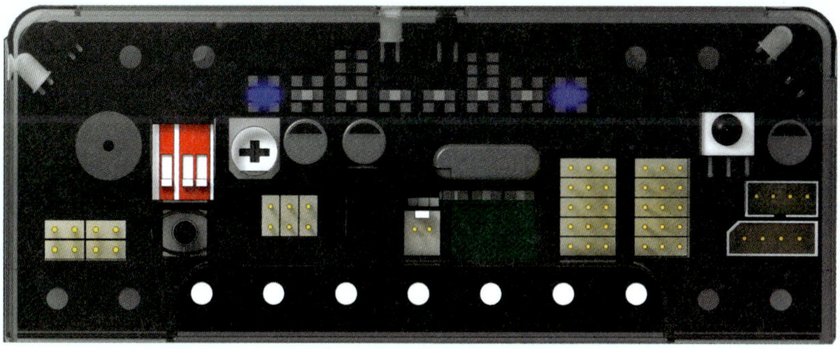

[그림 11-23] 양쪽 끝 LED가 일정한 주기로 깜빡인다.

1번 프로그램을 수행하면 다음 그림처럼 양쪽 끝 LED가 일정한 주기로 깜빡인다.

02 내장된 전방 적외선 센서 값 출력하기를 구현하라.

아래 예제는 전방에 있는 3개의 ADC 값을 출력한다. 실행시킨 후 시리얼 모니터를 열어서 값을 출력하는 도중 전방에 있는 세 개의 센서에 물체나 손을 갖다 대면 값의 변화가 있는 것을 확인할 수 있다.

```
void setup()  {
Serial.begin(9600); //시리얼 통신 포트를 연다.
}

void loop()  {
int frontSensor0 = analogRead(A0); //전방의 센서 3개의 값을 읽어온다.
int frontSensor1 = analogRead(A1);
int frontSensor2 = analogRead(A2);

Serial.print(frontSensor0); //값을 출력한다.
Serial.print(" ");
Serial.print(frontSensor1);
Serial.print(" ");
Serial.println(frontSensor2);
}
```

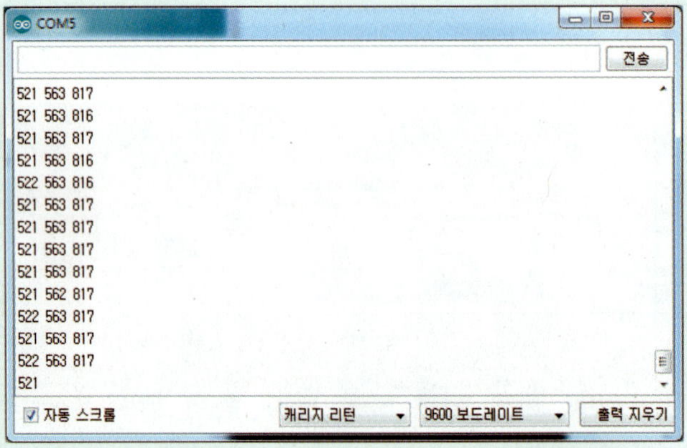

[그림 11-24] 내장된 전방 적외선 센서 값 출력하기

아두이노의 시리얼 모니터 기능을 켜야 값을 확인할 수 있다.

03 전방 적외선 센서로 내부 LED 제어하기를 구현하라.

전방에 있는 센서를 감지시킬 때 내부 LED가 켜지는 예제이다.

```
void setup()  {
pinMode(11, OUTPUT);
pinMode(14, OUTPUT);
pinMode(15, OUTPUT);
pinMode(18, OUTPUT);
}

void loop()  {
int frontSensor0 = analogRead(A0);
int frontSensor1 = analogRead(A1);
int frontSensor2 = analogRead(A2);

// 각각의 센서가 감지되었는 지 판단
if(frontSensor0 < 100) digitalWrite(11, HIGH);
else digitalWrite(11, LOW);

if(frontSensor1 < 100){
digitalWrite(14, HIGH); digitalWrite(15, HIGH);}
```

```
else{
digitalWrite(14, LOW); digitalWrite(15, LOW);}

if(frontSensor2 < 100) digitalWrite(18, HIGH);
else digitalWrite(18, LOW);
}
```

왼쪽 전방 센서를 감지하면 가장 왼쪽의 LED가 켜지고, 중앙의 전방 센서를 감지하면 가운데 LED 두개가 켜지고, 오른쪽 전방 센서를 감지하면 가장 오른쪽의 LED가 켜지게 된다. 일정 주기로 번갈아 가며 깜빡인다.

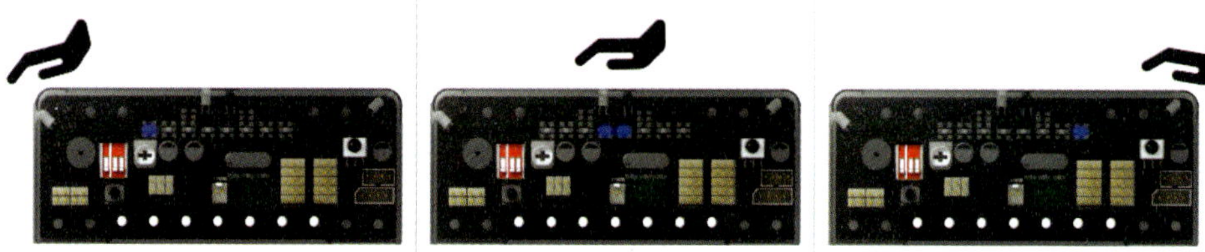

[그림 11-25] 전방 적외선 센서로 내부 LED 제어하기

[예제 검토] 센서가 감지되었는지의 여부를 100의 값을 기준으로 하여 판단하였으나 이 값은 주의 환경이나 감지되는 물체의 종류에 따라서 상당히 달라질 수 있다. 따라서 예제3를 실행하기 전에 예제2을 실행하여 센서 값의 상태를 확인해 보는 것이 좋다.

04 스위치를 사용하여 딥 스위치의 상태 출력하기를 구현하라.

이 예제는 딥 스위치의 상태를 시리얼 모니터로 출력해 주는 예제이다.

딥 스위치를 전부 아래로 내렸을 경우에는 모두 1로 출력되고 위로 올렸을 경우에는 0으로 출력된다. 실행 전에 시리얼 모니터를 열어 놓아야 결과를 알 수 있다.

```
void setup() {
Serial.begin(9600);
pinMode(8, INPUT_PULLUP); //풀업상태의 입력으로 세 핀을 설정한다.
pinMode(9, INPUT_PULLUP);
pinMode(10, INPUT_PULLUP);
```

```
}
void loop()  {
int dipSW1 = digitalRead(8); //핀의 상태를 읽는다.
int dipSW2 = digitalRead(9);
int dipSW3 = digitalRead(10);
Serial.print(dipSW1);
Serial.print(" ");
Serial.print(dipSW2);
Serial.print(" ");
Serial.println(dipSW3);
}
```

딥 스위치를 전부 아래로 내렸을 경우에는 모두 1로 출력된다. 실행 전에 시리얼 모니터를 열어 놓아야 결과를 알 수 있다.

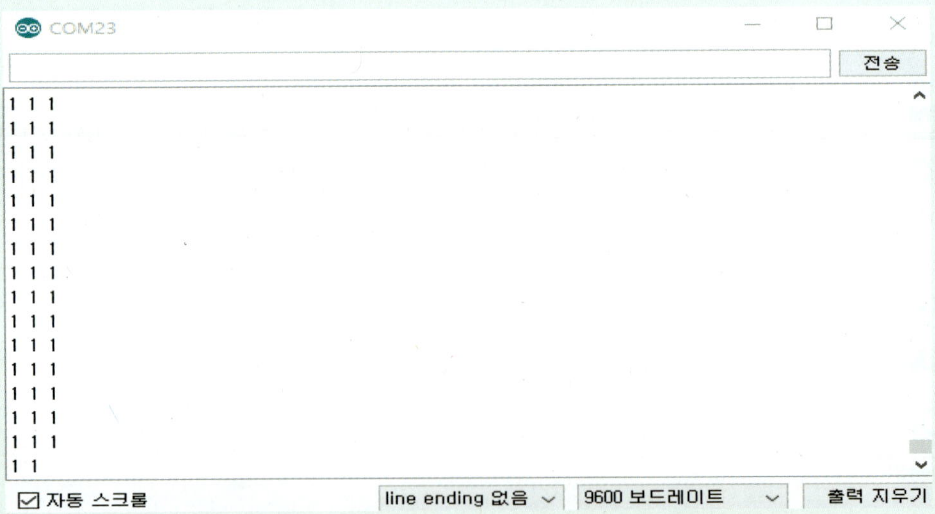

[그림 11-26] 딥 스위치를 전부 아래로 내렸을 경우에는 모두 1로 출력

딥 스위치를 전부 위로 올렸을 경우에는 0으로 출력된다. 실행 전에 시리얼 모니터를 열어 놓아야 결과를 알 수 있다.

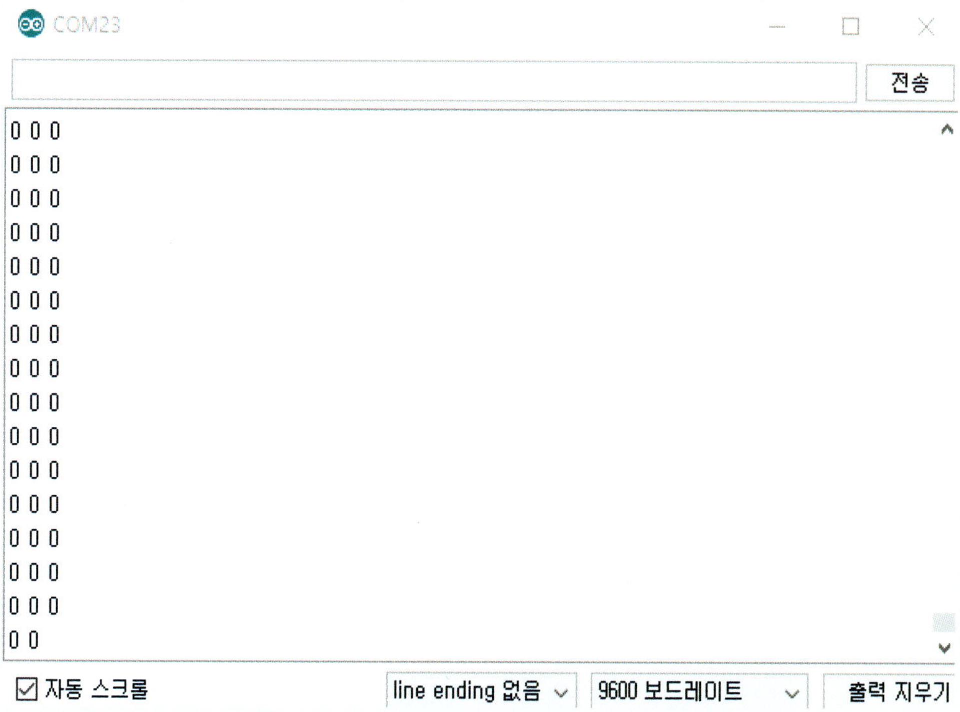

[그림 11-27] 딥 스위치를 전부 위로 올렸을 경우에는 0으로 출력

05 시리얼 통신을 사용하여 센서 감지 여부를 시리얼 모니터로 출력하기를 구현하라.

전방에 있는 3개의 적외선 센서의 물체 감지 여부를 나타내는 예제이다.

```
void setup() {
Serial.begin(9600);
}
void loop() {
int frontSensor0 = analogRead(A0);
int frontSensor1 = analogRead(A1);
int frontSensor2 = analogRead(A2);
if(frontSensor0 < 100) { Serial.println("found on the left"); }
if(frontSensor1 < 100) { Serial.println("found on the center"); }
if(frontSensor2 < 100) { Serial.println("found ont the right"); }
}
```

학습 11

물체가 감지되면 3개 중 어느 물체에 감지되었는지의 여부를 알려준다. 실행 전 시리얼(Serial) 모니터를 화면에 띄워 놓도록 한다.

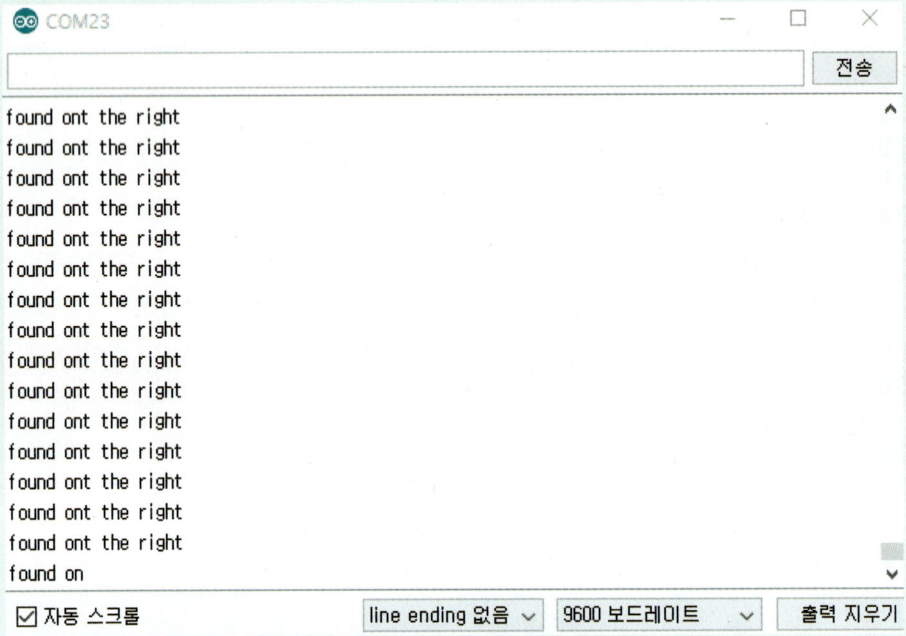

[그림 11-28] 오른쪽 감지

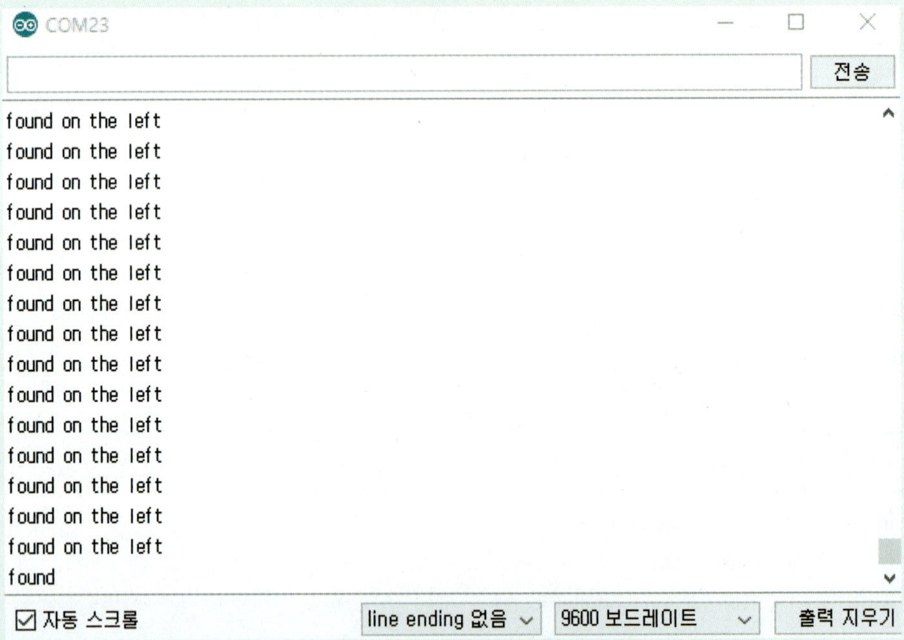

[그림 11-29] 왼쪽 감지

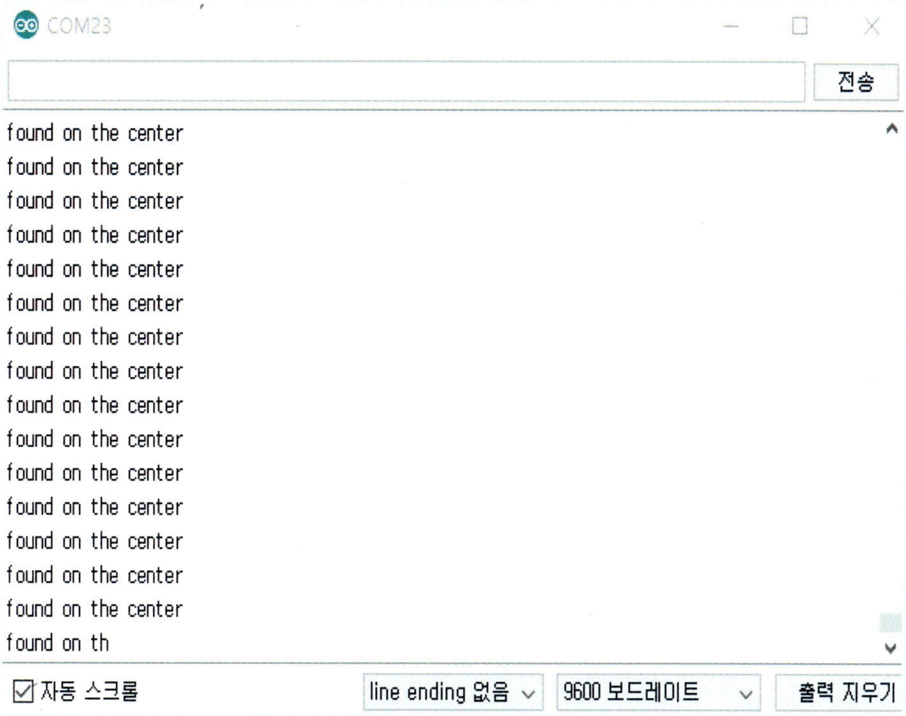

[그림 11-30] 중앙 감지

06 시리얼 통신을 사용하여 수신 받은 값에 따라 8개의 내부 LED를 깜빡이기를 구현하라.

시리얼 모니터의 입력 창에 0~9까지의 번호를 입력하고 전송버튼을 누르면 그 횟수에 따라 8개의 내부 LED가 깜빡이는 예제이다. 시리얼 모니터 창을 띄우고 전송창에 0부터 9까지 숫자를 입력하고 엔터를 누르거나 전송버튼을 누르면 그 숫자의 횟수만큼 LED가 깜빡이는 것을 볼 수 있다.

```
int recvBytes;
int num;
char inChar[0];

void setup() {
pinMode(11, OUTPUT);
pinMode(12, OUTPUT);
```

```
pinMode(13, OUTPUT);
pinMode(14, OUTPUT);
pinMode(15, OUTPUT);
pinMode(16, OUTPUT);
pinMode(17, OUTPUT);
pinMode(18, OUTPUT);
Serial.begin(9600);
Serial.println("Ready... ");
inChar[0] = '0'; // 캐릭터형으로 초기화
}

void loop()  {
if(recvBytes) // 새로 들어온 데이터가 있다면 LED 깜빡이기
{
for(int j = 0; j < num; j++)  // 0.1초 간격으로 깜빡이기
{
digitalWrite(11, HIGH);
digitalWrite(12, HIGH);
digitalWrite(13, HIGH);
digitalWrite(14, HIGH);
digitalWrite(15, HIGH);
digitalWrite(16, HIGH);
digitalWrite(17, HIGH);
digitalWrite(18, HIGH);
delay(100);
digitalWrite(11, LOW);
digitalWrite(12, LOW);
digitalWrite(13, LOW);
digitalWrite(14, LOW);
digitalWrite(15, LOW);
digitalWrite(16, LOW);
digitalWrite(17, LOW);
digitalWrite(18, LOW);
delay(100);
}
}
}
void serialEvent() // 데이터가 수신되면 실행되는 이벤트 함수
{
recvBytes = Serial.available(); // 수신된 데이터의 개수를 수신함
```

```
if(recvBytes)
{
inChar[0] = (char)Serial.read(); // 수신된 데이터를 캐릭터형 배열 변수에 저장
num = atoi(inChar); // 받은 캐릭터를 정수로 변환함
}
}
```

위 프로그램을 수행하면 시리얼 모니터 창을 띄우고 전송 창에 0부터 9까지 숫자를 입력하고 엔터를 누르거나 전송버튼을 누르면 그 숫자의 횟수만큼 LED가 깜빡이는 것을 볼 수

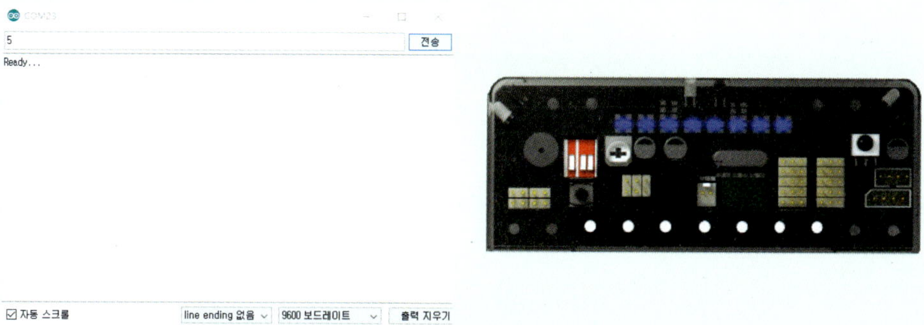

[그림 11-31] 숫자의 횟수만큼 LED가 토글

[예제 검토] 수신된 데이터는 정수형이 아닌 ASCII 캐릭터 값이다. 따라서 캐릭터 값(0~9)을 정수로 바꾸어주기 위해 atoi(char*)를 사용하였다. atoi함수의 파라미터 데이터 타입은 캐릭터 배열이므로 캐릭터를 저장하는 변수(inChar)의 데이터 타입 역시 배열 형으로 하였다.

학습 11

07 Buzzer 소리내기를 이용하여 짧은 멜로디를 연주하기를 구현하라.

이 예제를 실행하기 전에 예제가 들어있는 폴더에 음계 데이터가 들어있는 pitches.h 파일이 함께 들어 있어야 한다.

```
#include "pitches.h" // 음의 높낮이(음계) 모음 헤더파일 추가
int melody[] = { NOTE_C4, NOTE_G3,NOTE_G3, NOTE_A3, NOTE_G3,0, NOTE_B3, NOTE_C4};//
연주할 음계 정의
```

```
int noteDurations[] = { 4, 8, 8, 4,4,4,4,4 };  //연주할 피치들을 정의함
//각 피치의 연주해야 할 길이를 음표로 나타냄 (4: 4분 음표 8: 8분 음표)
void setup()
{
  for(int thisNote = 0; thisNote < 8; thisNote++)
  {
    int noteDuration = 1000/noteDurations[thisNote];  //음표를 1/1000초로 환산
    tone(7,melody[thisNote], noteDuration); //7번 핀에 스피커 연결
    int pauseBetweenNotes = noteDuration * 1.30;  //음 사이의 간격 계산
    delay(pauseBetweenNotes);
    noTone(7);
  }
}
void loop()
{
}
```

[예제 검토] 연주해야 할 데이터들은 두 개의 배열 변수 안에 저장되었다.

Melody[]배열은 연주해야 할 음계들을 갖고 있다. pitches.h파일을 열어보면 옥타브 및 음계 별 피치 정의가 되어 있음을 볼 수 있는데 예를 들어 NOTE_C4의 C는 음계를, 4는 옥타브를 의미한다.

noteDuration[]은 음들의 길이에 대한 데이터가 있는 배열로서 1/1000초 단위가 아니라 음표 단위로 표시하였다. 4는 4분 음표를, 8은 8분 음표를 의미한다.

이 음표들은 for문 바로 아래 줄 계산식이 들어 있는 코드에서 순서대로 실제 1/1000초 단위로 환산하여 tone함수의 파라미터로 보내어 지는 것을 볼 수 있다. 또한 음과 음 사이에 쉼을 주기 위해서 pauseBetweenNotes를 계산해서 딜레이를 주어 쉼표를 만들어 내기도 하였다.

08 7조 센서 사용하기(바닥 센서)를 사용하여 7조 센서를 감지시킬 때 음계가 연주하기를 구현하라.

작동이 되지 않는다면, 가변 저항을 돌려서 감도 조절을 하도록 한다(259쪽 16번 센서 감도 참조).

```
#include "pitches.h"
int pitch = 0;
void setup() {

pinMode(11, INPUT);
pinMode(12, INPUT);
pinMode(13, INPUT);
pinMode(14, INPUT);
pinMode(15, INPUT);
pinMode(16, INPUT);
pinMode(17, INPUT);
Serial.begin(9600);
}
void loop() {
// put your main code here, to run repeatedly:
int s1 = digitalRead(11);
int s2 = digitalRead(12);
int s3 = digitalRead(13);
int s4 = digitalRead(14);
int s5 = digitalRead(15);
int s6 = digitalRead(16);
int s7 = digitalRead(17);
int s8 = digitalRead(18);

if(s1) pitch = NOTE_C3;
else if(s2) pitch = NOTE_D3;
else if(s3) pitch = NOTE_E3;
else if(s4) pitch = NOTE_F3;
else if(s6) pitch = NOTE_G3;
else if(s7) pitch = NOTE_A4;
else if(s8) pitch = NOTE_B4;
```

학습 11

```
else pitch = 0;
tone(7, pitch, 100);
}
```

09 DC모터 제어를 사용하여 모터의 속도를 점점 높여 회전시키기를 구현하라.

(* DC 모터를 안정적으로 제어하기 위해서는 별도의 외부 배터리가 필요하다.)

```
#include <SmartInventor.h>

void setup() {
  SmartInventor.DCMotorUse();
}

void loop() {
  unsigned char i = 0;

  for (i = 0; i < 100; i++) {
    SmartInventor.DCMotor(M1, CCW, i);
    SmartInventor.DCMotor(M2, CW, i);
    delay(100);
  }
  for (i = 0; i < 100; i++) {
    SmartInventor.DCMotor(M1, CW, i);
    SmartInventor.DCMotor(M2, CCW, i);
    delay(100);
  }
  SmartInventor.DCMotor(M1, STOP, 100);
  SmartInventor.DCMotor(M2, STOP, 100);
  while (1);
}
```

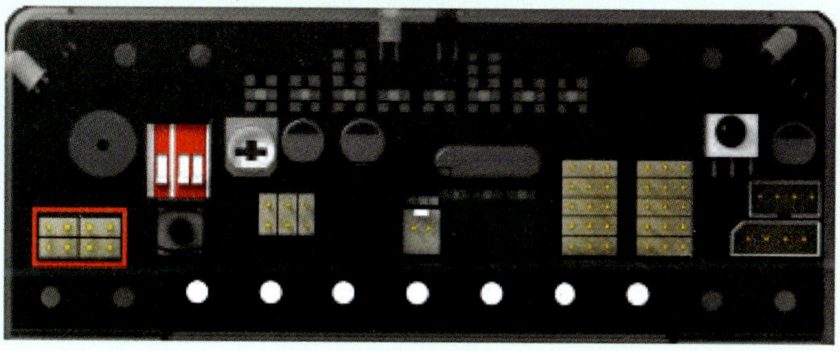

[그림 11-32] 빨간 박스 안에 DC모터 연결

수행과제를 수행하려면 빨간 박스 안에 DC 모터를 연결한다(207쪽 수행과제 11장 7번 DC모터 제어 참조).

10 서보모터 제어를 사용하여 서보 모터 왕복으로 움직이기를 구현하라.

(* 서보 모터를 안정적으로 제어하기 위해서는 별도의 외부 배터리가 필요하다.)

```
#include <Servo.h>
Servo myservo;
int pos = 0;

void setup() {
  myservo.attach(27);
}

void loop() {
  for(pos = 0; pos < 180; pos += 1)    {
    myservo.write(pos);
    delay(15);
  }
  for(pos = 180; pos>=1; pos-=1)     {
    myservo.write(pos);
    delay(15);
  }
}
```

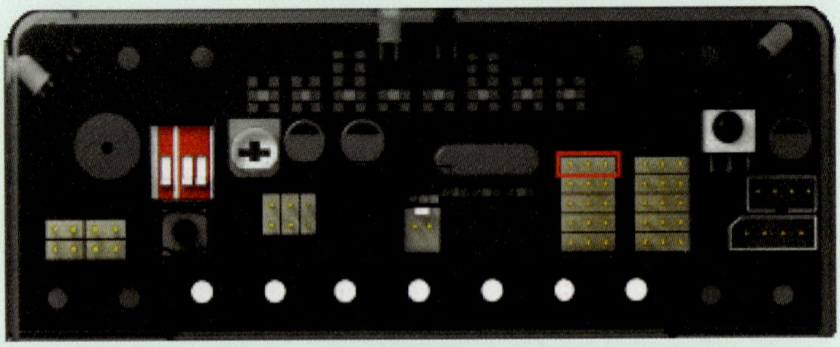

[그림 11-33] 빨간 박스 S(노랑)V(빨강)G(검정) 순서로 연결

수행과제를 수행하려면 빨간 박스 S(노랑)V(빨강)G(검정) 순서로 연결한다(208쪽 수행과제 8번 서보모터 제어 참조).

11 IR 리모컨 사용하여 리모컨 버튼 값 시리얼로 출력하기를 구현하라.

아래 프로그램은 어떤 리모컨 버튼이 눌렸는지 시리얼 모니터에 출력해준다. 따라서 프로그램 실행 후에는 시리얼 모니터 창을 열어야 한다.

```
#include <SmartInventor.h>

void setup()
{
  SmartInventor.TVRemoconUse(); //리모컨 값 읽기 시작
  Serial.begin(9600);
  delay(500);
}

void loop()
{
  int keyData =  SmartInventor.TVRemoconData(); // 리모컨 신호 값 읽기

  if (keyData == KEY_U)        Serial.println("Forward");
  else if (keyData == KEY_D)  Serial.println("Backword");
  else if (keyData == KEY_L)  Serial.println("Left");
  else if (keyData == KEY_R)  Serial.println("Right");
```

```
  else if (keyData == KEY_C)   Serial.println("Center");
  else if (keyData == KEY_F1) Serial.println("F1");
  else if (keyData == KEY_F2) Serial.println("F2");
  else if (keyData == KEY_F3) Serial.println("F3");
  else if (keyData == KEY_F4) Serial.println("F4");
}
```

[예제 검토] 리모컨 신호를 받으면 변수 data에 그 값이 저장된다. 이 값은 9개의 리모컨 버튼 중 하나에 해당하며 그에 따라 어떤 버튼이 눌려졌는지 메시지를 출력한다.

학습활동.11 교수 · 학습 방법

교수 방법

- 코드론을 위한 아두이노 기초 프로그래밍(1)에 대한 관련 용어, 구성, 방식 이해 정도를 파악한 후 수업을 진행한다.
- 교수자의 주도로 코드론을 위한 아두이노 기초 프로그래밍(1) 등의 내용을 PPT 자료로 제시한 후 설명한다.
- 가능하면 사전에 개인별 학습 자료를 준비하여 모든 학생이 참여할 수 있는 문제 해결식 수업, 협력 수업이 가능하도록 한다.
- 코드론을 위한 아두이노 기초 프로그래밍(1) 전 과정을 작업의 순서에 따라 단계적으로 실습이 이루어질 수 있도록 지도한다.
- 교재를 통해 수업을 준비하는데 있어서 필요한 모든 정보나 팁, 힌트 등 도움이 될 만한 내용들을 확인할 수 있다.
- 학생들이 만들게 될 각 모델들은 수업시간에 중점적으로 다뤄질 부분과 어휘, 질문, 답을 포함하고 있으며 또한 탐구할만한 추가적인 아이디어들도 포함하고 있다.

학습 방법

- 코드론을 위한 아두이노 기초 프로그래밍(1)에 대한 관련 용어를 숙지하고, 코드론을 위한 아두이노 기초 프로그래밍(1)에 대해 이해한다.
- 코드론을 위한 아두이노 기초 프로그래밍(1)의 각 단계별 중점 사항을 체계적으로 학습한다.
- 코드론을 위한 아두이노 기초 프로그래밍(1)의 수행순서의 전 과정을 실습한다.
- 코드론을 위한 아두이노 기초 프로그래밍(1)의 내용을 이해한다.
- 코드론을 위한 아두이노 기초 프로그래밍(1)을 이해하고 숙달이 될 때까지 학습한다.

학습활동.11 평가 및 피드백

평가 준거

- 평가자는 피평가자가 수행 준거 및 평가 내용에 제시되어 있는 내용을 성공적으로 수행할 수 있는 지를 평가해야 한다.

학습내용	평가항목	성취수준		
		상	중	하
코드론을 위한 아두이노 기초 프로그래밍(1)	코드론을 위한 아두이노 기초 프로그래밍(1)를 이해할 수 있다.			

평가 방법

• 작업 포트폴리오

학습내용	평가항목	성취수준		
		상	중	하
코드론을 위한 아두이노 기초 프로그래밍(1)	코드론을 위한 아두이노 기초 프로그래밍(1)를 이해할 수 있다.			

• 필기시험

학습내용	평가항목	성취수준		
		상	중	하
코드론을 위한 아두이노 기초 프로그래밍(1)	코드론을 위한 아두이노 기초 프루그래밍(1)를 이해할 수 있다.			

• 체크리스트를 통한 관찰

학습내용	평가항목	성취수준		
		상	중	하
코드론을 위한 아두이노 기초 프로그래밍(1)	코드론을 위한 아두이노 기초 프로그래밍(1)를 이해할 수 있다.			

학습 11

• 피드백

1. 작업 포트폴리오
   - 제출한 보고서를 평가한 후 주요 사항에 대하여 표시하여 돌려준다.
2. 필기 시험
   - 평가 결과 성적이 저조한 학생은 보고서 제출 기회를 부여한다.
3. 체크리스트를 통한 관찰
   - 실습 과정에서 평가한 후 개선해야 할 사항 등을 정리하여 돌려둔다.

학습 1	드론의 이해
학습 2	드론 시뮬레이터의 기초제어
학습 3	드론 시뮬레이터의 응용제어
학습 4	로킷 브릭의 기초
학습 5	로킷 브릭의 응용
학습 6	로킷 브릭의 프로그램 제어(1)
학습 7	로킷 브릭의 프로그램 제어(2)
학습 8	로킷 시뮬레이터의 구성 및 응용
학습 9	코드론을 위한 아두이노 설정
학습 10	코드론을 위한 아두이노 이해
학습 11	코드론을 위한 아두이노 기초 프로그래밍(1)
학습 12	**코드론을 위한 아두이노 기초 프로그래밍(2)**
학습 13	코드론을 위한 아두이노 응용 프로그래밍(1)
학습 14	코드론을 위한 아두이노 응용 프로그래밍(2)
부록	H/W, S/W 유지보수

학습 목표

12. 코드론을 위한 아두이노 기초 프로그래밍(2)를 이해할 수 있다.

12-1 코드론 페어링

1. 코드론 페어링(Connect) 아두이노 프로그램

[그림 12-1] 코드론 페어링

[그림 12-1]처럼 제어기와 드림이 명령을 주고 받을 수 있도록 페어링을 진행한다.

① 가장 가까이 있는 CoDrone에 페어링(NearbyDrone) : 가장 가까이 있는 코드론과 자동으로 페어링 하는 NearbyDrone 명령이다.

② 최근에 페어링한 CoDrone에 페어링(ConnectedDrone) : 최근에 연결된 드론과 자동으로 페어링 하는 ConnectedDrone 명령이다.

③ CoDrone 주소로 페어링(AddressInputDrone) : 입력한 어드레스 주소의 드론을 페어링 하는 AddressInputDrone 명령이다.

④ CoDrone 주소확인하기(PrintDroneAddress) : 최근에 연결했었던 드론의 주소를 표시해주는 PrintDroneAddress 명령이다. 아두이노의 시리얼 모니터 창을 열고 확인한다(115200 baud).

12-2 코드론 컨트롤

1. 코드론 컨트롤(Control) 아두이노 프로그램

① 이/착륙(TakeOff-Landing) : 코드론이 서서히 이륙과 서서히 착륙을 하는 TakeOff-Landing명령이다.

② 상승/하강(ThrottleUp) : 코드론이 이륙후 정지하는 ThrottleUp 명령어이다.

③ 전진/후진(PitchUp) : 코드론이 이륙, 전진, 착륙하는 PitchUp 명령이다. 사용하는 코드론의 상태에 따라 Pitch 와 delay 값을 수정해 줘야 한다.

㉠ 전진(Pitch 양수) : 1~100

㉡ 후진(Pitch 음수) : −1~−100

④ 좌이동/우이동(RollUp) : 코드론이 이륙, 우로 가기, 착륙하는 RollUp 명령이다. 사용하는 코드론의 상태에 따라 Roll과 delay 값을 수정해 줘야 한다.

㉠ 오른쪽(Roll 양수) : 1~100

㉡ 왼쪽(Roll 음수) : −1~−100

⑤ 좌회전/우회전(YawUp) : 코드론이 이륙, 우회전, 착륙하는 YawUp 명령이다. 사용하는 코드론의 상태에 따라 Yaw과 delay 값을 수정해 줘야 한다.

㉠ 시계 방향(Yaw 양수) : 1~100

㉡ 반시계 방향(Yaw 음수) : −1~−100

⑥ 터틀턴(Turn_Over) : 코드론이 뒤집혔을 경우 코드론의 자세를 복구하는 Turn_Over 명령이다. 코드론이 뒤집어져 있는 상태에서만 작동한다.

12-3 드론 리모트 컨트롤을 사용한 코드론 컨트롤

1. 드론 리모트 컨트롤 사용 순서

① 스마트 보드에 "해당 구현 예제" 혹은 드론 컨트롤러 예제를 입력한다.
② 드론 컨트롤러를 조립한다. 스마트 드론 컨트롤러 조립은 실행 15번을 참고하여 조립한다.
③ 스마트 보드와 드론의 전원을 켠다.
④ 조종시에 하단의 센서가 작동하지 않는 경우에는 스마트 인벤터 보드 하단 센서 감도 조절하기 실행 16번을 참조한다.

2. 드론 리모트 컨트롤 조종법

조종할 때는 스틱으로 방향 조종, 스마트 보드의 하단 센서를 사용하여 착륙 등을 설정할 수 있다. 다음 내용을 참고하여 주기 바란다.

1) 방향 조종

① 두개의 아날로그 스틱을 이용하여 드론을 조종한다.

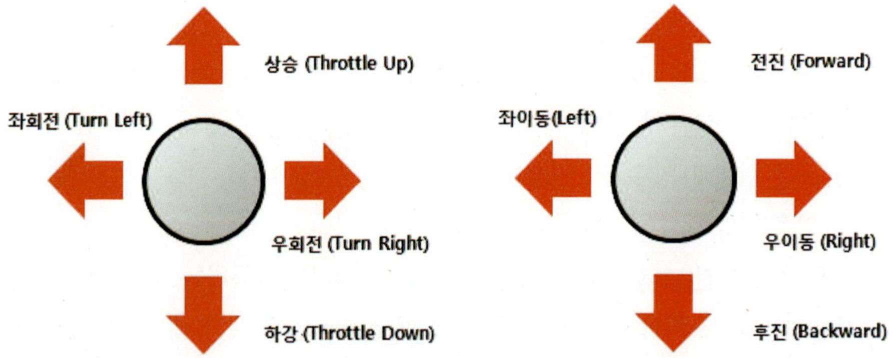

[그림 12-2] 방향설정

② 스틱의 움직임에 따라 드론이 움직이므로, 미세한 조종이 필요하다.
③ 좌측의 아날로그 스틱은 상승, 하강, 좌회전 우회전을 할 경우 사용한다.
④ 우측의 아날로그 스틱은 전진, 후진, 좌이동, 우이동을 할 경우 사용한다.

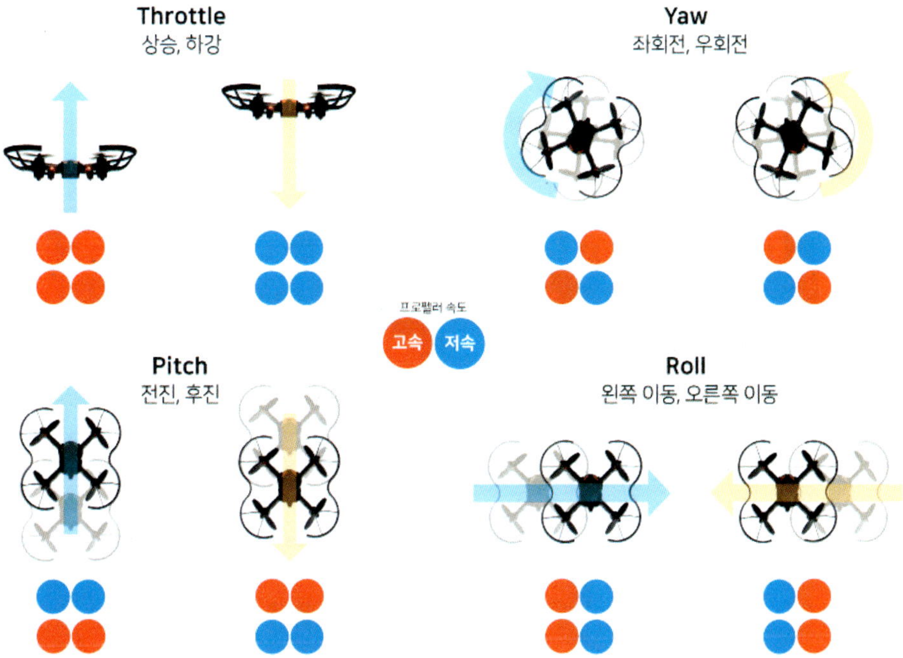

[그림 12-3] 드론 리모트 컨트롤 조종

2) 기능 키

① 착륙등의 기능은 스마트 인벤터 보드의 하단 센서를 사용하게 된다.
② 하단 센서는 해당하는 버튼을 손으로 누르면 작동하게 된다.
③ 자세한 설명은 문서 하단에 설명되어 있다.

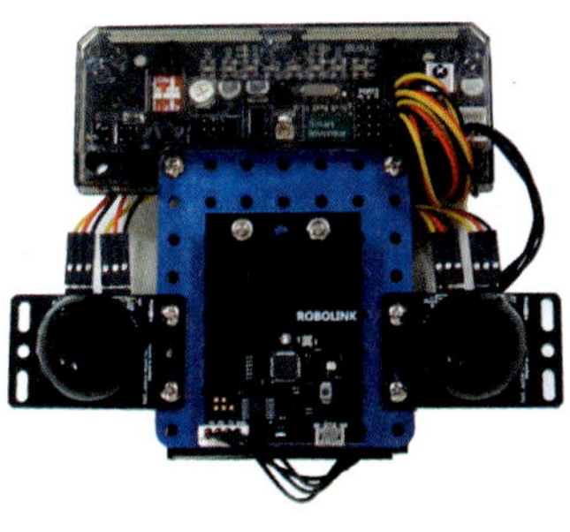

[그림 12-4] 스마트 보드로 조립한 조종기

3) 비행을 위한 순서

① 페어링(드론과 BLE 보드의 페어링, 입력된 명령에 의해 자동으로 진행)
② 이륙
③ 비행
④ 착륙

4) 스마트 인벤터 보드의 기능별 가이드

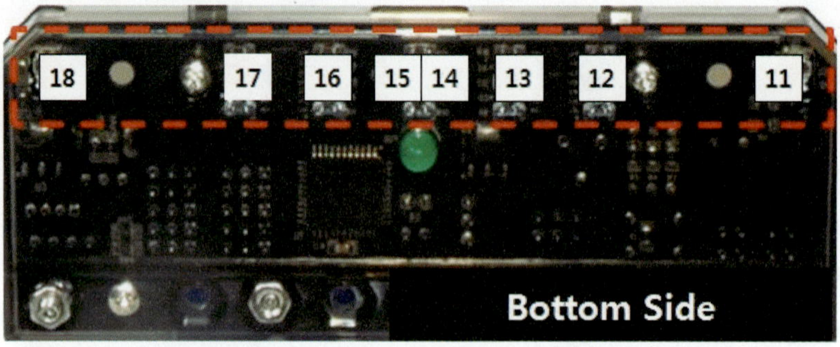

[그림 12-5] 스마트 인벤터 보드의 하단 핀 구성

스마트 인벤터 보드의 아래쪽 적외선 센서를 사용하여 기본 기능을 제어한다. 보드를 위, 아래에서 본 모습에 따라 핀 번호가 반대로 보여 지므로 주의하도록 한다. 하단 핀의 14, 15의 경우에는 하나의 핀으로 인식한다.

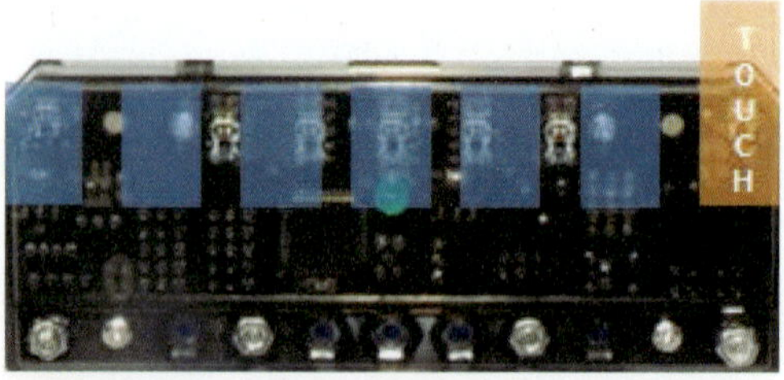

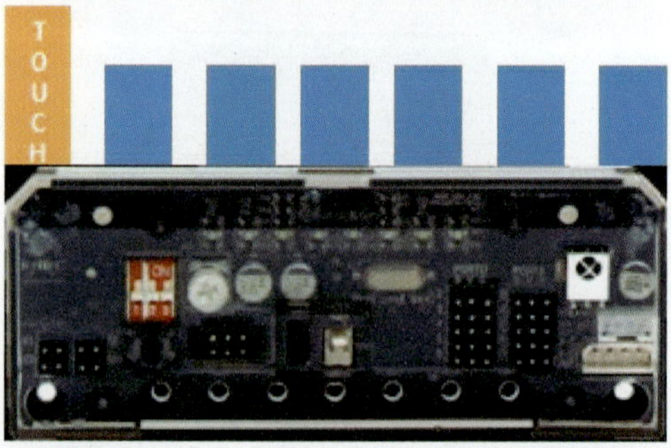

[그림 12-6] 스마트 인벤터 보드의 버튼 11번은 정지

그림처럼 11번 버튼을 터치하면 드론의 모터가 정지한다. 날고 있는 드론을 멈추거나 비상 정지시키는 경우에 사용한다.

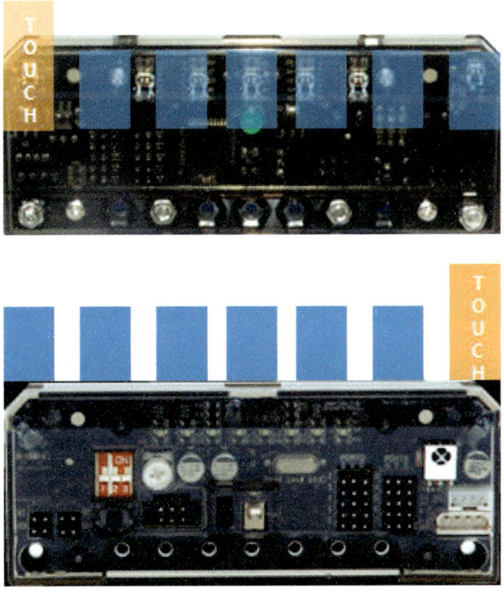

[그림 12-7] 스마트 인벤터 보드의 버튼 18번은 착륙

[그림 12-7]처럼 18번 버튼을 터치하면 드론이 서서히 착륙하게 된다.

3. 드론 리모트 컨트롤을 사용한 코드론 응용 컨트롤

[그림 12-2]처럼 비행조종과 주행조종, 배틀 예제의 경우 스마트 보드를 조종기 형태로 조립해서 사용한다.

① 비행 조종(Controller_Flight) : 아날로그 조이스틱으로 드론을 조종하는 controller_Flight 명령이다.

② 주행 조종(Controller_drive) : 아날로그 조이스틱으로 드라이브 키트를 장착한 CoDrone을 조종하는Controller_drive 명령이다.

[주의] 드라이브 키트를 별도로 장착해야 한다(바퀴 형태).

③ 배틀(Controller_Flight_Battle) : 아날로그 조이스틱으로 드론을 조종하고 다른 드론들과 적외선을 발사하며 배틀 할 수 있는 Controller_Flight_Battle명령이다.

④ 비행 조종 조이스틱 멈춤(Controller_Flight_joyStop) : 아날로그 조이스틱으로 드론을 조종하고 비행 조종 조이스틱 멈춤Controller_Flight_joyStop 명령이다.

수행 내용

재료 · 자료

- Arduino, 드론의 제어 및 코딩 관련 자료

기기(장비 · 공구)

- 컴퓨터, 코드론, BLE 보드, 스마트 인벤터 보드, USB케이블, 4핀 케이블

안전 · 유의사항

- 컴퓨터, 코드론, BLE 보드 및 스마트 인벤터 보드의 전원을 관리한다.

수행 순서

01 가장 가까이 있는 CoDrone에 페어링(NearbyDrone) 과정을 구현하라.

가장 가까운 드론과 지동으로 페어링 하는 예제이다(173쪽 2번 보드와 PC 연결방법 참조한다).

```
#include <CoDrone.h>                    // 코드론을 사용하기 위한 헤더파일

void setup()
{
CoDrone.begin(115200);                  // BLE 보드의 통신 개시(115200bps)

CoDrone.AutoConnect(NearbyDrone);       // 가장 가까운 위치의 드론과 연결

CoDrone.DroneModeChange(Flight);        // 드론을 플라이트 모드로 설정(비행 형태)

// 2초간 드론을 띄운 후 착륙하기
```

```
if (PAIRING == true)                    // 연결(페어링)이 성공한 경우에만 실행
{
CoDrone.FlightEvent(TakeOff);           // 이륙
delay(2000);                            // 대기 시간
CoDrone.FlightEvent(Landing);           // 서서히 착륙
}
}

void loop()
{
}
```

[그림 12-8] 가장 가까이 있는 CoDrone에 페어링(NearbyDrone)

O2 최근에 페어링한 CoDrone에 페어링(ConnectedCoDrone) 과정을 구현하라

최근에 연결된 드론과 자동으로 페어링 하는 예제이다.

```
#include <CoDrone.h>              // 코드론을 사용하기 위한 헤더파일
void setup()
{
CoDrone.begin(115200);            // BLE 보드의 통신 개시(115200bps)

// CoDrone.PrintDroneAddress(); // 최근에 연결한 드론의 어드레스 주소를 모니터로 출력한다.

byte droneAddress[6] = {0xFC, 0xA6, 0x61, 0x78, 0xD5, 0xA4};
// 어드레스 주소를 입력 - PrintDroneAddress() 명령으로 확인)

CoDrone.AutoConnect(AddressInputDrone, droneAddress); // 입력한 어드레스 주소와 같은 드론과 연결

CoDrone.DroneModeChange(Flight); // 드론을 플라이트 모드로 설정한다(비행형).

// 2초간 드론을 띄운 후 착륙하기
if (PAIRING == true)             // 연결(페어링)이 성공한 경우에만 실행
```

학습 12

```
{
CoDrone.FlightEvent(TakeOff);  // 이륙
delay(2000);                    // 대기 시간
CoDrone.FlightEvent(Landing);  // 서서히 착륙
}
}

void loop()
{
}
```

[그림 12-9] 최근에 페어링한 CoDrone에 페어링(ConnectedCoDrone)

03 CoDrone 주소로 페어링(AddressInputDrone) 과정을 구현하라.

직접 입력한 어드레스 주소의 드론을 페어링 하는 예제이다.

```
#include <CoDrone.h>                    // 코드론을 사용하기 위한 헤더파일
void setup()
{
CoDrone.begin(115200);                 // BLE 보드의 통신 개시(115200bps)

// CoDrone.PrintDroneAddress();  // 최근에 연결한 드론의 어드레스 주소를 모니터로 출력한다.

byte droneAddress[6] = {0xFC, 0xA6, 0x61, 0x78, 0xD5, 0xA4};
// 어드레스 주소를 입력 - PrintDroneAddress() 명령으로 확인)

CoDrone.AutoConnect(AddressInputDrone, droneAddress); // 입력한 어드레스 주소와 같은 드론과 연결
CoDrone.DroneModeChange(Flight);     // 드론을 플라이트 모드로 설정한다(비행형).

// 2초간 드론을 띄운 후 착륙하기
if (PAIRING == true)                    // 연결(페어링)이 성공한 경우에만 실행
{
```

```
CoDrone.FlightEvent(TakeOff);           // 이륙
delay(2000);                            // 대기 시간
CoDrone.FlightEvent(Landing);           // 서서히 착륙
}
}

void loop()
{
}
```

[그림 12-10] CoDrone 주소로 페어링(AddressInputDrone)

04 CoDrone 주소 확인하기(PrintDroneAddress) 과정을 구현하라.

최근에 연결했었던 드론의 주소를 표시해주는 예제이다.

```
#include <CoDrone.h>                // 코드론을 사용하기 위한 헤더파일

void setup()
{
CoDrone.begin(115200);              // BLE 보드의 통신 개시(115200bps)

CoDrone.PrintDroneAddress();        // 최근에 연결한 드론의 어드레스 주소를 시리얼 모니터로 출력
}

void loop()
{
}
```

[그림 12-11] CoDrone 주소확인하기(PrintDroneAddress)

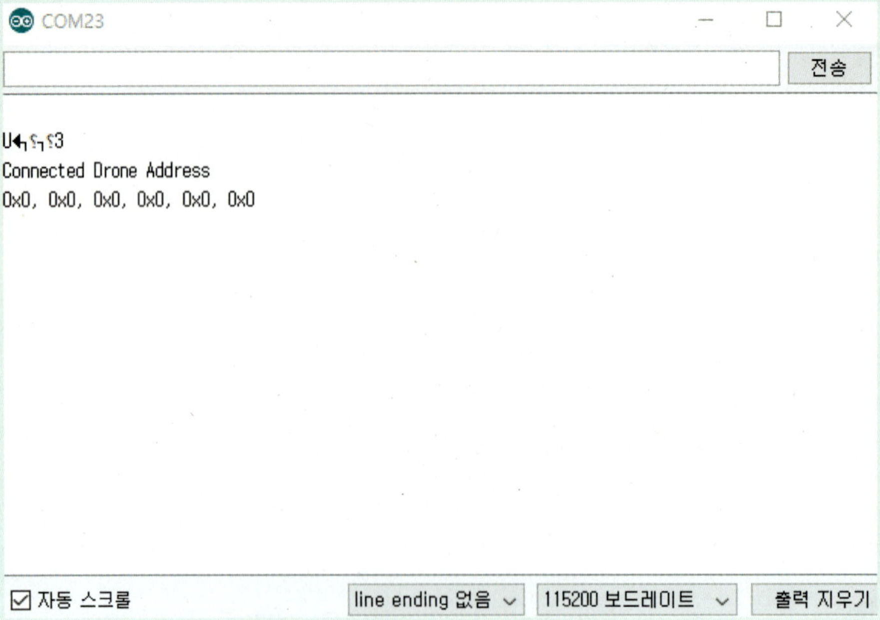

[그림 12-12] 코드론 주소 확인하기

수행과제를 수행하면 드론의 주소를 확인할 수 있다.

05 코드론을 제어하는 이/착륙(TakeOff-Landing) 하는 과정을 구현하라.

드론이 서서히 이륙과 서서히 착륙을 하는 예제이다.

```
#include <CoDrone.h>                      // 코드론을 사용하기 위한 헤더파일

void setup()
{
CoDrone.begin(115200);                    // BLE 보드의 통신 개시
CoDrone.AutoConnect(NearbyDrone);         // 가장 가까운 위치의 드론과 연결
CoDrone.DroneModeChange(Flight);          // 드론을 플라이트 모드로 설정한다(비행형).

if (PAIRING == true)                      // 연결(페어링)이 성공한 경우에만 실행
{
CoDrone.FlightEvent(TakeOff);             // 이륙
```

```
delay(2000);                          // 대기 시간

CoDrone.FlightEvent(Landing);         // 서서히 착륙
}
}

void loop()
{
}
```

[그림 12-13] 이/착륙(TakeOff-Landing)

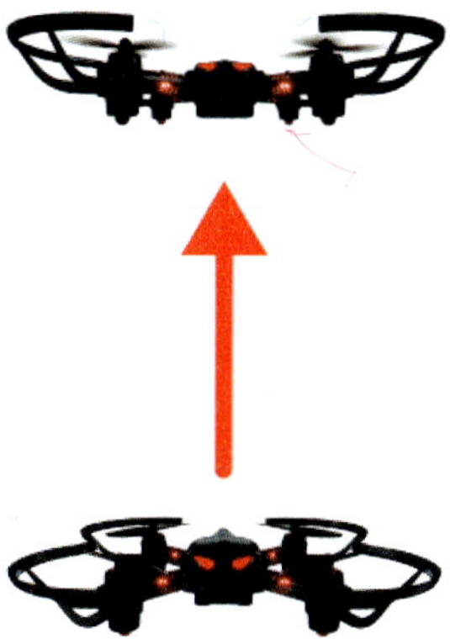

[그림 12-14] 드론이 이륙과 착륙으로 동작

수행과제를 수행하면 드론이 이륙과 착륙으로 동작한다.

학습 12

06 코드론을 제어하여 상승/하강(ThrottleUp)하는 과정을 구현하라.

이 프로그램은 드론이 이륙 후 정지하는 프로그램이다.
(사용하는 드론의 상태에 따라 Throttle과 delay 값을 수정)

- 상승(Throttle 양수) : 1~100
- 하강(Throttle 음수) : -1~-100

```
#include <CoDrone.h>                          // 코드론을 사용하기 위한 헤더파일

void setup()
{
CoDrone.begin(115200);                        // BLE 보드의 통신 개시
CoDrone.AutoConnect(NearbyDrone);             // 가장 가까운 드론과 연결
CoDrone.DroneModeChange(Flight);              // 드론을 플라이트 모드로 설정한다(비행형).

if (PAIRING == true)                          // 연결(페어링)이 성공한 경우에만 실행
{
THROTTLE = 100                                // THROTTLE 값 입력 100 상승 -100 하강
CoDrone.Control();                            // 조종 값 전송

delay(2000);                                  // 대기 시간 입력

CoDrone.FlightEvent(Stop);                    // 서서히 착륙
}
}

void loop()
{
}
```

[그림 12-15] 상승/하강(ThrottleUp)

[그림 12-16] 드론이 상승과 하강으로 동작

수행과제를 수행하면 드론이 상승과 하강으로 동작한다.

07 코드론을 제어하여 전진/후진(PitchUp)하는 과정을 구현하라.

드론이 이륙, 전진, 착륙하는 프로그램이다.

(사용하는 드론의 상태에 따라 Throttle과 delay 값을 수정)

- 상승(Pitch 양수) : 1~100
- 하강(Pitch 음수) : -1~-100

```
#include <CoDrone.h>                          // 코드론을 사용하기 위한 헤더파일

void setup()
{
CoDrone.begin;                                // BLE 보드의 통신 개시(115200bps)
CoDrone.AutoConnect(NearbyDrone);             // 가장 가까운 위치의 드론과 연결
CoDrone.DroneModeChange(Flight);              // 드론을 플라이트 모드로 설정한다(비행형).

if (PAIRING == true)                          // 연결(페어링)이 성공한 경우에만 실행
{
CoDrone.FlightEvent(TakeOff);                 // 이륙

delay(2000);                                  // 대기 시간

PITCH = 100;                                  // PITCH 값 입력
CoDrone.Control();                            // 조종 값 전송

delay(500);                                   // 대기 시간

CoDrone.FlightEvent(Landing);                 // 서서히 착륙
}
}

void loop()
{
}
```

[그림 12-17] 전진/후진(PitchUp)

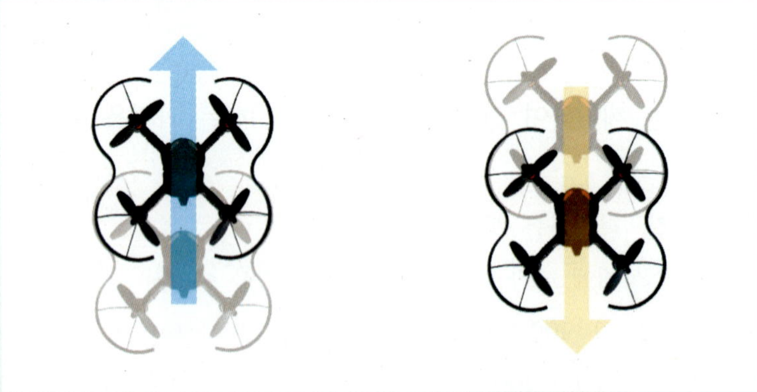

[그림 12-18] 드론이 전진과 후진으로 동작

수행과제를 수행하면 드론이 전진과 후진으로 동작한다.

08 코드론을 제어하여 좌 이동/우 이동(RollUp)하는 과정을 구현하라.

드론이 이륙, 우로가기, 착륙하는 프로그램이다.
(사용하는 드론의 상태에 따라 Roll과 delay 값을 수정)

- 오른쪽(Roll 양수) : 1~100
- 왼쪽(Roll 음수) : -1~-100

```
#include <CoDrone.h>                    // 코드론을 사용하기 위한 헤더파일

void setup()
{
CoDrone.begin(115200);                  // BLE 보드의 통신 개시(115200bps)
CoDrone.AutoConnect(NearbyDrone);       // 가장 가까운 위치의 드론과 연결
CoDrone.DroneModeChange(Flight);        // 드론을 플라이트 모드로 설정한다(비행형).

if (PAIRING == true)                    // 연결(페어링)이 성공한 경우에만 실행
{
CoDrone.FlightEvent(TakeOff);           // 이륙
```

```
delay(2000);                          // 대기 시간

ROLL = 100;                           // Roll 값 입력
CoDrone.Control();                    // 조종값 전송
delay(1000);                          // 대기 시간

CoDrone.FlightEvent(Landing);         // 서서히 착륙
}
}

void loop()
{
}
```

[그림 12-19] 좌 이동/우 이동(RollUp)

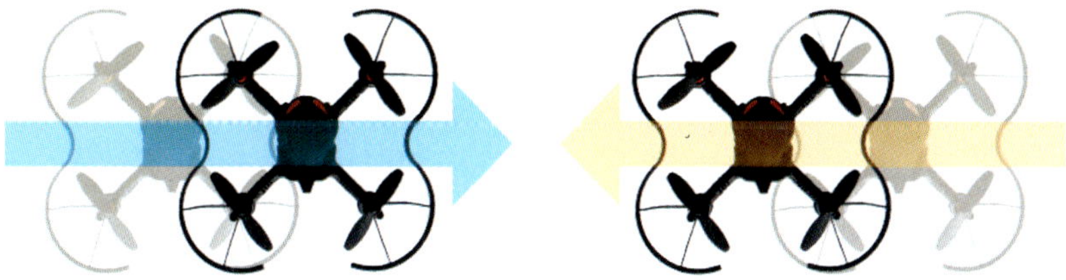

[그림 12-20] 드론이 좌 이동과 우 이동으로 동작

수행과제를 수행하면 드론이 좌 이동과 우 이동으로 동작한다.

학습 12

09 코드론을 제어하여 좌회전/우회전(YawUp)하는 과정을 구현하라.

드론이 이륙, 우회전, 착륙하는 프로그램이다.

(사용하는 드론의 상태에 따라 Yaw과 delay 값을 수정)

- 시계방향(Yaw 양수) : 1~100
- 반시계방향(Yaw 음수) : -1~-100

```
#include <CoDrone.h>                          // 코드론을 사용하기 위한 헤더파일

void setup()
{
CoDrone.begin(115200);                        // BLE 보드의 통신 개시(115200bps)
CoDrone.AutoConnect(NearbyDrone);             // 가장 가까운 위치의 드론과 연결
CoDrone.DroneModeChange(Flight);              // 드론을 플라이트 모드로 설정한다(비행형).

if (PAIRING == true)                          // 연결(페어링)이 성공한 경우에만 실행
{
CoDrone.FlightEvent(TakeOff);                 // 이륙

delay(2000);                                  // 대기 시간

YAW = 100;                                    // Yaw 값 입력
CoDrone.Control();                            // 조종값 전송

delay(1000);                                  // 대기 시간

CoDrone.FlightEvent(Landing);                 // 서서히 착륙
}
}

void loop()
{
}
```

[그림 12-21] 좌회전/우회전(YawUp)

[그림 12-22] 드론이 좌회전과 우회전으로 동작

수행과제를 수행하면 드론이 좌회전과 우회전으로 동작한다.

10 코드론을 제어하여 터틀턴(Turn_Over)하는 과정을 구현하라.

드론이 뒤집혔을 경우 드론의 자세를 복구하는 프로그램이다(드론이 뒤집혀 있는 상태에서만 작동한다).

```
#include <CoDrone.h>                       // 코드론을 사용하기 위한 헤더파일

void setup()
{
CoDrone.begin(115200);                     //  BLE 보드의 통신 개시(115200bps)
CoDrone.AutoConnect(NearbyDrone);          // 가장 가까운 위치의 드론과 연결
CoDrone.DroneModeChange(Flight);           // 드론을 플라이트 모드로 설정한다(비행형).

delay(300);                                // 대기 시간

if (PAIRING == true)                       // 연결(페어링)이 성공한 경우에만 실행
{
CoDrone.FlightEvent(TurnOver);             // 뒤집기

delay(4000);                               // 실행 시간

CoDrone.FlightEvent(Stop);                 // 멈춤
}
}

void loop()
{
}
```

[그림 12-23] 터틀턴(Turn_Over)

학습 12

11 코드론을 제어하여 비행 조종(Controller_Flight)하는 과정을 구현하라.

아날로그 조이스틱으로 드론을 조종하는 예제이다(256쪽 실행과제 15번 컨트롤러 조립 과정 참조).

```
#include <CoDrone.h>                          // 코드론을 사용하기 위한 헤더파일

void setup()
{
CoDrone.begin(115200);                        //  BLE 보드의 통신 개시(115200bps)
CoDrone.AutoConnect(NearbyDrone);             // 가장 가까운 위치의 드론과 연결
CoDrone.DroneModeChange(Flight);              // 드론을 플라이트 모드로 설정한다(비행형).
}

void loop()
{
byte bt1 = digitalRead(11);                   // ■□□□□□□ 밑면 적외선 센서를 입력으로 사용
byte bt4 = digitalRead(14);                   // □□□■□□□ 밑면 적외선 센서를 입력으로 사용
byte bt8 = digitalRead(18);                   // □□□□□□■ 밑면 적외선 센서를 입력으로 사용

if (bt1 && !bt4 && !bt8)                      // 밑면 센서 가장 끝 11번 센서에 손을 대면 실행한다.
{
CoDrone.FlightEvent(Stop);                    // 드론을 정지시킨다.
}

if (!bt1 && !bt4 && bt8)                      // 밑면 센서 가장 끝 18번 센서에 손을 대면 실행한다.
{
CoDrone.FlightEvent(Landing);                 // 드론을 착륙시킨다.
}

if (PAIRING == true)                          // 연결(페어링)이 성공한 경우에만 실행
{
YAW = -1 * CoDrone.AnalogScaleChange(analogRead(A3));
```

```
// 아날로그 3번 핀의 값을 YAW 값으로 사용한다. - 좌우회전
THROTTLE = CoDrone.AnalogScaleChange(analogRead(A4));
// 아날로그 4번 핀의 값을 THROTTLE 값으로 사용한다. - 승하강

ROLL = -1 * CoDrone.AnalogScaleChange(analogRead(A5));
// 아날로그 5번 핀의 값을 ROLL 값으로 사용한다. - 좌우이동

PITCH = CoDrone.AnalogScaleChange(analogRead(A6));
// 아날로그 6번 핀의 값을 PITCH 값으로 사용한다. - 전후진

CoDrone.Control(SEND_INTERVAL);
// 제어 신호를 보낸다. 통신이 안정하게 가도록 시간을 두고 보냄(최소 50ms)
}
}
```

[그림 12-24] 비행조종(Controller_Flight)

12 코드론을 제어하여 주행 조종(Controller_drive)하는 과정을 구현하라.

아날로그 조이스틱으로 드라이브 키트를 장착한 코드론을 조종하는 프로그램이다.

[주의] 드라이브 키트를 별도로 장착해야함(바퀴 형태)

```
#include <CoDrone.h>                    // 코드론을 사용하기 위한 헤더파일

void setup()
{
CoDrone.begin(115200);                  //  BLE 보드의 통신 개시(115200bps)


CoDrone.AutoConnect(NearbyDrone);  // 가장 가까운 위치의 드론과 연결

CoDrone.DroneModeChange(Drive);    // 드론을 드라이브 모드로 설정한다(바퀴 주행형).
```

학습 12

```
}

void loop()
{
byte bt1 = digitalRead(11);           // ■ □ □ □ □ □ □ 밑면 적외선 센서를 입력으로 사용
byte bt4 = digitalRead(14);           // □ □ □ ■ □ □ □ 밑면 적외선 센서를 입력으로 사용
byte bt8 = digitalRead(18);           // □ □ □ □ □ □ ■ 밑면 적외선 센서를 입력으로 사용

if (PAIRING == true)                  // 연결(페어링)이 성공한 경우에만 실행
{
THROTTLE = CoDrone.AnalogScaleChange(analogRead(A4));
// 아날로그 4번 핀의 값을 THROTTLE 값으로 사용한다. - 전후 이동

ROLL = -1 * CoDrone.AnalogScaleChange(analogRead(A5));
// 아날로그 5번 핀의 값을 ROLL 값으로 사용한다. - 좌우 이동

CoDrone.Control(SEND_INTERVAL);
// 제어 신호를 보낸다. 통신이 안정하게 가도록 시간을 두고 보냄(최소 50ms)

}
}
```

[그림 12-25] 주행조종(Controller_drive)

13 코드론을 제어하여 배틀(Controller_Filght_Battle)과정을 구현하라.

아날로그 조이스틱으로 드론을 조종하고, 다른 드론들과 적외선을 발사하며 배틀 할 수 있는 예제이다.

```
#include <CoDrone.h>                    // 코드론을 사용하기 위한 헤더파일

void setup()
{
CoDrone.begin(115200);                  // BLE 보드의 통신 개시(115200bps)
CoDrone.AutoConnect(NearbyDrone);       // 가장 가까운 위치의 드론과 연결
CoDrone.DroneModeChange(Flight);        // 드론을 플라이트 모드로 설정(비행형태)

CoDrone.BattleBegin(FREE_PLAY);         // 팀 선택 : TEAM_RED/ TEAM_BLUE/ TEAM_GREEN/
                                           TEAM_YELLOW/ FREE_PLAY
}

void loop()
{
CoDrone.BattleReceive();                // IR-Data 수신

byte bt1 = digitalRead(11);             // ■ □ □ □ □ □ □ 밑면 적외선 센서를 입력으로 사용
byte bt4 = digitalRead(14);             // □ □ □ ■ □ □ □ 밑면 적외선 센서를 입력으로 사용
byte bt8 = digitalRead(18);             // □ □ □ □ □ □ ■ 밑면 적외선 센서를 입력으로 사용

if (bt1 && !bt4 && !bt8)                // 밑면 센서 가장 끝 11번 센서에 손을 대면 실행한다.
{
CoDrone.FlightEvent(Stop);              // 드론을 긴급 정지시킨다.
}

if (!bt1 && !bt4 && bt8)                // 밑면 센서 가장 끝 18번 센서에 손을 대면 실행한다.
{
CoDrone.BattleShooting();               // 무기를 발사한다.
CoDrone.ButtonPreesHoldWait(18);        // 버튼을 뗄 때까지 기다린다(연속적인 발사를 막는다).
```

학습 12

```
}

if (!bt1 && bt4 && !bt8)              // 밑면 가운데 센서에 손을 대면 실행한다.
{
CoDrone.FlightEvent(Landing);         // 드론을 서서히 착륙 시킨다.
}

YAW = -1 * CoDrone.AnalogScaleChange(analogRead(A3));
// 아날로그 3번 핀의 값을 YAW 값으로 사용한다. - 좌우회전

THROTTLE = CoDrone.AnalogScaleChange(analogRead(A4));
// 아날로그 4번 핀의 값을 THROTTLE 값으로 사용한다. - 승/하강

ROLL = -1 * CoDrone.AnalogScaleChange(analogRead(A5));
// 아날로그 5번 핀의 값을 ROLL 값으로 사용한다. - 좌/우 이동

PITCH = CoDrone.AnalogScaleChange(analogRead(A6));
// 아날로그 6번 핀의 값을 PITCH 값으로 사용한다. - 전/후진

CoDrone.Control(SEND_INTERVAL);
// 제어 신호를 보낸다. 통신이 안정하게 가도록 시간을 두고 보냄(최소 50ms)
}
```

[그림 12-26] 배틀(Controller_Filght_Battle)

14 코드론을 제어하여 비행조종 조이스틱 멈춤(Controller Filght joyStop)과정을 구현하라.

조이스틱에서 특정한 동작을 사용하여 드론을 정지시킨다(양쪽의 조이스틱을 아래로 내리면 정지이다).

```
#include <CoDrone.h>                  // 코드론을 사용하기 위한 헤더파일
void setup()
{
```

```
CoDrone.begin(115200);                  // BLE 보드의 통신 개시(115200bps)
CoDrone.AutoConnect(NearbyDrone);       // 가장 가까운 위치의 드론과 연결
CoDrone.DroneModeChange(Flight);        // 드론을 플라이트 모드로 설정한다(비행형).
}
void loop()
{
byte bt1 = digitalRead(11);             // ■ □ □ □ □ □ □ 밑면 적외선 센서를 입력으로 사용
byte bt4 = digitalRead(14);             // □ □ □ ■ □ □ □ 밑면 적외선 센서를 입력으로 사용
byte bt8 = digitalRead(18);             // □ □ □ □ □ □ ■ 밑면 적외선 센서를 입력으로 사용

if ((analogRead(A4) < 50) && (analogRead(A6) < 50))   // 조이스틱 양쪽을 아래로 내리면 실행한다.
{
CoDrone.FlightEvent(Stop);              // 드론을 정지시킨다.
}

if (PAIRING == true)                    // 연결(페어링)이 성공한 경우에만 실행
{
YAW = -1 * CoDrone.AnalogScaleChange(analogRead(A3));
// 아날로그 3번 핀의 값을 YAW 값으로 사용한다. - 좌/우 회전

THROTTLE = CoDrone.AnalogScaleChange(analogRead(A4));
// 아날로그 4번 핀의 값을 THROTTLE 값으로 사용한다. - 승/하강

ROLL = -1 * CoDrone.AnalogScaleChange(analogRead(A5));
// 아날로그 5번 핀의 값을 ROLL 값으로 사용한다. - 좌우 이동

PITCH = CoDrone.AnalogScaleChange(analogRead(A6));
// 아날로그 6번 핀의 값을 PITCH 값으로 사용한다. - 전/후진

CoDrone.Control(SEND_INTERVAL);
// 제어 신호를 보낸다. 통신이 안정하게 가도록 시간을 두고 보냄.(최소 50ms)
}
}
```

[그림 12-27] 비행조종 조이스틱 멈춤(Controller_Filght_joyStop)

학습 12

15 드론 컨트롤러 조립 과정을 구현하라.

1. 제어보드(스마트 인벤터 보드)와 피트 조립하기

① 제어보드의 조립부분에 맞추어 피트를 올려준다.

② 피트의 양 모서리와 제어보드에 긴 볼트를 이용하여 조립한다.

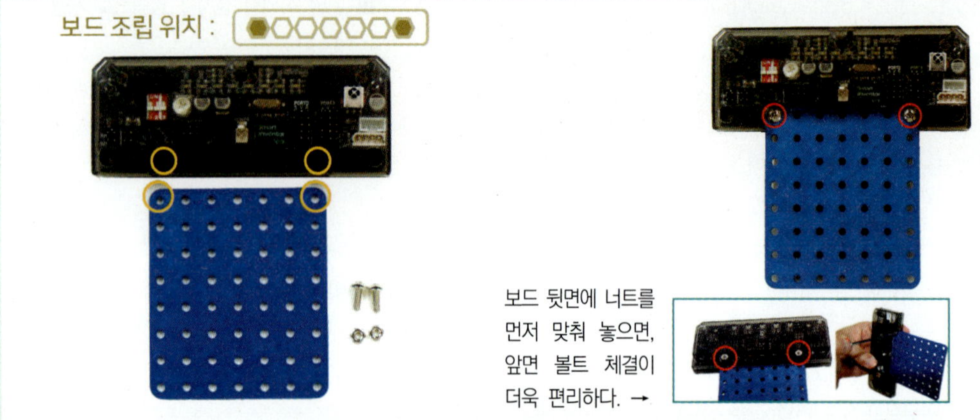

[그림 12-28] 제어보드(스마트 인벤터 보드)와 피트 조립하기

2. 피트에 BLE 보드 장착을 위한 지지대 조립하기

① 짧은 지지대와 일반 볼트를 각각 2개씩 준비한다.

② 짧은 지지대의 꼬리부분이 제어보드에서 위로 향하도록 조립한다.

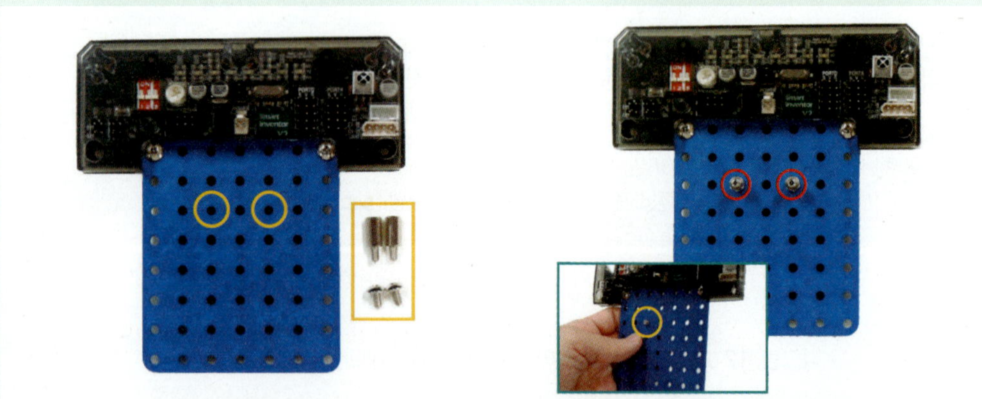

[그림 12-29] 피트에 BLE 보드 장착을 위한 지지대 조립하기

3. 조이스틱 모듈 조립하기

① 조이스틱 모듈2개, 일반볼트 4개, 너트 4개를 준비한다.

② 아래의 사진처럼 조이스틱 모듈을 피트에 조립한다.

[그림 12-30] 조이스틱 모듈 조립하기

4. 건전지 케이스 조립하기(뒷면 조립)

① 3번 컨트롤러와 건전지 케이스 1개, 긴 볼트 2개와 너트 2개를 준비한다.

② 짧은 지지대의 꼬리부분이 위를 향하도록 아래 사진 위치에 조립한다.

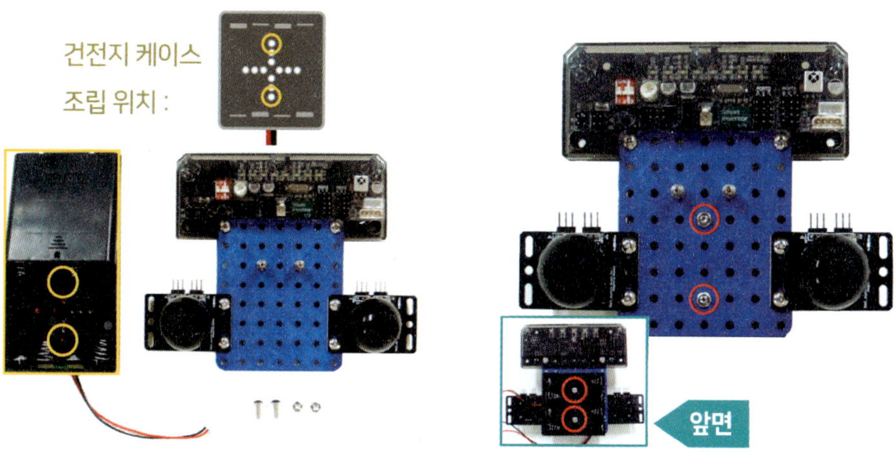

[그림 12-31] 건전지 케이스 조립하기(뒷면 조립)

5. 건전지 케이스와 BLE 보드 조립하기

① 1~3번까지 조립한 컨트롤러와 BLE 보드 1개, 너트 2개를 준비한다.

② 1번에서 조립한 지지대 위에 BLE 보드를 올려 너트로 조립한다.

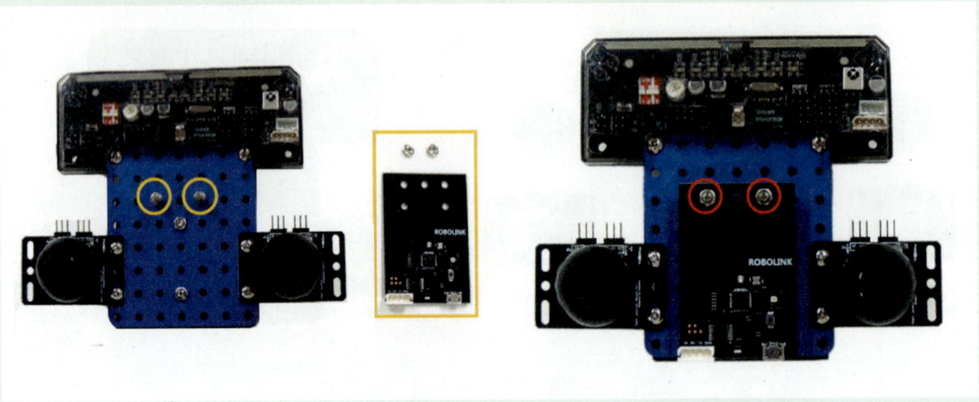

[그림 12-32] 건전지 케이스와 BLE 보드 조립하기

6. 제어보드(스마트 인벤터 보드) 배선하기

① 번호에 맞게 순서대로 연결한다.

② 전선 방향 : 노랑-S, 빨강-V, 검정-G

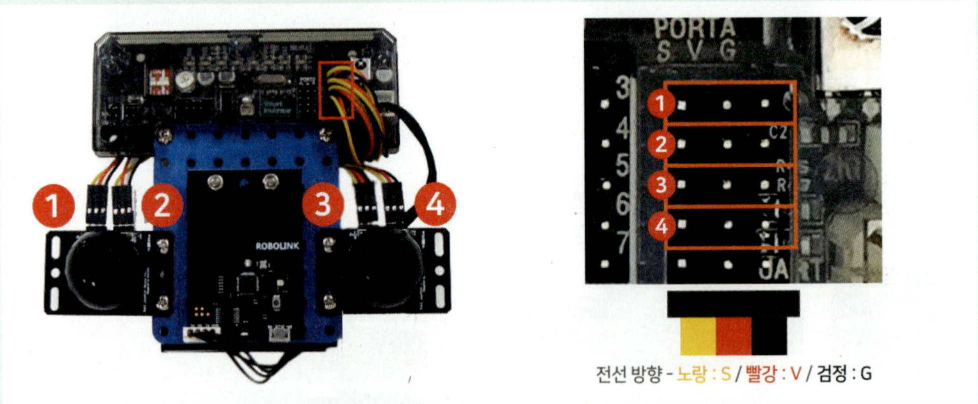

[그림 12-33] 제어보드(스마트 인벤터 보드) 배선하기

16 스마트 보드 뒷면 센서 감도 조절 과정을 구현하라.

1. 스마트 인벤터 보드 뒷면 센서 감도 조절

스마트 인벤터 보드 뒷면에는 7개조의 적외선 센서가 있다.

다음은 7개의 센서가 잘 동작하는지 확인하고, 감도를 조절해서 잘 동작하도록 하는 방법이다.

1) 뒷면 센서와 앞면 LED

① 뒷면의 센서는 앞면의 LED는 서로 연결이 되어 있다.

② 뒷면의 센서에 물체가 감지되면 앞면의 LED가 켜지도록 되어 있다.

③ 뒷면의 14, 15번의 센서는 하나로 묶여 있고, 같이 켜지고 꺼진다.

2) 감도 조절용 가변 저항

① 뒷면 센서의 감도를 조절하는 가변저항이다.

② 뒷면 센서의 감도가 낮으면 시계 방향으로 돌려서 감도를 낮춰준다.

③ 뒷면 센서의 감도가 높으면 시계 반대 방향으로 돌려서 감도를 올려준다.

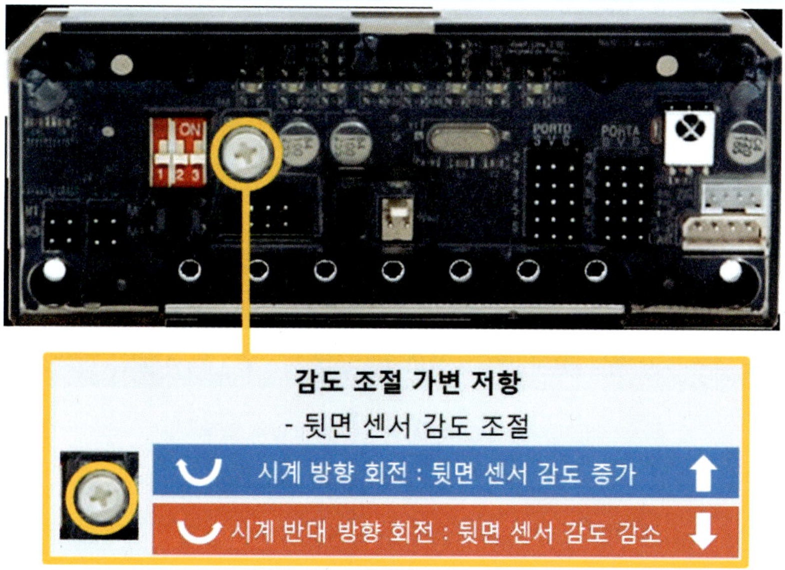

[그림 12-34] 감도 조절 가변 저항

2. 센서 감도 확인 방법

다음의 순서에 따라서 진행한다.

전원을 켜고, 리셋버튼을 누른 상태에서 센서에 손을 대어서 LED가 켜지는지 확인하는 방법이다.

3. 센서가 동작하지 않는 경우

위의 2번 방법대로 확인하였는데, 작동이 되지 않는다면 다음의 방법대로 진행한다.

① 센서 감지가 되지 않는 경우에는 감도가 낮은 것이므로, 가변저항을 돌려서 감도를 올려준다.

② 물체가 없는 경우에도 감지가 되는 경우에는 감도가 높은 것이므로, 가변저항을 돌려서 감도를 낮춰준다.

③ 감도를 올려도 감지가 되지 않는 경우에는 배터리를 교체한다.

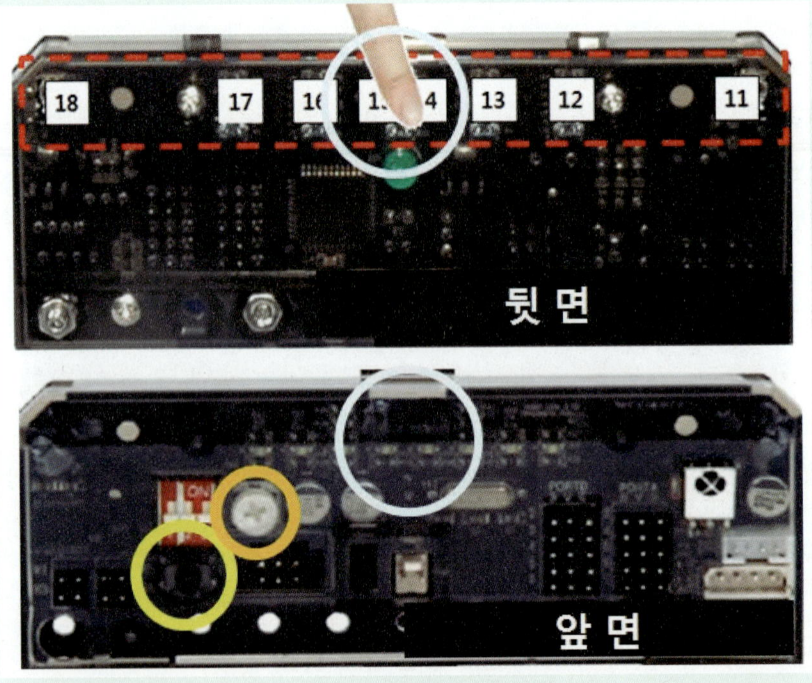

[그림 12-35] 센서가 동작하지 않는 경우

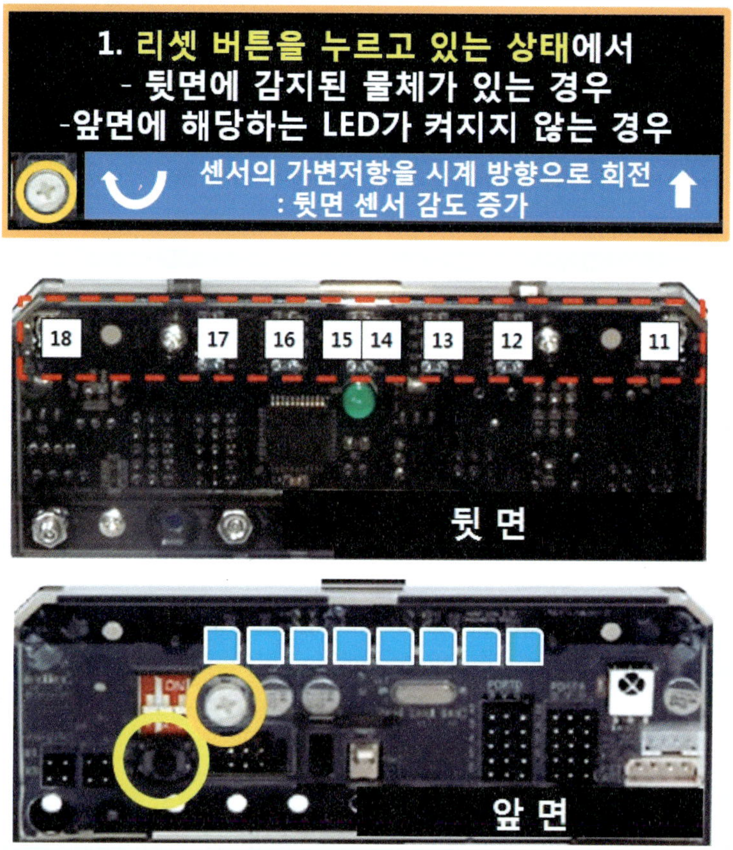

[그림 12-36] 뒷면 감지 물체가 있을 경우, 앞면 LED가 켜지지 않는 경우

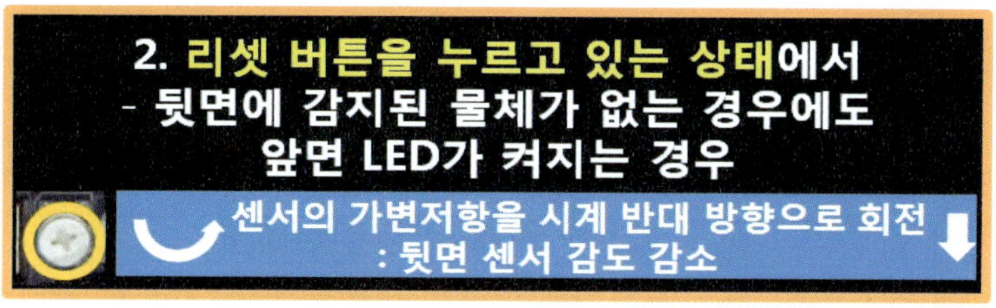

[그림 12-37] 뒷면 감지 물체가 없는 경우, 앞면 LED가 켜지는 경우

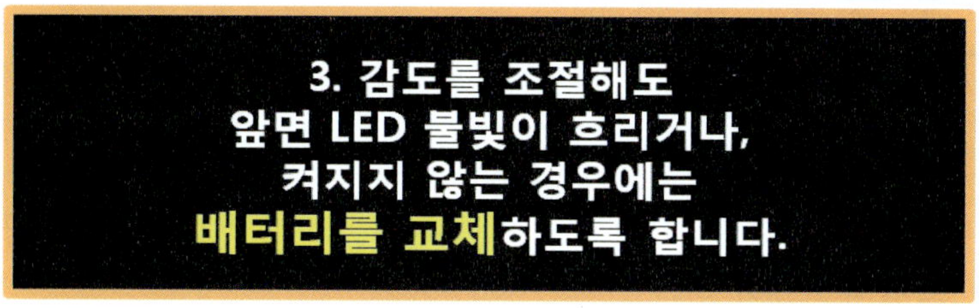

[그림 12-38] 배터리 교체

학습 12

학습활동.12 교수 · 학습 방법

교수 방법

- 코드론을 위한 아두이노 기초 프로그래밍(2)에 대한 관련 용어, 구성, 방식 이해 정도를 파악한 후 수업을 진행한다.
- 교수자의 주도로 코드론을 위한 아두이노 기초 프로그래밍(2) 등의 내용을 PPT 자료로 제시한 후 설명한다.
- 가능하면 사전에 개인별 학습 자료를 준비하여 모든 학생이 참여할 수 있는 문제 해결식 수업, 협력 수업이 가능하도록 한다.
- 코드론을 위한 아두이노 기초 프로그래밍(2) 전 과정을 작업의 순서에 따라 단계적으로 실습이 이루어질 수 있도록 지도한다.
- 교재를 통해 수업을 준비하는데 있어서 필요한 모든 정보나 팁, 힌트 등 도움이 될 만한 내용들을 확인할 수 있다.
- 학생들이 만들게 될 각 모델들은 수업시간에 중점적으로 다뤄질 부분과 어휘, 질문, 답을 포함하고 있으며 또한 탐구할만한 추가적인 아이디어들도 포함하고 있다.

학습 방법

- 코드론을 위한 아두이노 기초 프로그래밍(2)에 대한 관련 용어를 숙지하고, 코드론을 위한 아두이노 기초 프로그래밍(2)에 대해 이해한다.
- 코드론을 위한 아두이노 기초 프로그래밍(2)의 각 단계별 중점 사항을 체계적으로 학습한다.
- 코드론을 위한 아두이노 기초 프로그래밍(2)의 수행순서의 전 과정을 실습한다.
- 코드론을 위한 아두이노 기초 프로그래밍(2)의 내용을 이해한다.
- 코드론을 위한 아두이노 기초 프로그래밍(2)를 이해하고 숙달이 될 때까지 학습한다.

학습활동.12 평가 및 피드백

평가 준거

- 평가자는 피평가자가 수행 준거 및 평가 내용에 제시되어 있는 내용을 성공적으로 수행할 수 있는 지를 평가해야 한다.

학습내용	평가항목	성취수준		
		상	중	하
코드론을 위한 아두이노 기초 프로그래밍(2)	코드론을 위한 아두이노 기초 프로그래밍(2)를 이해할 수 있다.			

평가 방법

- 작업 포트폴리오

학습내용	평가항목	성취수준		
		상	중	하
코드론을 위한 아두이노 기초 프로그래밍(2)	코드론을 위한 아두이노 기초 프로그래밍(2)를 이해할 수 있다.			

- 필기시험

학습내용	평가항목	성취수준		
		상	중	하
코드론을 위한 아두이노 기초 프로그래밍(2)	코드론을 위한 아두이노 기초 프로그래밍(2)를 이해할 수 있다.			

- 체크리스트를 통한 관찰

학습내용	평가항목	성취수준		
		상	중	하
코드론을 위한 아두이노 기초 프로그래밍(2)	코드론을 위한 아두이노 기초 프로그래밍(2)를 이해할 수 있다.			

- 피드백

1. 작업 포트폴리오
   - 제출한 보고서를 평가한 후 주요 사항에 대하여 표시하여 돌려준다.
2. 필기시험
   - 평가 결과 성적이 저조한 학생은 보고서 제출 기회를 부여한다.
3. 체크리스트를 통한 관찰
   - 실습 과정에서 평가한 후 개선해야 할 사항 등을 정리하여 돌려둔다.

학습 1	드론의 이해
학습 2	드론 시뮬레이터의 기초제어
학습 3	드론 시뮬레이터의 응용제어
학습 4	로킷 브릭의 기초
학습 5	로킷 브릭의 응용
학습 6	로킷 브릭의 프로그램 제어(1)
학습 7	로킷 브릭의 프로그램 제어(2)
학습 8	로킷 시뮬레이터의 구성 및 응용
학습 9	코드론을 위한 아두이노 설정
학습 10	코드론을 위한 아두이노 이해
학습 11	코드론을 위한 아두이노 기초 프로그래밍(1)
학습 12	코드론을 위한 아두이노 기초 프로그래밍(2)
학습 13	**코드론을 위한 아두이노 응용 프로그래밍(1)**
학습 14	코드론을 위한 아두이노 응용 프로그래밍(2)
부록	H/W, S/W 유지보수

학습 목표

13. 코드론을 위한 아두이노 응용 프로그래밍(1)을 이해할 수 있다.

13-1 코드론 LED 컨트롤하기(LED)

1. LED 컨트롤 아두이노 응용 프로그래밍

코드론의 LED를 컨트롤 하는 아두이노 프로그램의 명령어이다.

① LED컨트롤 1(LED_Color_01)

② LED컨트롤 2(LED_Color_02)

③ LED컨트롤 3(LED_Color_03)

13-2 코드론 상태보기(Receive)

1. 데이터 수신

① 배터리 레벨 체크(LowBatteryCheck) : 코드론의 상태를 보기 위하여 배터리 잔량에 따라 부저를 울리는 Low Battery Check 명령어이다. 배터리 값은 0~100이다.

② 드론 자세 체크(Serial Print Attitude) : 코드론의 상태를 보기 위하여 드론 자세 체크하는 Serial Print Attitude 명령어이다.

학습 13

수행 내용

재료 · 자료

- Arduino, 드론의 제어 및 코딩 관련 자료

기기(장비 · 공구)

- 컴퓨터, 코드론, BLE 보드, 스마트 인벤터 보드, USB케이블, 4핀 케이블

안전 · 유의사항

- 컴퓨터, 코드론, BLE 보드 및 스마트 인벤터 보드의 전원을 관리한다.

수행 순서

01 LED 컨트롤 1(LED_Color_01)을 구현하라. 드론의 LED를 제어한다. LedColor(Mode, Color, Time)는 모드, 색상, 시간의 형식으로 입력한다.

인벤터 보드와 PC 연결방법 9장의 수행과제 2번을 참조한다.

```
#include <CoDrone.h>              // 코드론을 사용하기 위한 헤더파일


byte modeTime = 7;                // 모드 시간 변수
int delayTime = 1000;             // 대기 시간 변수


void setup()
{
CoDrone.begin(115200);                     // BLE 보드의 통신 개시(115200bps)
CoDrone.AutoConnect(NearbyDrone);          // 가장 가까운 위치의 드론과 연결
}


void loop()
```

```
{
CoDrone.LedColor(ArmDimming, Yellow, modeTime);
// 노랑색으로 밝기 제어하여 천천히 깜빡이며 modeTime 따라 동작한다.

delay(delayTime); // 대기 시간 입력

CoDrone.LedColor(ArmDimming, Cyan, modeTime);
// 하늘색으로 밝기 제어하여 천천히 깜빡이며 modeTime 따라 동작한다.

delay(delayTime); // 대기 시간 입력
}
```

[그림 13-1] LED 컨트롤 1(LED_Color_01)

(A) 노란색으로 천천히 깜빡인다.

(b) 하늘색으로 천천히 깜빡인다.

[그림 13-2]

02 LED 컨트롤 1(LED_Color_02)을 구현하라.

드론의 LED를 제어한다.

" LedColor(Mode,color,Time); 모드, 색상 배열, 시간의 형식으로 입력한다."

학습 13

```
#include <CoDrone.h>                          // 코드론을 사용하기 위한 헤더파일

byte modeTime = 7;                            // 모드 시간 변수
int delayTime = 1000;                         // 대기 시간 변수

void setup()
{
CoDrone.begin(115200);                        //  BLE 보드의 통신 개시(115200bps)
CoDrone.AutoConnect(NearbyDrone);             // 가장 가까운 위치의 드론과 연결
}

void loop()
{
CoDrone.LedColor(ArmDimming, 255, 0, 0, modeTime);
// 입력된 R,G,B 색으로 밝기 제어하여 천천히 깜빡이며 modeTime 따라 동작한다.
delay(delayTime);                             // 대기 시간 입력

CoDrone.LedColor(ArmDimming, 0, 255, 0, modeTime);
// 입력된 R,G,B 색으로 밝기 제어하여 천천히 깜빡이며 modeTime 따라 동작한다.

delay(delayTime);                             // 대기 시간 입력

CoDrone.LedColor(ArmDimming, 0, 0, 255, modeTime);
// 입력된 R,G,B 색으로 밝기 제어하여 천천히 깜빡이며 modeTime 따라 동작한다.

delay(delayTime);                             // 대기 시간 입력

CoDrone.LedColor(ArmDimming, 0, 0, 0, modeTime);
// 입력된 R,G,B 색으로 밝기 제어하여 천천히 깜빡이며 modeTime 따라 동작한다.

delay(delayTime);                             // 대기 시간 입력
}
```

[그림 13-3] LED 컨트롤 1(LED_Color_02)

(a) 빨간색으로 깜빡인다.

(b) 녹색으로 깜빡인다.

(c) 파란색으로 깜빡인다.

(d) LED가 꺼진다.

[그림 13-4] 드론의 LED를 제어

03 LED 컨트롤 1(LED_Color_03)을 구현하라.

드론의 LED를 제어한다.

LedColor(Mode,color[],Time)는 모드, 색상 배열, 시간의 형식으로 입력 한다.

```
#include <CoDrone.h>                 // 코드론을 사용하기 위한 헤더파일

byte modeTime = 7;                   // 모드 시간 변수
int delayTime = 1000;                // 대기 시간 변수

byte color0[] = {255, 0, 0};         // color0 색상 배열(R,G,B)
byte color1[] = {0, 255, 0};         // color1 색상 배열(R,G,B)
```

```
byte color2[] = {0, 0, 255};                    // color2 색상 배열(R,G,B)
byte color3[] = {0, 0, 0};                      // color3 색상 배열(R,G,B)

void setup()
{
CoDrone.begin(115200);                          //  BLE 보드의 통신 개시(115200bps)
CoDrone.AutoConnect(NearbyDrone);               // 가장 가까운 위치의 드론과 연결
}

void loop()
{
CoDrone.LedColor(ArmDimming, color0, modeTime);
// color0에 입력된 색으로 밝기 제어하여 천천히 깜빡이며 modeTime 따라 동작한다.

delay(delayTime);                               // 대기 시간 입력

CoDrone.LedColor(ArmDimming, color1, modeTime);
// color1에 입력된 색으로 밝기 제어하여 천천히 깜빡이며 modeTime 따라 동작한다.

delay(delayTime);                               // 대기 시간 입력

CoDrone.LedColor(ArmDimming, color2, modeTime);
// color2에 입력된 색으로 밝기 제어하여 천천히 깜빡이며 modeTime 따라 동작한다.

delay(delayTime);                               // 대기 시간 입력

CoDrone.LedColor(ArmDimming, color3, modeTime);
// color3에 입력된 색으로 밝기 제어하여 천천히 깜빡이며 modeTime 따라 동작한다.

delay(delayTime);                               // 대기 시간 입력
}
```

[그림 13-5] LED 컨트롤 1(LED_Color_03)

(a) 빨간색으로 깜빡인다.

(b) 녹색으로 깜빡인다.

(c) 파란색으로 깜빡인다.

(d) LED가 꺼진다.

[그림 13-6] 드론의 LED 색상 제어

04 Led 디폴트 설정(LedColorDefault)을 구현하라.

드론의 LED를 제어한다(LED 설정 저장).

전원이 꺼졌다 켜진 후에도 LED가 현재 상태를 유지한다.

```
#include <CoDrone.h>                    // 코드론을 사용하기 위한 헤더파일

byte mode1 = ArmHold;
byte color1[] = {0, 0, 255};            // color1 색상 배열(R,G,B)
byte modeTime1 = 255;                   // 모드 시간 변수

byte mode2 = EyeHold;
byte color2[] = {255, 255, 0};          // color2 색상 배열(R,G,B)
```

```
byte modeTime2 = 255;                    // 모드 시간 변수

void setup()
{
CoDrone.begin(115200);                   //  BLE 보드의 통신 개시(115200bps)
CoDrone.AutoConnect(NearbyDrone);        // 가장 가까운 위치의 드론과 연결
CoDrone.LedColorDefault(mode1, color1, modeTime2, mode2, color2, modeTime2); // color에 입력된 색, mode와 modeTime에 따라 동작한다.
}

void loop()
{
}
```

[그림 13-7] LED 디폴트 설정(LedColorDefault)

05 데이터 수신으로 CoDrone의 배터리 레벨 체크(LowBatteryCheck)를 구현하라.

```
#include <CoDrone.h>                     // 코드론을 사용하기 위한 헤더파일
byte level = 50;                         // 이곳에서 설정한 값이 배터리 기준 값이 됨

void setup()
{
CoDrone.begin(115200);                   // BLE 보드의 기능 개시
CoDrone.AutoConnect(NearbyDrone);        // 가장 가까운 위치의 드론과 연결
CoDrone.LowBatteryCheck(level);          // 만약 배터리가 입력한 기준 값 보다 작다면 부저를 울려서
                                            알려줌
}

void loop()
{
}
```

[그림 13-8] CoDrone 배터리 리벨체크(LowBatteryCheck)

06 데이터 수신으로 비행 자세 정보(SerialPrintAttitude)를 구현하라.

```
#include <CoDrone.h>

void setup()
{
CoDrone.begin(115200);
CoDrone.AutoConnect(NearbyDrone);
delay(500);
}

void loop()
{
AttitudeToSerialMonitor();
delay(500);
}

void AttitudeToSerialMonitor()
{
//---------------------------------------------------------------------------//
CoDrone.Send_LinkModeBroadcast(LinkBroadcast_Active); //link module mode change => Active
delay(100);
CoDrone.Request_DroneAttitude();

long oldTime = millis();
boolean attitudeSuccess = false;
CoDrone.receiveAttitudeSuccess = 0; //receiveAttitudeSuccess flag init

while (attitudeSuccess == false) //receiveAttitudeSuccess check
{
CoDrone.Receive();
if (CoDrone.receiveAttitudeSuccess == 1) attitudeSuccess = true;
if (oldTime + 1000 < millis()) break;
}
```

학습 13

```
//--------------------------------------------------------------------------//
if (attitudeSuccess == true)
{
CoDrone.Send_LinkModeBroadcast(LinkModeMute); //link module mode change => Mute
delay(300);

Serial.println("");
Serial.println("--------- Now attitude -----------");
Serial.print("ROLLt");
Serial.println(AttitudeROLL);
Serial.print("PITCHt");
Serial.println(AttitudePITCH);
Serial.print("YAWt");
Serial.println(AttitudeYAW);
delay(500);
}
//--------------------------------------------------------------------------//
}
```

[그림 13-9] 비행 자세 정보(SerialPrintAttitude)

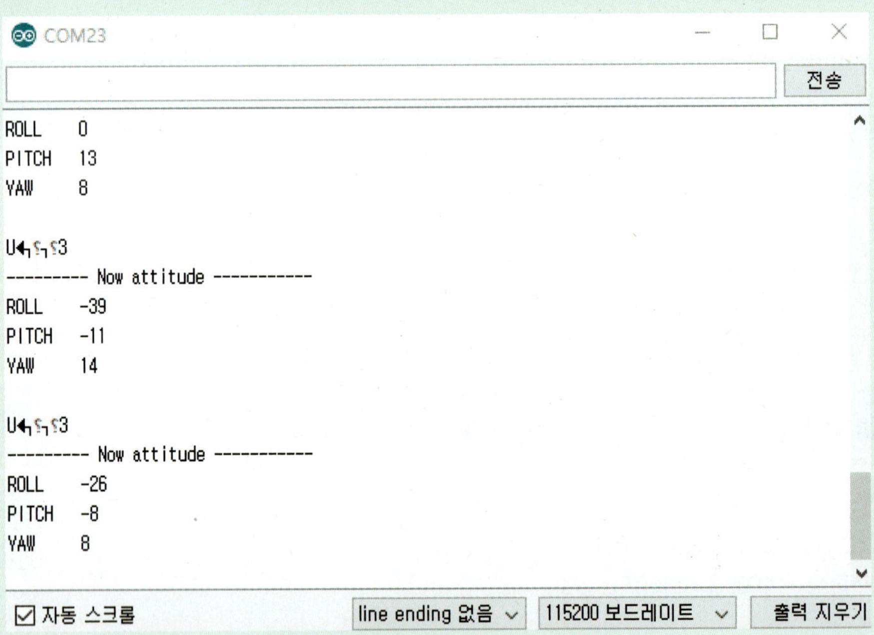

[그림 13-10] 비행 자세 정보 표시

수행과제를 수행하면 비행 자세 정보를 나타낸다.

07 데이터 수신으로 RSSI 신호세기(RSSI_Polling)를 구현하라.

```
#include <CoDrone.h>                      // 코드론을 사용하기 위한 헤더파일

void setup()
{
    CoDrone.begin(115200);                // BLE 보드의 통신 개시(115200bps)
    CoDrone.AutoConnect(NearbyDrone);     // 가장 가까운 위치의 드론과 연결
    CoDrone.DisplayRSSI();                // 연결된 드론의 RSSI(신호세기) 값을 LED 불빛으로 표시
}

void loop()
{
}
```

[그림 13-11] RSSI 신호세기(RSSI_Polling)

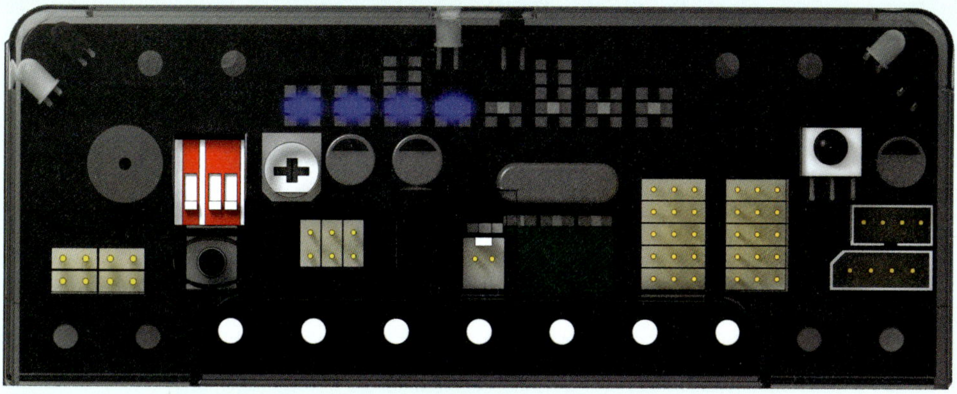

[그림 13-12] 연결된 드론의 RSSI(신호세기) 값을 LED로 표시

수행과제를 실행하면 연결된 드론의 RSSI(신호세기) 값을 LED 불빛으로 표시한다.

08 고도 값 표시(DisplayLEDRangeSensor)을 구현하라.

```
#include <CoDrone.h>// 코드론을 사용하기 위한 헤더파일

int scale = 200; // LED 불빛 한개의 기준 고도 200mm
int firstLEDpin= 11; // 스마트 보드의 LED 핀 시작 번호

voidsetup()
{
   CoDrone.begin(115200);// BLE 보드의 통신 개시(115200bps)
   CoDrone.AutoConnect(NearbyDrone);// 가장 가까운 위치의 드론과 연결
   delay(500);
   for(int thisPin = 11; thisPin <=18; thisPin++)
   {
      pinMode(thisPin, OUTPUT);
   }
   for(int thisPin = 11; thisPin <=18; thisPin++)
   {
      digitalWrite(thisPin,LOW);
   }
}

voidloop()
{
   CoDrone.Request_Range();
   long oldTime = millis();
   while (CoDrone.receiveRangeSuccess)// receiveRangeSuccesscheck
   {
      CoDrone.Receive();
      if (oldTime + 1000 < millis()) break;
   }
   if (CoDrone.receiveRangeSuccess== true)
   {
```

```
        int _sensor = CoDrone.sensorRange[5]/ scale;
        if (_sensor < 0 )_sensor=0 ;
        if (_sensor > 7) _sensor = 7;
        for(int thisPin = 11; thisPin <=18; thisPin++)
    {
        digitalWrite(thisPin,LOW);
    }
        digitalWrite(firstLEDpin,HIGH);
        for(int i = 1; i < _sensor ; i++)
        {
            digitalWrite(++firstLEDpin, HIGH);
        }
    }
}
```

[그림 13-13] 고도 값 표시(DisplayLEDRangeSensor)

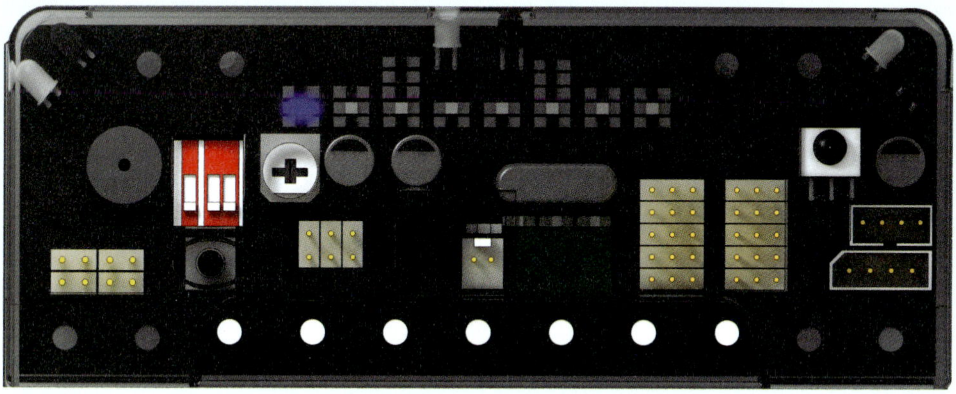

[그림 13-14] 연결된 드론의 고도 값을 LED로 표시

수행과제를 실행하면 연결된 드론의 고도 값을 LED 불빛으로 표시한다.

학습 13

09 고도 값 표시(SerialPrintRangeSensor)를 구현하라.

```
#include <CoDrone.h>                          // 코드론을 사용하기 위한 헤더파일

void setup()
{
CoDrone.begin(115200);                        // BLE 보드의 통신 개시(115200bps)
CoDrone.AutoConnect(NearbyDrone);             // 가장 가까운 위치의 드론과 연결
delay(500);
}
void loop()
{
RangeSensorToSerialMonitor();
}

void RangeSensorToSerialMonitor()
{
//-------------------------------------------------------------------------//
CoDrone.Send_LinkModeBroadcast(LinkBroadcast_Active); //link module mode change => Active
delay(100);
CoDrone.Request_Range();

long oldTime = millis();
while (CoDrone.receiveRangeSuccess == false) //receiveRangeSuccess check
{
CoDrone.Receive();
if (oldTime + 1000 < millis()) break; //time out check
}
//-------------------------------------------------------------------------//
if (CoDrone.receiveRangeSuccess == true)
{
CoDrone.Send_LinkModeBroadcast(LinkModeMute); //link module mode change => Mute
delay(300);
```

```
Serial.println("");
Serial.println("--------------- Sensor ---------------");
Serial.print("range tt");
Serial.print(CoDrone.sensorRange[5]);
Serial.println(" mm");
Serial.println("-------------------------------------- ");
delay(500);
}
//--------------------------------------------------------------------------//
}
```

[그림 13-15] 고도 값 표시(SerialPrintRangeSensor)-CoDrone Pro 전용

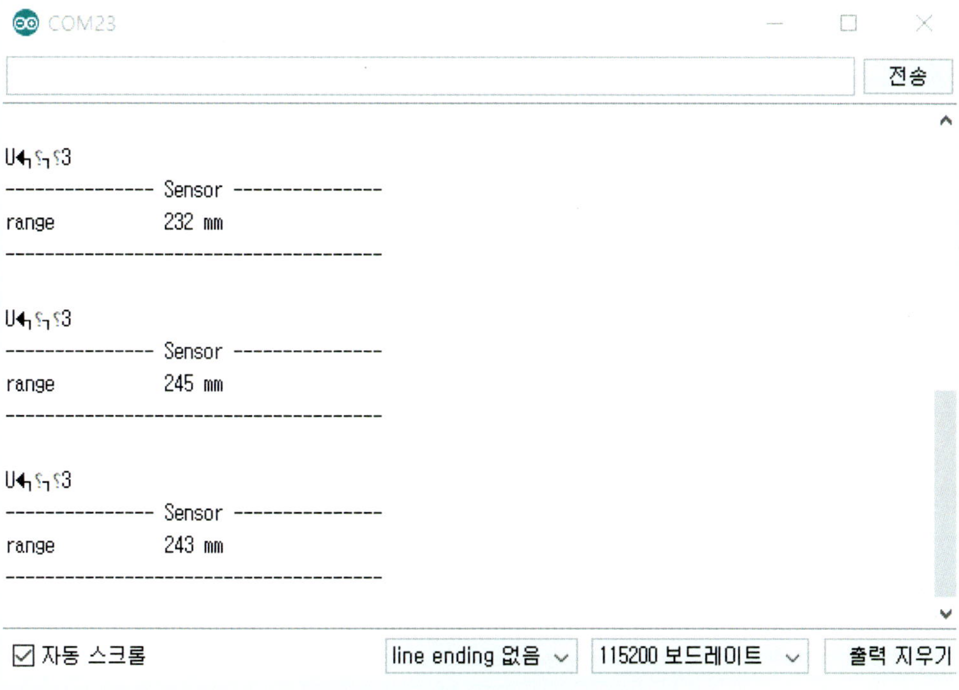

[그림 13-16] 연결된 드론의 고도 값을 시리얼 포트에 표시

학습 13

수행과제를 실행하면 연결된 드론의 고도 값을 시리얼 포트에 표시한다.

10 코드론 자율이동 미션을 수행하라.

1. 자율 이동 미션 예제 1

- 드론 동작 : 직진 → 우측이동 → 후진 → 착륙
- 아래 예제를 수행할 때 환경에 따라 PITCH, ROLL, YAW, THROTTLE 수치와 딜레이 값을 조절해야할 수도 있다.

```
#include <CoDrone.h>                          // 코드론을 사용하기 위한 헤더파일
void setup() {
  CoDrone.begin(115200);                      //  BLE 보드의 통신 개시(115200bps)
  CoDrone.AutoConnect(NearbyDrone);           // 가장 가까운 위치의 드론과 연결
  CoDrone.DroneModeChange(Flight);            // 드론을 플라이트 모드로 설정한다(비행형).
  if (PAIRING == true)                        // 연결(페어링)이 성공한 경우에만 실행
  {
    PITCH = 0;
    YAW = 0;
    ROLL = 0;
    CoDrone.Control();                        // 조종 값 전송
    delay(700);
    CoDrone.FlightEvent(TakeOff);             // 이륙
    delay(2000);                              // 대기 시간
    PITCH = 70;                               // PITCH 값 입력
    CoDrone.Control();                        // 조종값 전송
    delay(800);                               // 대기 시간
    PITCH = 0;                                // PITCH 값 입력(정지 값)
    CoDrone.Control();                        // 조종값 전송
    delay(1000);                              // 대기 시간
    ROLL = 70;                                // Roll 값 입력
    CoDrone.Control();                        // 조종 값 전송
    delay(800);                               // 대기 시간
    ROLL = 0;                                 // Roll 값 입력(정지 값)
    CoDrone.Control();                        // 조종 값 전송
    delay(1000);                              // 대기 시간
```

```
    PITCH = -70;                        // PITCH 값 입력
    CoDrone.Control();                  // 조종 값 전송
    delay(800);                         // 대기 시간
    PITCH = 0;                          // PITCH 값 입력(정지 값)
    CoDrone.Control();                  // 조종 값 전송
    delay(1000);                        // 대기 시간
    CoDrone.FlightEvent(Landing);       // 서서히 착륙
    }
}
void loop() {
  }
```

[그림 13-17] 직진 → 우측이동 → 후진 → 착륙 프로그램

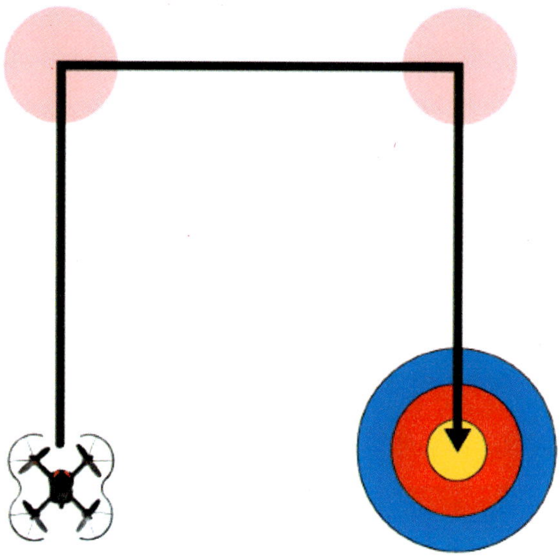

[그림 13-18] 직진 → 우측이동 → 후진 → 착륙 수행

수행과제를 수행하면 직진 → 우측이동 → 후진 → 착륙을 수행한다.

학습 13

2. 자율 이동 미션 예제 2

- 드론 동작 : 직진 → 우측으로 회전 → 좌측이동 → 남동쪽 대각선방향으로 이동
- 아래 예제를 수행할 때 환경에 따라 PITCH, ROLL, YAW, THROTTLE 수치와 딜레이 값을 조절해야할 수도 있다.

```
#include <CoDrone.h>                        // 코드론을 사용하기 위한 헤더파일
void setup() {
  CoDrone.begin(115200);                    //  BLE 보드의 통신 개시(115200bps)
  CoDrone.AutoConnect(NearbyDrone);         // 가장 가까운 위치의 드론과 연결
  CoDrone.DroneModeChange(Flight);          // 드론을 플라이트 모드로 설정한다(비행형).
  if (PAIRING == true)                      // 연결(페어링)이 성공한 경우에만 실행
  {
    PITCH = 0;
    YAW = 0;
    ROLL = 0;
    CoDrone.Control();                      // 조종 값 전송
    delay(700);
    CoDrone.FlightEvent(TakeOff);           // 이륙
    delay(3000);                            // 대기 시간
    PITCH = 70;                             // PITCH 값 입력
    CoDrone.Control();                      // 조종 값 전송
    delay(1000);                            // 대기 시간
    PITCH = 0;                              // PITCH 값 입력(정지 값)
    CoDrone.Control();                      // 조종 값 전송
    delay(1000);                            // 대기 시간
    YAW = 70;                               // YAW 값 입력
    CoDrone.Control();                      // 조종 값 전송
    delay(1000);                            // 대기 시간
    YAW = 0;                                // YAW 값 입력(정지 값)
    CoDrone.Control();                      // 조종 값 전송
    delay(1000);                            // 대기 시간
    ROLL = -70;                             // Roll 값 입력
    CoDrone.Control();                      // 조종 값 전송
    delay(1000);                            // 대기 시간
    ROLL = 0;                               // Roll 값 입력(정지 값)
    CoDrone.Control();                      // 조종 값 전송
    delay(1000);                            // 대기 시간
    PITCH = -70;                            // PITCH 값 입력
```

```
    ROLL = 70;                          // ROLL 값 입력(정지 값)
    CoDrone.Control();                  // 조종 값 전송
    delay(1000);                        // 대기 시간
    PITCH = 0;                          // PITCH 값 입력(정지 값)
    ROLL = 0;                           // ROLL 값 입력(정지 값)
    CoDrone.Control();                  // 조종 값 전송
    delay(1000);                        // 대기 시

    CoDrone.FlightEvent(Landing);       // 서서히 착륙
    }
}
void loop() {
  }
```

[그림 13-19] 직진 → 우측으로 회전 → 좌측이동 → 남동쪽 대각선방향으로 이동 프로그램

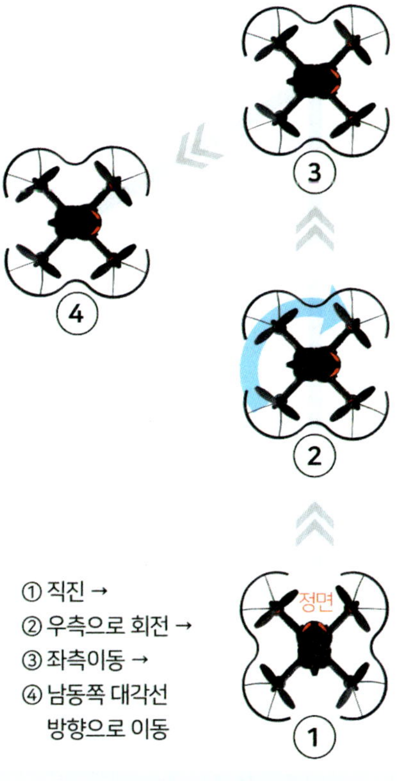

[그림 13-20] 직진 → 우측으로 회전 → 좌측이동 → 남동쪽 대각선방향으로 이동

수행과제를 수행하면 직진 → 우측으로 회전 → 좌측이동 → 남동쪽 대각선방향으로 이동한다.

학습 13

3. 자율 이동 미션 예제 3

- 드론 동작 : 직진 → 착륙 LED 작동 → 우측으로 이동하면서 LED 작동 → 착륙 이륙 → 좌측회전 → 북서쪽으로 이동하면서 LED작동 → 착륙
- 아래 예제를 수행할 때 환경에 따라 PITCH, ROLL, YAW, THROTTLE 수치와 딜레이 값을 조절해야할 수도 있다.

```
#include <CoDrone.h>                       // 코드론을 사용하기 위한 헤더파일
byte modeTime = 7;                         // 모드 시간 변수
int delayTime = 1000;                      // 대기 시간 변수
byte color0[] = {255, 0, 0};               // color0 색상 배열(R,G,B)
byte color1[] = {0, 255, 0};               // color1 색상 배열(R,G,B)
byte color2[] = {0, 0, 255};               // color2 색상 배열(R,G,B)
byte color3[] = {0, 0, 0};                 // color3 색상 배열(R,G,B)

void setup() {                             // put your setup code here, to run once:
  CoDrone.begin(115200);                   //  BLE 보드의 통신 개시(115200bps)
  CoDrone.AutoConnect(NearbyDrone);        // 가장 가까운 위치의 드론과 연결
  CoDrone.DroneModeChange(Flight);         // 드론을 플라이트 모드로 설정한다.(비행형)

    if (PAIRING == true)                   // 연결(페어링)이 성공한 경우에만 실행
    {
    PITCH = 0;
    YAW = 0;
    ROLL = 0;
    CoDrone.Control();                     // 조종 값 전송
    delay(700);
    CoDrone.FlightEvent(TakeOff);          // 이륙
    delay(2000);                           // 대기 시간
    CoDrone.LedColor(ArmDimming, color0, modeTime); // color0에 입력된 색으로 밝기 제어하여
                                                      천천히 깜빡이며  modeTime 따라
                                                      동작한다.
    delay(delayTime);                      // 대기 시간 입력
    PITCH = 70;                            // PITCH 값 입력
    CoDrone.Control();                     // 조종 값 전송
    delay(1000);                           // 대기 시간
    PITCH = 0;                             // PITCH 값 입력(정지 값)
    CoDrone.Control();                     // 조종 값 전송
```

```
delay(1000);                        // 대기 시간
CoDrone.FlightEvent(Landing);       // 서서히 착륙
delay(3000);                        // 대기시간
CoDrone.LedColor(ArmDimming, color1, modeTime); // color1에 입력된 색으로 밝기 제어하여
                                                   천천히 깜빡이며  modeTime 따라
                                                   동작한다.
delay(delayTime);                   // 대기 시간 입력
CoDrone.FlightEvent(TakeOff);       // 이륙
delay(2000);                        // 대기 시간
ROLL = 70;                          // ROLL 값 입력
CoDrone.Control();                  // 조종 값 전송
delay(1000);                        // 대기 시간
CoDrone.LedColor(ArmDimming, color2, modeTime); // color2에 입력된 색으로 밝기 제어하여
                                                   천천히 깜빡이며  modeTime 따라
                                                   동작한다.
delay(delayTime);                   // 대기 시간 입력
ROLL = 0;                           // ROLL 값 입력(정지 값)
CoDrone.Control();                  // 조종 값 전송
delay(1000);                        // 대기 시간
CoDrone.FlightEvent(Landing);       // 서서히 착륙
delay(3000);                        // 대기시간
CoDrone.FlightEvent(TakeOff);       // 이륙
delay(2000);                        // 대기 시간
YAW = -50;                          // YAW 값 입력
CoDrone.Control();                  // 조종 값 전송
delay(1000);                        // 대기시간
YAW = 0;                            // YAW 값 입력(정지 값)
CoDrone.Control();                  // 조종 값 전송
delay(1000);                        // 대기시간
PITCH = 50;                         // PITCH 값 입력
ROLL = - 50;                        // ROLL 값 입력
CoDrone.Control();                  // 조종 값 전송
delay(800);                         // 대기시간
CoDrone.LedColor(ArmDimming, 0, 0, 0, modeTime); // 입력된 R,G,B 색으로 밝기 제어하여
                                                    천천히 깜빡이며  modeTime 따라
                                                    동작한다.
delay(delayTime);                   // 대기 시간 입력
PITCH = 0;                          // PITCH 값 입력(정지 값)
```

```
        ROLL = 0;                              // ROLL 값 입력(정지 값)
        CoDrone.Control();                     // 조종 값 전송
        delay(1000);                           // 대기시간
        CoDrone.FlightEvent(Landing);          // 서서히 착륙
    }
}
void loop() {
    }
```

[그림 13-21] 직진 → 착륙 LED 작동 → 우측으로 이동하면서 LED 작동 → 착륙 이륙 → 좌측회전 → 북서쪽으로 이동하면서 LED작동 → 착륙하는 프로그램

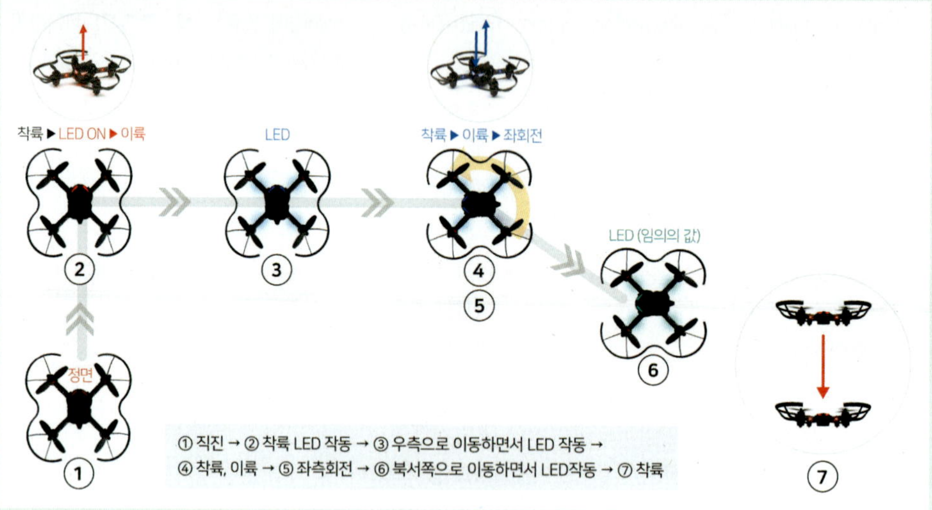

[그림 13-22] 직진 → 착륙 LED 작동 → 우측으로 이동하면서 LED 작동 → 착륙 이륙 → 좌측회전 → 북서쪽으로 이동하면서 LED작동 → 착륙을 수행

수행과제를 수행하면 직진 → 착륙 LED 작동 → 우측으로 이동하면서 LED 작동 → 착륙 이륙 → 좌측회전 → 북서쪽으로 이동하면서 LED작동 → 착륙을 수행한다.

학습활동.13 교수 · 학습 방법

교수 방법

- 코드론을 위한 아두이노 응용 프로그래밍(1)에 대한 관련 용어, 구성, 방식 이해 정도를 파악한 후 수업을 진행한다.
- 교수자의 주도로 코드론을 위한 아두이노 응용 프로그래밍(1) 등의 내용을 PPT 자료로 제시한 후 설명한다.
- 가능하면 사전에 개인별 학습 자료를 준비하여 모든 학생이 참여할 수 있는 문제 해결식 수업, 협력 수업이 가능하도록 한다.
- 코드론을 위한 아두이노 응용 프로그래밍(1) 전 과정을 작업의 순서에 따라 단계적으로 실습이 이루어질 수 있도록 지도한다.
- 교재를 통해 수업을 준비하는데 있어서 필요한 모든 정보나 팁, 힌트 등 도움이 될 만한 내용들을 확인할 수 있다.
- 학생들이 만들게 될 각 모델들은 수업시간에 중점적으로 다뤄질 부분과 어휘, 질문, 답을 포함하고 있으며 또한 탐구할만한 추가적인 아이디어들도 포함하고 있다.

학습 방법

- 코드론을 위한 아두이노 응용 프로그래밍(1)에 대한 관련 용어를 숙지하고, 코드론을 위한 아두이노 응용 프로그래밍(1)에 대해 이해한다.
- 코드론을 위한 아두이노 응용 프로그래밍(1)의 각 단계별 중점 사항을 체계적으로 학습한다.
- 코드론을 위한 아두이노 응용 프로그래밍(1)의 수행순서의 전 과정을 실습한다.
- 코드론을 위한 아두이노 응용 프로그래밍(1)의 내용을 이해한다.
- 코드론을 위한 아두이노 응용 프로그래밍(1)를 이해하고 숙달이 될 때까지 학습한다.

학습활동.13 평가 및 피드백

평가 준거

- 평가자는 피평가자가 수행 준거 및 평가 내용에 제시되어 있는 내용을 성공적으로 수행할 수 있는 지를 평가해야 한다.

학습내용	평가항목	성취수준		
		상	중	하
코드론을 위한 아두이노 응용 프로그래밍(1)	코드론을 위한 아두이노 응용 프로그래밍(1)를 이해할 수 있다.			

평가 방법

• 작업 포트폴리오

학습내용	평가항목	성취수준		
		상	중	하
코드론을 위한 아두이노 응용 프로그래밍(1)	코드론을 위한 아두이노 응용 프로그래밍(1)를 이해할 수 있다.			

• 필기시험

학습내용	평가항목	성취수준		
		상	중	하
코드론을 위한 아두이노 응용 프로그래밍(1)	코드론을 위한 아두이노 응용 프로그래밍(1)를 이해할 수 있다.			

• 체크리스트를 통한 관찰

학습내용	평가항목	성취수준		
		상	중	하
코드론을 위한 아두이노 응용 프로그래밍(1)	코드론을 위한 아두이노 응용 프로그래밍(1)를 이해할 수 있다.			

• 피드백

1. 작업 포트폴리오
   – 제출한 보고서를 평가한 후 주요 사항에 대하여 표시하여 돌려준다.
2. 필기 시험
   – 평가 결과 성적이 저조한 학생은 보고서 제출 기회를 부여한다.
3. 체크리스트를 통한 관찰
   – 실습 과정에서 평가한 후 개선해야 할 사항 등을 정리하여 돌려둔다.

학습 1	드론의 이해
학습 2	드론 시뮬레이터의 기초제어
학습 3	드론 시뮬레이터의 응용제어
학습 4	로킷 브릭의 기초
학습 5	로킷 브릭의 응용
학습 6	로킷 브릭의 프로그램 제어(1)
학습 7	로킷 브릭의 프로그램 제어(2)
학습 8	로킷 시뮬레이터의 구성 및 응용
학습 9	코드론을 위한 아두이노 설정
학습 10	코드론을 위한 아두이노 이해
학습 11	코드론을 위한 아두이노 기초 프로그래밍(1)
학습 12	코드론을 위한 아두이노 기초 프로그래밍(2)
학습 13	코드론을 위한 아두이노 응용 프로그래밍(1)
학습 14	**코드론을 위한 아두이노 응용 프로그래밍(2)**
부록	H/W와 S/W 유지보수

학습 목표

14. 코드론을 위한 아두이노 응용 프로그래밍(2)를 이해할 수 있다.

14-1 코드론의 동작 제어 응용(Application)

1. 코드론 아두이노 응용 프로그렘

1) 손바닥으로 점프(hand_on)

드론이 짧게 이륙과 전진을 하여 사용자의 손에 떨어지는 hand_on 명령이다. 사용하는 코드론의 상태에 따라 PITCH와 delay 값을 수정해 줘야한다.

2) 장애물 점프(hurdle_jump)

드론이 짧게 이륙과 전진을 하여 사용자의 손에 떨어지는 hand_on 명령이다. 사용하는 코드론의 상태에 따라 THROTTLE, PITCH, ROLL과 delay 값을 수정해 줘야 한다.

14-2 인벤터 보드를 이용한 응용

1. 인벤터 보드를 이용한 아두이노 응용 프로그램

1) 아날로그 센서 컨트롤(Analog_Control)

인벤터 보드의 아날로그 센서를 이용하여 드론을 컨트롤 할 수 있는 Analog_Control 명령어이다. 센서의 번호를 바꿔 줄 수 있으며 사용하는 코드론의 상태에 따라 THROTTLE, PITCH와 delay 값을 수정해 줘야한다.

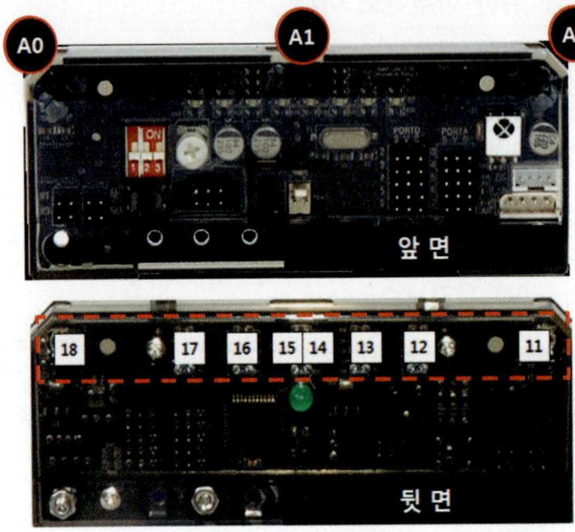

[그림 14-1] 인벤터 보드의 아날로그 센서 3개와 디지털 센서 3개를 이용한 조종 예제

① 인벤터 보드의 아날로그 센서 3개와 디지털 센서 3개를 이용한 조종 예제
② bt4(14, 15)를 누르면 A1은 높이조절 A0, A2는 좌우 이동
③ bt8(18)을 누르면 A1은 높이조절 A0, A2는 전후진
④ bt1(11)을 누르면 드론 정지

2) 디지털 센서 컨트롤(Button_Control)

7개의 디지털 센서로 코드론을 조종하는 Button_Control 명령이다.

3) 코드론 조이스틱 조종하기(Controller_flight)

컨트롤러를 조립하여 조이스틱으로 코드론을 조종할 수 있는 Controller_flight명령이다.

수행 내용

재료 · 자료

- Arduino, 드론의 제어 및 코딩 관련 자료

기기(장비 · 공구)

- 컴퓨터, 코드론, BLE 보드, 스마트 인벤터 보드, USB케이블, 4핀 케이블

안전 · 유의사항

- 컴퓨터, 코드론, BLE 보드 및 스마트 인벤터 보드의 전원을 관리한다.

수행 순서

01 코드론이 손비닥으로 점프(hand_on)하는 과정을 아두이노 프로그램으로 구현하라.

인벤터 보드와 PC연결방법은 9장의 수행과제 2번을 참조한다.

```
#include <CoDrone.h>                     // 코드론을 사용하기 위한 헤더파일

void setup()
{
CoDrone.begin(115200);                   //  BLE 보드의 통신 개시(115200bps)
CoDrone.AutoConnect(NearbyDrone);        // 가장 가까운 위치의 드론과 연결
CoDrone.DroneModeChange(Flight);         // 드론을 플라이트 모드로 설정한다(비행형).

if (PAIRING == true)                     // 연결(페어링)이 성공한 경우에만 실행
CoDrone.FlightEvent(TakeOff);            // 이륙
delay(1000);                             // 대기 시간
```

학습 14

```
PITCH = 30;                              // PITCH 값 입력
CoDrone.Control();                       // 조종값 전송
delay(300);                              // 대기 시간

CoDrone.FlightEvent(Stop);               // 서서히 착륙
}
void loop()
{
}
```

[그림 14-2] 손바닥으로 점프(hand_on)

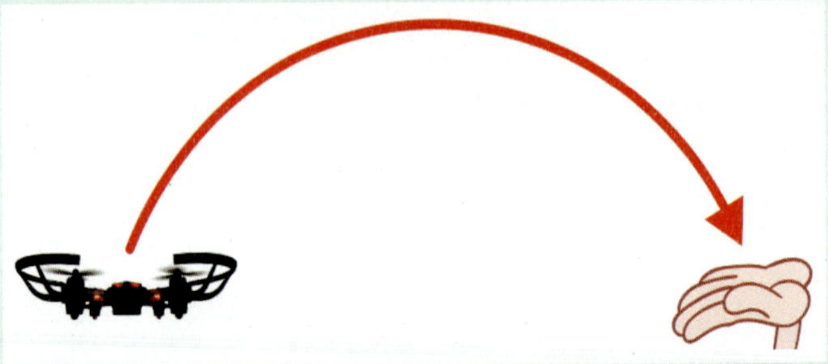

[그림 14-3] 코드론이 손바닥으로 점프(hand_on)하는 과정

수행과제를 수행하면 드론이 손바닥으로 점프하는 미션을 수행한다.

02 코드론으로 장애물 점프(hurdle_jump)하는 과정을 아두이노 프로그램으로 구현하라.

```
#include <CoDrone.h>                     // 코드론을 사용하기 위한 헤더파일
void setup() {
CoDrone.begin(115200);                   // BLE 보드의 통신 개시(115200bps)
CoDrone.AutoConnect(NearbyDrone);        // 가장 가까운 위치의 드론과 연결
CoDrone.DroneModeChange(Flight);         // 드론을 플라이트 모드로 설정한다(비행형).
```

```
delay(400);                              // 대기 시간

if (PAIRING == true)                     // 연결(페어링)이 성공한 경우에만 실행
{
CoDrone.FlightEvent(TakeOff);            // 이륙

delay(1000);                             // 대기 시간
                                         // 상승
THROTTLE = 20;                           // THROTTLE 값 입력
CoDrone.Control();                       // 조종값 전송

delay(500);                              // 대기 시간
                                         // 전진
THROTTLE = 0;                            // THROTTLE 전송
PITCH = 100;                             // PITCH 전송
ROLL = -10;                              // ROLL 전송
CoDrone.Control();                       // 조종값 전송

delay(300);                              // 대기 시간
                                         // 제자리 비행
THROTTLE = 0;                            // THROTTLE 전송
PITCH = 0;                               // PITCH 전송
ROLL = 0;                                // ROLL 전송
CoDrone.Control();                       // 조종값 전송
delay(500);                              // 대기 시간

CoDrone.FlightEvent(Landing);            // 서서히 착륙
}

void loop()
{
}
```

[그림 14-4] 장애물 점프(hurdle_jump)

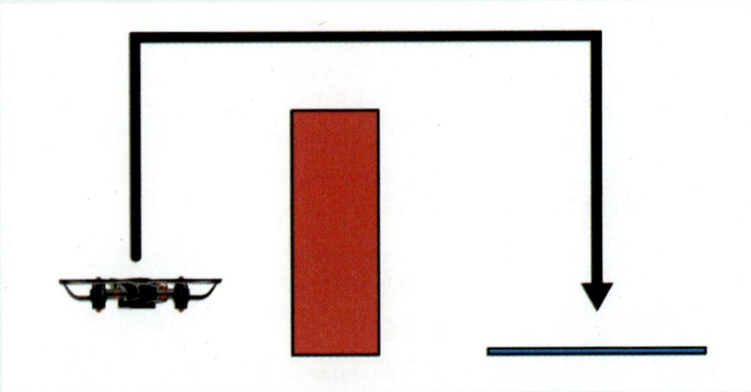

[그림 14-5]드론이 장애물 점프 미션을 수행

수행과제를 수행하면 드론이 장애물 점프 미션을 수행한다.

03 코드론을 아날로그 센서로 컨트롤(Analog_Control)하는 과정을 아두이노 프로그램으로 구현하라.

```
#include <CoDrone.h>                    // 코드론을 사용하기 위한 헤더파일
void setup()
{
CoDrone.begin(115200);                  //  BLE 보드의 통신 개시(115200bps)
CoDrone.AutoConnect(NearbyDrone); // 가장 가까운 위치의 드론과 연결
CoDrone.DroneModeChange(Flight);  // 드론을 플라이트 모드로 설정한다(비행형).
}

void loop()
{
byte bt1 = digitalRead(11);             // ■ □ □ □ □ □ □ 밑면 적외선 센서를 입력으로 사용
byte bt4 = digitalRead(14);             // □ □ □ ■ □ □ □ 밑면 적외선 센서를 입력으로 사용
byte bt8 = digitalRead(18);             // □ □ □ □ □ □ ■ 밑면 적외선 센서를 입력으로 사용

int analogValue0 = analogRead(A0); // 자기가 원하는 것과 연결가능
int analogValue1 = analogRead(A1); // 자기가 원하는 것과 연결가능
int analogValue2 = analogRead(A2); // 자기가 원하는 것과 연결가능
```

```
if (bt1 && !bt4 && !bt8)            // 밑면 센서 가장 끝 11번 센서에 손을 대면 실행한다.
{
CoDrone.FlightEvent(Stop);          // 드론을 정지시킨다.
}

if (bt4)                            // 밑면 센서 중앙 14번 센서에 손을 대면 실행한다.

{
THROTTLE = map(analogValue1, 0, 1023, -50, 200);          // 승하강
ROLL = map(analogValue0, 0, 1023, 100, 0) + map(analogValue2, 0, 1023, -100, 0); // 좌우이
동
CoDrone.Control(SEND_INTERVAL);  // 제어 신호를 보낸다. 시간을 두고 보냄(최소 50ms)
}

if (bt8)                            // 밑면 센서 가장 끝 18번 센서에 손을 대면 실행한다.
{
THROTTLE = map(analogValue1, 0, 1023, -50, 200);                                // 승하강
PITCH = map(analogValue0, 0, 1023, -100, 0) + map(analogValue2, 0, 1023, 100, 0); // 전후진
CoDrone.Control(SEND_INTERVAL); // 제어 신호를 보낸다. 시간을 두고 보냄(최소 50ms)
}
}
```

[그림 14-6] 아날로그 센서 컨트롤(Analog_Control)

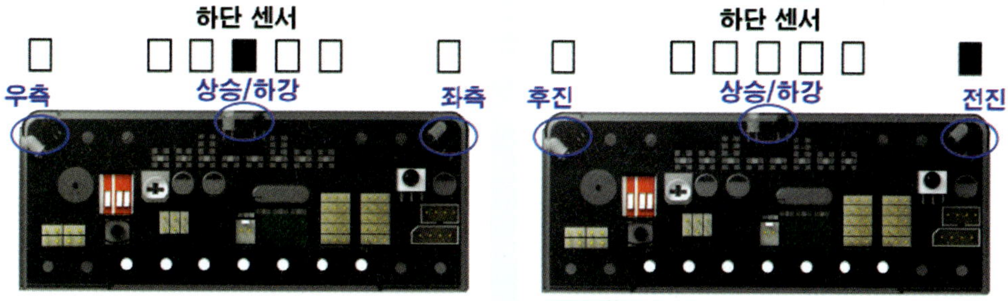

[그림 14-7] 드론의 아날로그 센서 제어에 따라 상승과 전진을 수행

수행과제를 수행하면 드론의 아날로그 센서 제어에 따라 상승과 전진을 수행한다.

04 코드론을 디지털 센서로 컨트롤(Digital_Control)하는 과정을 아두이노 프로그램으로 구현하라.

```
#include <CoDrone.h>                    // 코드론을 사용하기 위한 헤더파일


int slowUp = 80;                        // 천천히 올라가는 정도의 호버링 값
int slowDown = -100;                    // 천천히 내려가는 정도의 호버링 값
int slowTime = 10;                      // 천천히 움직이는 속도 조절 : 커지면 천천히 올라감.

void setup()
{
CoDrone.begin(115200);

CoDrone.AutoConnect(NearbyDrone);       // 가장 가까운 드론과 연결
CoDrone.DroneModeChange(Flight);        // 드론을 플라이트 모드로 설정한다(비행형).

delay(300);

                                        // 밑면 센서 모두 입력으로 사용
pinMode(11, INPUT);
pinMode(12, INPUT);
pinMode(13, INPUT);
pinMode(14, INPUT);
pinMode(15, INPUT);
pinMode(16, INPUT);
pinMode(17, INPUT);
pinMode(18, INPUT);

delay(100);
}

void loop()
{
byte bt1 = digitalRead(11);
```

```
byte bt2 = digitalRead(12);
byte bt3 = digitalRead(13);
byte bt4 = digitalRead(14);                    // 14 & 15
byte bt6 = digitalRead(16);
byte bt7 = digitalRead(17);
byte bt8 = digitalRead(18);

//************************** Slow Up **************************//
//■ □ □ □ □ □ □ 1 번째 센서에 손대면 천천히 상승
if (bt8 && !bt7 && !bt6 && !bt4 && !bt3 && !bt2 && !bt1)
{
THROTTLE = slowUp;
CoDrone.Control();
delay(slowTime);
THROTTLE = 0;
CoDrone.Control();
}

//************************** Slow Down **************************//
//□ □ □ □ □ □ ■ 7 번째 센서에 손대면 천천히 하강
else if (!bt8 && !bt7 && !bt6 && !bt4 && !bt3 && !bt2 && bt1)
{
THROTTLE = slowDown;
CoDrone.Control();
delay(slowTime);
THROTTLE = 0;
CoDrone.Control();
}

//*************************** STOP ******************************//
//□ □ □ ■ □ □ □ 밑면 센서 4번째 감지시 Stop
else if (bt4)
{
CoDrone.FlightEvent(Stop);

}
//*************************** Control ******************************//
```

```
//□ ■ □ □ □ □ □ 밑면 2 번째 센서 감지시 전진
//Forward
else if (!bt8 && bt7 && !bt6 && !bt4 && !bt3 && !bt2 && !bt1)
{
PITCH = 40;
CoDrone.Control();
}
//□ □ □ □ □ ■ □ 밑면 6 번째 센서 감지시 후진
//Back
else if (!bt8 && !bt7 && !bt6 && !bt4 && !bt3 && bt2 && !bt1)
{
PITCH = -40;
CoDrone.Control();
}
//□ □ ■ □ □ □ □ 밑면 3 번째 센서 감지시 왼쪽
//Left
else if (!bt8 && !bt7 && bt6 && !bt4 && !bt3 && !bt2 && !bt1)
{
ROLL = -40;
CoDrone.Control();
}
//□ □ □ □ ■ □ □ 밑면 5 번째 센서 감지시 오른쪽
//Right
else if (!bt8 && !bt7 && !bt6 && !bt4 && bt3 && !bt2 && !bt1)
{
ROLL = 40;
CoDrone.Control();
}
delay(10);
}
```

[그림 14-8] 디지털 센서 컨트롤(Bitton_Control)

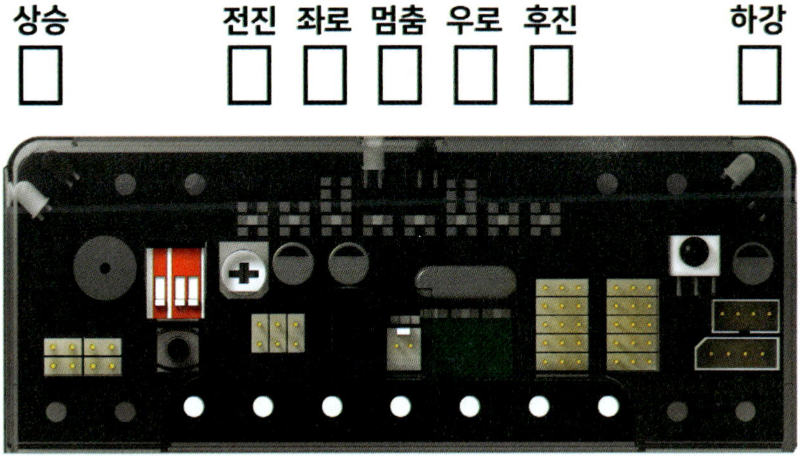

[그림 14-9] 드론의 디지털 센서 제어에 따라 디지털 센서가 표시

수행과제를 수행하면 드론의 디지털 센서 제어에 따라 디지털 센서가 표시된다.

학습활동.14 교수 · 학습 방법

교수 방법

- 코드론을 위한 아두이노 응용 프로그래밍(2)에 대한 관련 용어, 구성, 방식 이해 정도를 파악한 후 수업을 진행한다.
- 교수자의 주도로 코드론을 위한 아두이노 응용 프로그래밍(2) 등의 내용을 PPT 자료로 제시한 후 설명한다.
- 가능하면 사전에 개인별 학습 자료를 준비하여 모든 학생이 참여할 수 있는 문제 해결식 수업, 협력 수업이 가능하도록 한다.
- 코드론을 위한 아두이노 응용 프로그래밍(2) 전 과정을 작업의 순서에 따라 단계적으로 실습이 이루어질 수 있도록 지도한다.
- 교재를 통해 수업을 준비하는데 있어서 필요한 모든 정보나 팁, 힌트 등 도움이 될 만한 내용들을 확인할 수 있다.
- 학생들이 만들게 될 각 모델들은 수업시간에 중점적으로 다뤄질 부분과 어휘, 질문, 답을 포함하고 있으며 또한 탐구할만한 추가적인 아이디어들도 포함하고 있다.

학습 방법

- 코드론을 위한 아두이노 응용 프로그래밍(2)에 대한 관련 용어를 숙지하고, 코드론을 위한 아두이노 응용 프로그래밍(2)에 대해 이해한다.
- 의코드론을 위한 아두이노 응용 프로그래밍(2) 각 단계별 중점 사항을 체계적으로 학습한다.
- 코드론을 위한 아두이노 응용 프로그래밍(2)의 수행순서의 전 과정을 실습한다.
- 코드론을 위한 아두이노 응용 프로그래밍(2)의 내용을 이해한다.
- 코드론을 위한 아두이노 응용 프로그래밍(2)를 이해하고 숙달이 될 때까지 학습한다.

학습활동.14 평가 및 피드백

평가 준거

- 평가자는 피평가자가 수행 준거 및 평가 내용에 제시되어 있는 내용을 성공적으로 수행할 수 있는 지를 평가해야 한다.

평가 방법

• 작업 포트폴리오

학습내용	평가항목	성취수준		
		상	중	하
코드론을 위한 아두이노 응용 프로그래밍(2)	코드론을 위한 아두이노 응용 프로그래밍(2)를 이해할 수 있다.			

• 필기시험

학습내용	평가항목	성취수준		
		상	중	하
코드론을 위한 아두이노 응용 프로그래밍(2)	코드론을 위한 아두이노 응용 프로그래밍(2)를 이해할 수 있다.			

• 체크리스트를 통한 관찰

학습내용	평가항목	성취수준		
		상	중	하
코드론을 위한 아두이노 응용 프로그래밍(2)	코드론을 위한 아두이노 응용 프로그래밍(2)를 이해할 수 있다.			

• 피드백

1. 작업 포트폴리오
   - 제출한 보고서를 평가한 후 주요 사항에 대하여 표시하여 돌려준다.
2. 필기 시험
   - 평가 결과 성적이 저조한 학생은 보고서 제출 기회를 부여한다.
3. 체크리스트를 통한 관찰
   - 실습 과정에서 평가한 후 개선해야 할 사항 등을 정리하여 돌려둔다.

학습 1	드론의 이해
학습 2	드론 시뮬레이터의 기초제어
학습 3	드론 시뮬레이터의 응용제어
학습 4	로킷 브릭의 기초
학습 5	로킷 브릭의 응용
학습 6	로킷 브릭의 프로그램 제어(1)
학습 7	로킷 브릭의 프로그램 제어(2)
학습 8	로킷 시뮬레이터의 구성 및 응용
학습 9	코드론을 위한 아두이노 설정
학습 10	코드론을 위한 아두이노 이해
학습 11	코드론을 위한 아두이노 기초 프로그래밍(1)
학습 12	코드론을 위한 아두이노 기초 프로그래밍(2)
학습 13	코드론을 위한 아두이노 응용 프로그래밍(1)
학습 14	코드론을 위한 아두이노 응용 프로그래밍(2)

부록 H/W, S/W 유지보수

학습 목표 드론 시뮬레이터의 응용제어를 이해할 수 있다.

부록1 하드웨어의 유지 보수

1) 코드론의 모터가 돌지 않는다면 어떻게 해야 할까?

① 해당 모터의 프로펠러를 뺀 후 적당한 세기로 다시 장착 후 비행 시도한다.

② 메인보드와 모터 브라켓이 정상적으로 접촉이 되는지 확인한다.
접촉이 정상적이지 않을 경우 모터 브라켓 쪽의 접촉면 전선을 핀셋으로 들어 올린 후 조립한다.

③ 프로펠러를 재장착해도 동일할 시 해당 모터를 교체한다.

2) 코드론이 자꾸 한 쪽으로 흐를 땐 어떻게 할까?

① 드론의 펌웨어를 최신으로 업데이트 한다.

② 에어컨/선풍기/히터 등의 바람이 없는 곳에서 비행한다.

③ 어두운 곳 또는 일정한 패턴이 없는 바닥을 피한다.

④ 모터의 위치를 서로 바꾼 후 다시 시도한다.

⑤ 드론 시뮬레이터/로킷 브릭 중 사용하고 있는 프로그램에서 트림 조종을 한다.

브릭 : https://www.youtube.com/watch?v=QWHUw9l_pf0

시뮬 : https://www.youtube.com/watch?v=MAJtDmFcwRk

⑥ 트림으로도 문제 증상이 해결되지 않는다면 드론을 캘리브레이션(calibration) 한다.

〈코드론 기체 캘리브레이션 방법(패턴이 명확한 바닥에서 할 것)〉

1. 코드론 기체를 뒤집은 상태에서 왼쪽 스위치를 약 5초간 누른다.
2. 코드론 기체의 LED가 빠르게 깜빡이는 순간, 바로 기체를 다시 뒤집어 바닥에 내려 둔다.
3. 코드론이 비행하며 값을 보정한 후 착륙한다.

3) 프로펠러는 돌아가지만 코드론이 뜨지 않는다면 어떻게 할까?

① 프로펠러의 방향이 올바르게 되어있는지 확인한다.

② 배터리를 충분히 충전한다.

③ 드론의 펌웨어를 최신으로 업데이트한다.

④ 하단 고도 센서를 재장착 한다(참조용 고도 센서 교체 및 펌웨어 업데이트 영상 : https://www.youtube.com/watch?v=KJJx2QZ7DZs).

⑤ 모터의 출력이 정상적인지 확인한다. 드론을 오래 사용하거나 많이 부딪힌 경우, 모터교체가 필요할 수 있다.

4) 프로펠러가 부러졌을 때 어떻게 할까?

코드론 프로펠러 구매 후 프로펠러를 교체한다.

〈코드론 프로펠러 구매 링크〉

(http://robolink.cafe24.com/product/detail.html?product_no=215&cate_no=31&display_group=1)

5) 코드론의 호버링이 유지되지 않고 계속 상승하기만 한다면 어떻게 할까?

① 드론의 펌웨어를 최신으로 업데이트한다.

② 하단 고도 센서를 재장착한다(참조용 고도 센서 교체 및 펌웨어 업데이트 영상 : https://www.youtube.com/watch?v=KJJx2QZ7DZs).

③ 드론을 캘리브레이션(calibration) 한다(303쪽 2) ⑥ 캘리브레이션 방법 참조).

부록2 소프트웨어의 유지 보수

1. 일반사항

1) 포트가 보이지 않을 땐 어떻게 해야 할까?

① 내 컴퓨터를 우 클릭하여 속성에서 PC의 버전(Win 64bit/ Win 32bit/ MAC)을 확인하고 해당 버전의 드라이버를 설치한다(반드시 기존 설치된 드라이버를 제거한 후 설치한다).

② USB Helper를 통해 설치를 시도한다.

2) 코드론이 페어링이 되지 않을 땐 어떻게 할까?

① 드라이버가 정상적으로 설치되었는지 확인한다.

② BLE 보드가 빨간 불빛이 깜빡이도록 해준 후 다시 페어링을 시도한다.
BLE 보드 모드 연결 설명 바로가기
(http://robolink.co.kr/sw/codrone/codronesw/1_dronsimulator.html#01)

③ 드론 시뮬레이터나 로킷 브릭 코드론(RBCodrone)을 사용할 때는 인벤터 보드에 연결한 4핀 케이블을 제거한다.

2. 드론 시뮬레이터

1) 접속 후 드론이 반응이 없는 경우

① 드론 배터리의 잔량을 확인한다.

② 키보드의 한영 키가 영문모드로 되어 있는지 확인한다.

③ BLE 보드의 LED가 접속된 상태를 나타내는 초록색으로 깜빡이는지 확인한다.

④ Disconnect 후 재접속한다.

2) 프로펠러가 강하게 회전하며 이륙이 되지 않는 경우

① 플라이트 모드가 아닌 드라이버 모드로 되어있는지 확인한다.

② 프로펠러의 방향이 올바른지 확인한다.

3. 로킷 브릭 코드론

1) BLE 보드를 연결하였지만 연결 버튼을 눌렀을 때 포트가 확인되지 않는 경우

① 장치 관리자를 열어서 포트 항목에 Silicon labs CP210x to UART Bridge (COMx) 확인한 후 정상적인 명칭이 아니거나 드라이버 이름이 존재하지 않는다면 드라이버를 다시 설치한다.

② 정상적인 명칭이 항목에 있음에도 확인되지 않는 경우라면 로킷 브릭 코드론을 종료하였다가 다시 한 번 실행한다.

2) 연결 버튼을 눌렀으나 계속 연결 시도만 하고 연결이 되지 않는 경우

① BLE 보드가 제대로 연결이 되어 있는지 확인한다. 연결 부분에 접촉이 불량할 수 있으니 BLE 보드와 USB 케이블 연결 상태를 확인한다.

② BLE 보드가 노란색으로 깜빡이고 있지는 않은지 확인한다. 이러한 경우 BLE 보드의 버튼을 눌러 빨간색으로 깜빡이게 한 후 다시 연결을 시도한다.

③ 선택한 포트가 BLE 보드와 연결된 포트가 아닐 수 있으므로, 장치 관리자에서 BLE 보드와 연결된 포트를 다시 한 번 확인한다.

3) 스크립트를 작성한 후 명령을 내렸으나 드론이 움직이지 않는 경우

① 배터리 잔량을 확인한다.
요청하기 블록을 사용하여 배터리 잔량 값 확인하여 0으로 나오거나 30이하의 작은 값이 나오는 경우 제대로 동작하지 않는다.

② 미세 조정 값 중 throttle값이 과도하게 크거나 작은 값으로 설정되어 있을 수 있다. 미세 조정 값을 다시 조절해 주거나 코드론 기체 옆면의 리셋 버튼을 이용하여 다시 캘리브레이션 해준다.

4) 스크립트를 작성한 후 명령을 내렸으나 드론이 치솟는 경우

미세 조정 값 중 throttle값이 과도하게 크거나 작은 값으로 설정되어 있을 수 있다. 미세 조정 값을 다시 조절하거나 코드론 기체 옆면의 리셋 버튼을 이용하여 다시 캘리브레이션 해준다.

5) 드론이 크게 흐를 경우

① 드론이 비행 중 부딪힐 경우 비행 중이던 값이 드론에 계속 저장되어 있으므로

throttle, pitch, roll, yaw 값을 명령 주기 전 앞에 0값으로 주고 명령내리기를 한번 해준 후 비행한다.

② 드론의 미세 조정 값이 크게 치우쳐 있을 수도 있다. 미세 조정 값을 다시 조절하거나 코드론 기체 옆면의 리셋 버튼을 이용하여 다시 캘리브레이션 해준다.

③ H/W 유지보수 2번을 참조한다.

4. 아두이노

1) 컴파일 진행 중에 문제가 발생하는 경우

① 아두이노 IED 메뉴의 툴에서 보드를 "Rokit-SmartInventor-mega32_V2"로 선택했는지 확인한다.

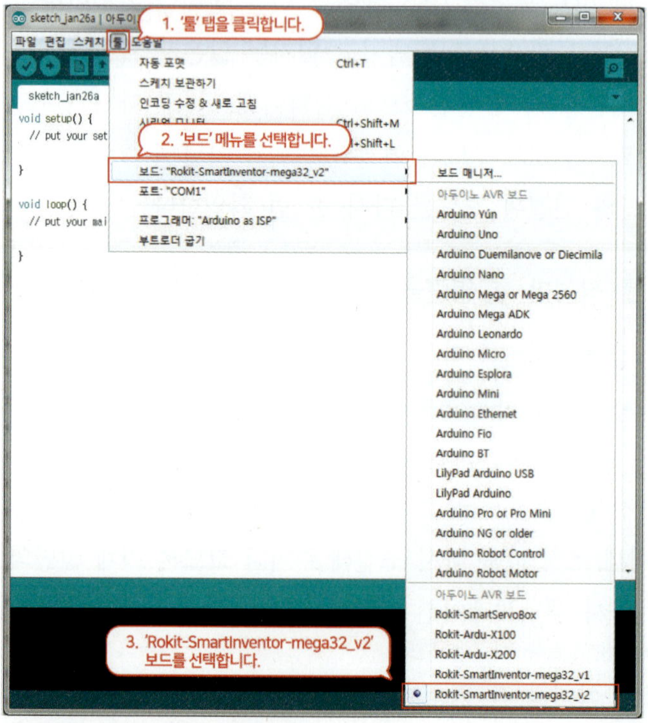

[부록 그림 1]"Rokit-SmartInventor-mega32_V2"로 선택

2) 업로드 진행 중에 문제가 발생하는 경우

(1) 업로드 방법을 확인한다.

1번부터 순서대로 진행한다.

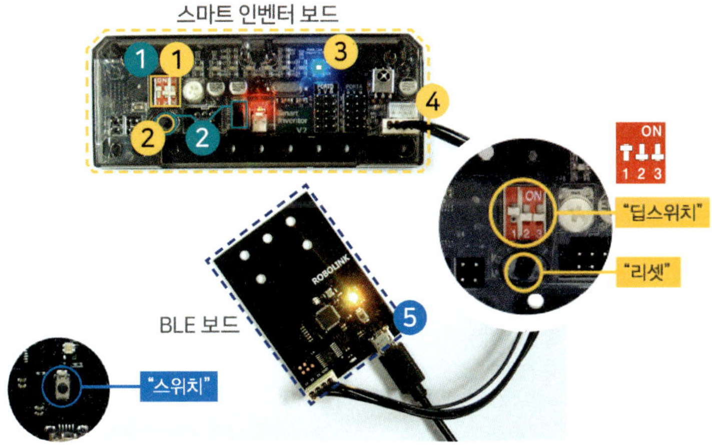

[부록 그림 2] BLE 보드와 제어기 연결

스마트 인벤터 보드(제어보드)	BLE 보드
❶ 딥 스위치의 1번을 위로 올린다.	❺ 스위치를 눌러 모드를 전환한다. 업로드 모드; 스위치를 한 번 누른다. (노란색 불빛이 깜빡인다.)
❷ 리셋 버튼을 누른다.	
❸ 파란 LED가 깜빡이는지 확인한다.	* 만약 불빛이 빨강색으로 바뀐다면 스위치를 다시 한 번 눌러서 노란색 불빛으로 바꿔준다.
❹ 만약 파란 LED가 깜빡인다면 "업로드 대기 상태"이다. 이 상태일 때 인벤터 보드에 예제를 업로드할 수 있다.	빨강색 불빛은 "페어링 대기 모드(드론 연결 모드)"로 로킷 브릭이나 드론 시뮬레이터와 같이 PC로 조작하는 경우에 사용한다.

[프로그램 실행]

❶ 업로드 완료 후 딥 스위치 1번을 내린다. 

❷ 리셋 버튼이나 On/Off 스위치로 스마트 인벤터 보드를 리부트하여 보드에 업로드한 프로그램을 실행한다.

(2) 업로드 과정에 문제가 없다면 아두이노 IED 메뉴에서 포트선택을 확인한다.

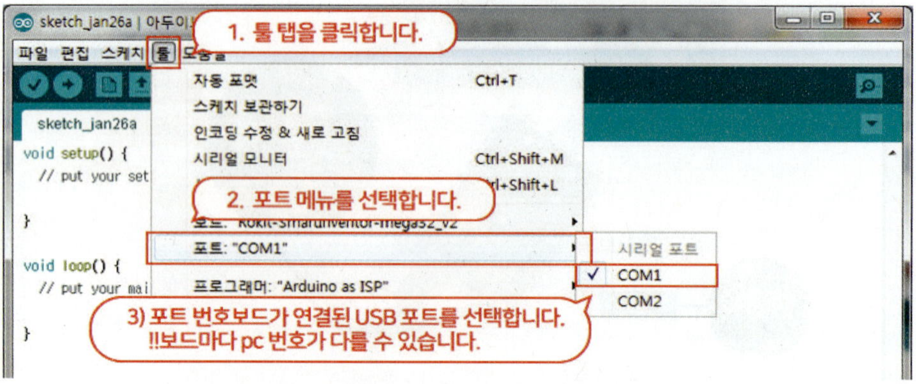

[부록 그림 3]포트선택 확인

정확한 포트 번호 선택을 위해 '**장치 관리자**'에서 USB 드라이버의 포트를 확인한다(내 컴퓨터 아이콘 〉 우측 클릭 〉 속성 〉 장치 관리자).

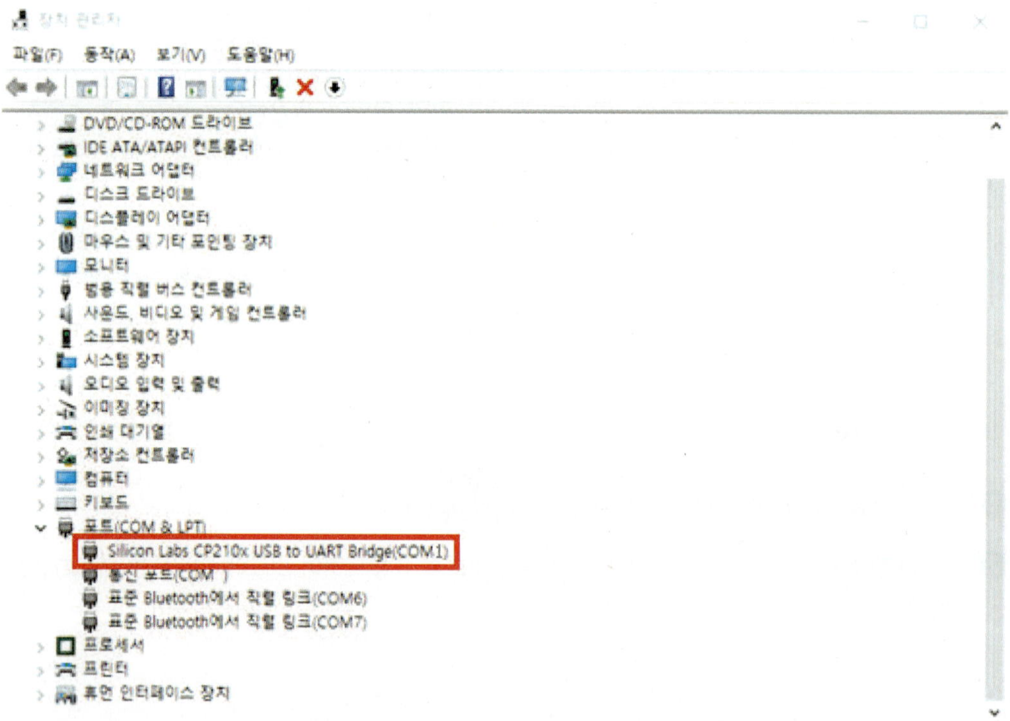

[부록 그림 4] USB 드라이버의 포트 확인

(3) 장치관리자에서 포트가 확인되지 않는다면, USB 드라이버를 다시 설치한다.

① USB helper를 www.robolinksw.com에서 다운로드 하여 압축을 해제한 후 실행하면 아래와 같은 화면이 나타난다.

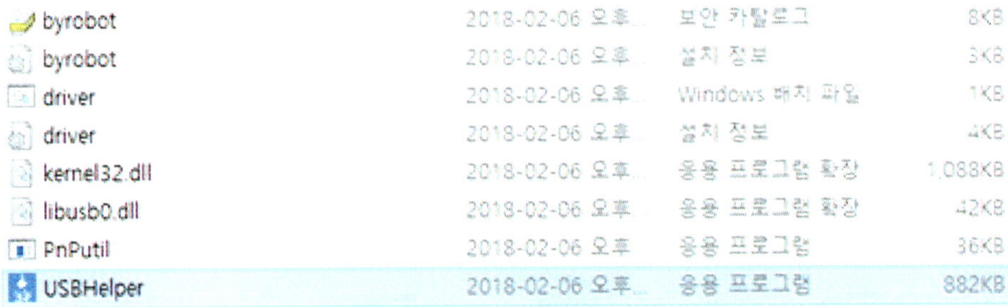

② 코드론 BLE 보드의 경우에는 CP210x driver 버튼을 클릭하면 드라이버 설치가 시작된다.

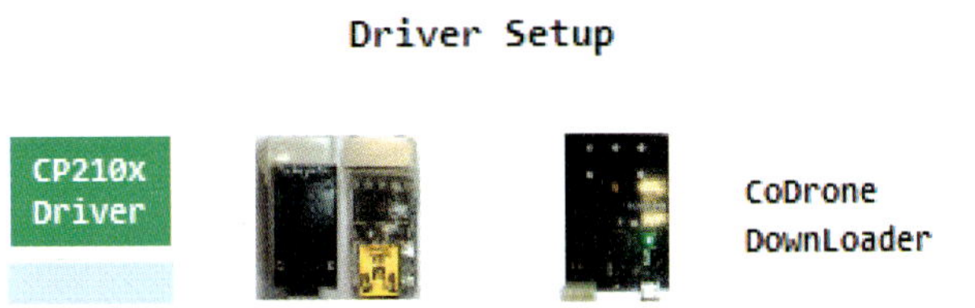

[부록 그림 5] 드라이버 설정

부록

CoDrone Pro

구성품
코드론 본체, 스마트 인벤터 보드, 조이스틱 모듈, BLE 보드, 교체용 프로펠러 세트, DIY 컨트롤러 세트, 코드론 전용 배터리&충전기, 건전지 케이스, 3핀/ 4핀 케이블, USB케이블

SW
- 드론 시뮬레이터 (PC조종)
- 로킷브릭 (스크래치 방식)
- 아두이노 (디테일한 코딩 및 제어)
- 스마트기기 APP (페트론)

컨트롤러
- PC
- DIY 컨트롤러
- 스마트 기기
- 로킷 RC 컨트롤러

가격
- 198,000 원 (Vat 포함)

CoDrone Lite

구성품
코드론 본체, BLE 보드, USB 케이블, 코드론 전용 배터리&충전기, 교체용 프로펠러 세트

SW
- 드론 시뮬레이터 (PC조종)
- 로킷브릭 (스크래치 방식)
- 스마트기기 APP (페트론)

컨트롤러
- PC (코드론 라이트의 경우 필수)
- 스마트 기기
- 로킷 RC 컨트롤러

가격
- 138,600 원 (Vat 포함)

CoDrone RC

구성품
코드론 본체
로킷 RC 컨트롤러
(컨트롤러 개별 판매 가능)

SW
- 드론 시뮬레이터
  (PC로 가상드론만 조종 가능)
- 스마트기기 APP (페트론)

컨트롤러
- 스마트 기기
- 로킷 RC 컨트롤러

가격
- 148,600 원 (Vat 포함)

Smart Basic

구성품	**스마트 인벤터 보드**, **리모컨**, 건전지 케이스, DC모터 2개, 프레임(ㄱ, I), 서포트 10mm/ 30mm, 육각 8홀 모터 혼 2개, 피트 4개, 바퀴 2개, 볼트, 너트
단계	· 1단계 - 모델 12종류, 13개 모드 · 2단계 - 모델 11종류, 13개 모드
1단계	꽃게 로봇, 라인트레이서, 버그 로봇, 고릴라 로봇, 바이킹 로봇, 축구 로봇, 세그웨이 로봇, 터렛 로봇, 쌀보리 로봇, 밀어내기 로봇, 장애물 회피 로봇, 트레일러 로봇
2단계	바이크 로봇, 둔버기 로봇, 그립 로봇, 밀어내기 로봇, 미션형 라인트레이서, 로데오 로봇, 핸드볼 로봇, 슈팅 로봇, 리프트 로봇, 장애물 미션 로봇, 멜로디 로봇
가격	· 140,000 원 (Vat 포함)

Smart Coding Kit

구성품	**스마트 인벤터 보드**, 건전지 케이스, 육각 8홀 모터 혼 2개, 프레임(ㄱ, I), 서포트 10mm/ 30mm, 피트 3개, DC모터, 바퀴 2개, 볼트, 너트
SW	· 로킷브릭 (스크래치 방식)
단계	· 0 ~ 3단계 (각 6종류의 모델)
0단계	선풍기 로봇, 차단바 로봇, 헬리콥터 로봇, 메트로놈 로봇, 케이블카 로봇, 회전오리 로봇
1단계	개구리 로봇, 바코드 로봇, 어보이더, 라인트레이서, 터렛 로봇, 트레일러 로봇
가격	· 99,000 원 (Vat 포함)

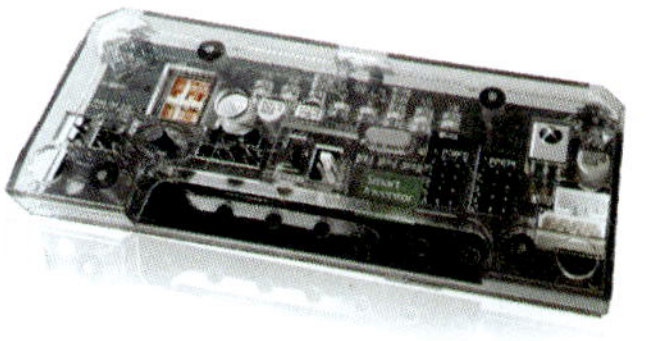

Smart Inventor

구성품	**스마트 인벤터 보드**, 다운로드 칩, 4핀 케이블, 다운로드 케이블
SW	· 로킷 시뮬레이터 (PC조종) · 로킷브릭 (스크래치 방식) · 아두이노 (디테일한 코딩 및 제어)
가격	· 77,000 원 (Vat 포함)

ROBOLINK PRODUCTS

Cubeworks Mini

구성품	**양축 모터 블럭**, On/Off 스위치블럭, 배터리 블럭, 롤핀 10개, 블럭 89개
모델	펭귄, 거북이, 돌고래, 얼룩소
가격	· 49,500 원 (Vat 포함)

Cubeworks Education

구성품	**스마트 인벤터 보드, 양축 모터 블럭, DC 모터 블럭 2개**, 배터리 블럭 2개, 서보 모터 블럭, On/Off 스위치블럭, IR스위치블럭, IR리모컨, 블럭 170여개
단계	· 0 ~ 3단계 (각 모델 12종류)
0단계	개구리, 카멜레온, 크라운 기어, 트럭, 헬리콥터, 게, 비행기, 자동차, 달팽이, 해와 달, 벌
1단계	거미, 바다표범, 트리케라톱스, 오리, 잠수함, 오토마타, 소방차, 스모로봇, 권투로봇, 탱크, 자전거
가격	· 각 99,000 원 (Vat 포함)

Cubeworks Coding Kit

구성품	**스마트 인벤터 보드**, 배터리블럭2개, **DC 모터 블럭 2개**, 광폭 휠 2개, USB 케이블, 업로드 칩, 4핀 케이블, 타이어 2개, On/ Off 스위치 블럭, 블럭 32개
SW	· 로킷브릭 (스크래치 방식)
가격	· 99,000 원 (Vat 포함)

RC Controller

스펙
- 블루투스 4.2 BLE 센서 탑재
- 블루투스 2.4GHz 내장
- Micro USB 지원

HW
- 2축의 아날로그 조이스틱
- 10개의 독립된 디지털 버튼
- 리모컨으로 사용 가능한 IR Emitter 내장

호환
- 코드론 전 제품 호환
- 큐브웍스 전 단계 호환
- 스마트 베이직 키트 전 단계 호환

가격
- 49,500 원 (Vat 포함)

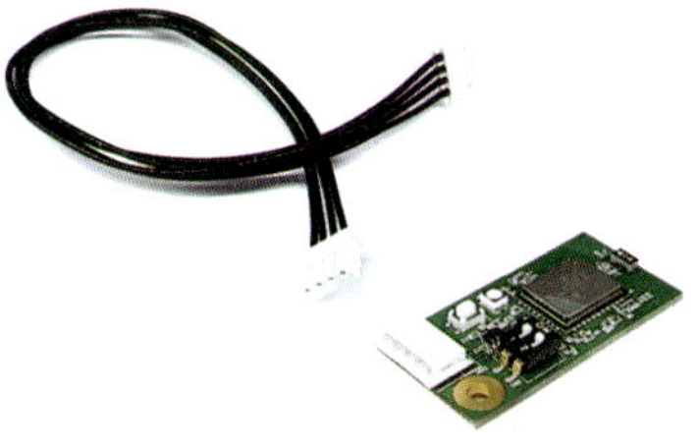

Rokit Bluetooth

스펙
- 전압 : 3.3 ~ 5V/ 주파수 : 2.4GHz
- 통신방식 : 블루투스 듀얼 모드 (블루투스 4.1 + 클래식 블루투스)
- 인터페이스 : UART 통신 지원
- AT 커맨드 지원
- 스위치를 사용한 간편한 모드 조작

호환
- 노트북 (내장 블루투스)
- 데스크탑 PC (동글 사용)
- 스마트기기 (내장 블루투스)
- 모듈 <> 모듈 간 연결

가격
- 24,200 원 (Vat 포함)

Ardu - X200

스펙
- 마이크로 컨트롤러 : ATmega128
- 동작속도 : 16MHz/ 전원 : 5V
- 권장 입력 전압 : 7.4 ~ 13.5V
- 소모전류 : 30mA
- 디지털 I/O핀 32개
- 아날로그 Input 핀 : 8 (ADC)
- 전류 출력 I/O 핀당 최대 40mA
- 플래시 메모리 64KB

SW
- 아두이노 (디테일한 코딩 및 제어)

호환
- 로킷 휴노이 호환

가격
- 77,000 원 (Vat 포함)

즐기며 코딩 배우고~ 직접 코딩한 드론도 날리고~

교육과 재미를 한번에
드론 코딩 챌린지

대회 목적 : 드론을 직접 코딩 및 제어하며 드론 비행의 원리를 익히고, 누구나 쉽게 코딩을 학습하기 위함

대회 종목 : 볼링핀 넘어뜨리기, 장애물 통과하기, 목표지점 착륙하기, 재난 미션, 미션 수행 알고리즘 발표 등

목 표 : 드론 대회의 여러 콘텐츠과 다양한 코딩 미션을 통해 재미와 교육효과를 동시에 얻도록 함

대회 이력 : 로보링크 - 코드론 자율 미션 챌린지 (대통령 상, 국무총리 상 등) (2017.09.14)

다시 세운 메이커 페스티벌 - 드론 자율 주행 경진대회/ 드론 재난 출동 미션 (2017.09.23)

2017 용인 드론 페스티벌 - 드론 자율 비행 미션 대회 (2017.10.28)

미션예시 1
자율주행 볼링대회

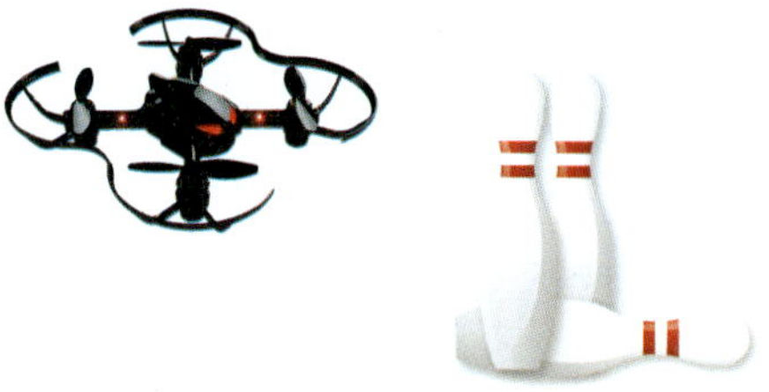

제시되는 드론 주행 패턴을 보고 볼링핀을 쓰러뜨리자!

- 선수는 출발선에 드론을 배치합니다.
- 제한시간 30초 이내에 볼링 핀을 쓰러뜨려야 합니다.
- 볼링 핀을 쓰러뜨린 후 출발선까지 돌아오면 +30점 추가

미션예시 2
자율주행 이착륙 비행대회

드론을 직접 조종하여 목표 지점에 정확히 착륙해보자!

- 드론을 조종하여 장애물을 통과합니다.
- 중심점에 가까이 착륙할수록 높은 점수를 획득합니다.

미션예시 3
재난 미션

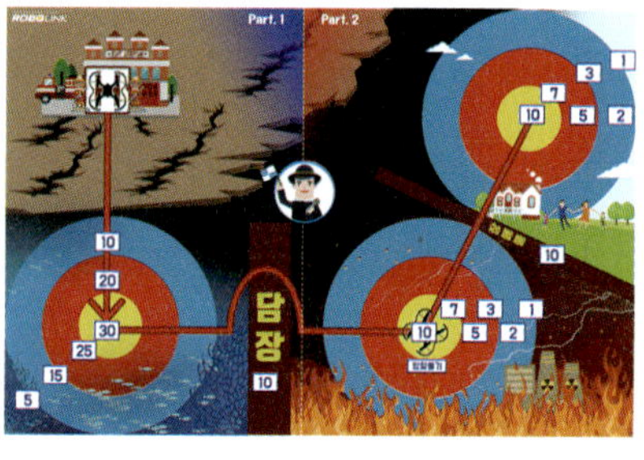

드론을 이용해 재난재해 속 인명구조를 도와주자!

- 선수는 출발선에 드론을 배치합니다.
- 제한시간 내에 바다에서의 조난객 구조, 화재 진압 등 재난 지역을 지나 도착 지점에 도착해야 합니다.

미션예시 4
미션 수행 알고리즘 발표

나만의 미션 수행 알고리즘을 발표해보자!

- 직접 설계하고, 미션을 수행한 알고리즘을 발표합니다.
- 가장 효율적으로 짜여진 알고리즘이 높은 점수를 받습니다.

* 출전팀의 결과물 및 자료는 온라인 콘텐츠로 활용될 수 있으며, 본 경진 대회를 통해 개발된 프로그램 및 결과물 소스 등 자료는 공개처리 됩니다.

* 본선 진출팀 중 미션수행에 꼭 필요한 추가 부품에 한하여 임대를 지원하며 및 경기후 반납해야합니다. (S/W는 제품 구매자 모두 사용 가능)

* 반드시 코딩이 가능한 드론으로 참가해야 하며, 보다 자세한 사항은 로보링크 홈페이지(http://robolink.co.kr)를 참고해주세요.

4차 산업의 미래는 로보링크 캠퍼스에서!

누구나 쉬운 코딩교육

드론 SW 제어 1,2급

자격 교육 안내

* 매 월 마지막 주 수요일 로보링크 본사에서 드론 SW 제어 자격증 교육 및 검정 시험이 실시됩니다.

* 자격 교육 신청 및 자세한 세부 내용은 로보링크 홈페이지(http://robolink.co.kr)에서 확인하세요!

검정 과목 및 방법

구분	검정기준	합격기준
1급	[필기] - 드론 이론 : 드론종류, 드론제어, 통신기능 [실기] - 드론 조종 : 드론 분해와 조립, 장애물 통과 및 호버링 조종 - 드론 SW 제어 : PC, 임베디드, 아두이노 활용 자율 비행 3가지 (장애물 통과, 원 패턴, 시퀀스 패턴)	- 제한시간 내 미션 수행 - 자율비행 3가지 미션 수행 - 기본 드론 이론 10문항
2급	[필기] - 드론 이론 : 드론의 원리 및 규칙 [실기] - 드론 조종 : 장애물 통과 및 호버링 조종 - 드론 SW 제어 : PC, SW 자율 비행 3가지 (자동 호버링 후 착륙, 4동작 자율 비행, 목표점 자율 비행)	- 제한시간 내 미션 수행 - 자율비행 3가지 미션 수행 - 기본 드론 이론 10문항

개요 : 드론 SW제어 자격은 드론의 구조와 비행원리를 이해하고 드론을 조종할 수 있을 뿐 아니라, PC등으로 프로그래밍 하여 자율 비행을 비롯한 여러가지 동작과 기능을 제어할 수 있는지의 능력을 평가하여 드론 제어 전문가로서의 직무능력을 검증하는 데 있습니다.

* 그 외 기타 사항은 'SW드론 제어 자격에 대한 민간자격 관리 운영 규정'에 의함
* 해당 교육 및 시험 시 반드시 개인이 노트북과 교구를 지참해야 합니다. (대여 불가)

자격명 : 드론 SW 제어 (등록번호 2017-002349호)

시험 안내 : 매월 마지막 수요일 로보링크 본사에서 교육 및 시험이 총 8시간 동안 실시됩니다.
해당 교육 시 반드시 노트북과 교구를 개인이 지참해야 합니다.

신청 하기 : 로보링크 홈페이지 (http://robolink.co.kr) > Education > 드론 자격증 안내 메뉴에서
신청서 양식 다운로드 및 이메일(contact@robolink.co.kr)로 신청바랍니다.

교육 비용 : 20만원 (총 8시간 교육비 포함)
교육 환불 규정 : 검정일 전 100% 환불, 검정 당일 취소시 0% 공제 후 환불, 검정일 이후 환불 불가)

저자약력

남 상 엽

- 공학박사
- 삼성종합기술원 정보시스템연구소 근무
- 모토로라반도체통신 기술연구소 근무
- 국제대학교 교수(1998~현재)
- Head Of Cube System Lab(현재)

오 창 연

- 한양대학교 기계공학부 졸업
- BM 로봇 개발팀장
- 전) 부천 로보파크 대회 강사
- 현) 로보링크 교육연구팀장

이 현 종

- 중앙대학교 전자전기제어학과 졸업
- 전) 주식회사 참엔지니어링 연구원
- 현) ROBOLINK 대표
- 현) ROBOWORKS 대표

홍 한 솔

- UC San Diego 졸업
- Robolink 미주법인 대표
- San Diego Robotics Club Organizer

코딩 드론 제어 응용

2018년 3월 20일 1판 1쇄 발행

저 자 남상엽 · 이현종 · 오창연 · 홍한솔

발행인 남 승 우

발행처 도서출판 상尙 학學 당堂

서울시 동작구 사당로9가길 6(사당동)

TEL : 02) 595-1692~4

FAX : 02) 595-1394

E-mail : namdoo6@unitel.co.kr

신고 : 2-155호 (1968. 11. 29)

정가 33,000원

ISBN 978-89-6587-166-8 93000

〈디자인〉 편집 엄해숙 / 표지 토틀컴